Bio-informatique

Principes d'utilisation des outils

Denis Tagu, Jean-Loup Risler,
coordinateurs

Éditions Quæ

Collection *Savoir-faire*

Nutrition minérale des ruminants
François Meschy
2010, 212 p.

La gestion du trait de côte
Ministère de l'Écologie, de l'Énergie,
du Développement durable et de la Mer
2010, 304 p.

Évaluation économique de la biodiversité
Méthodes et exemples pour les forêts tempérées
Élodie Brahic, Jean-Philippe Terreaux
2009, 200 p.

Le campagnol terrestre
Prévention et contrôle des populations
Pierre Delattre, Patrick Giraudoux, coord.
2009, 304 p.

Retenues d'altitude
Laurent Peyras, Patrice Mériaux, coord.
2009, 352 p.

Référentiel pédologique 2008
Association française pour l'étude du sol
Denis Baize, Michel-Claude Girard, coord.
2009, 432 p.

Éditions Quæ
RD 10
78026 Versailles Cedex, France

Avant-propos

Les biologistes font évoluer les connaissances sur le vivant par l'observation et l'expérimentation, dont l'efficacité dépend souvent de la performance d'outils de mesure ou d'analyse. L'histoire des sciences de la vie est ainsi ponctuée d'avancées qui ont été permises par des progrès techniques. Souvent, ces explorations du vivant dépendent de la disponibilité de nouvelles technologies issues de domaines autres que la biologie, comme la physique ou la chimie, l'automatique ou les mathématiques. L'accès à la connaissance de la séquence de génomes — qui marque les années 2000 — a bénéficié grandement de ces évolutions ; et la description des génomes ne peut pas se passer de l'informatique appliquée à la biologie : la bio-informatique, qui se situe à l'interface entre la biologie — plus particulièrement, mais pas uniquement, la génomique — et l'informatique.

Aujourd'hui, dans les laboratoires s'intéressant de près ou de loin à la structure, au fonctionnement et à l'évolution des génomes, s'approprier les outils d'analyse, de stockage et de visualisation des séquences d'acides nucléiques (ADN, ARN) et d'acides aminés (peptides, protéines) est devenu une nécessité. Les informaticiens spécialisés dans l'analyse du vivant développent des algorithmes, des bases de données, des méthodes et des outils, après avoir écouté les besoins exprimés par les biologistes ; quant à ces derniers — qui endossent alors la blouse de bio-analyste —, ils les utilisent. La particularité des approches des sciences du vivant fait de la bio-informatique un véritable terrain de recherche en informatique.

L'objectif de cet ouvrage n'est pas d'apprendre aux biologistes à programmer, mais de les amener à comprendre les outils d'analyse bio-informatique des acides nucléiques et des protéines à disposition, ainsi que leurs principes de fonctionnement, afin qu'ils soient à même de choisir celui qui sera ponctuellement le plus approprié à leur besoin. Ce livre s'adresse donc à toute personne qui, quel que soit son niveau de connaissance en génomique, travaille dans le cadre de programmes ou sur des projets de biologie moléculaire, de génomique ou de génétique.

L'ouvrage est structuré en cinquante-huit fiches regroupées thématiquement. Étudiées pour que le lecteur accède très efficacement à l'information recherchée, les fiches trouvent matière à approfondissement, à la fin de chaque thématique, sous la forme d'une sélection de références à des articles scientifiques, à des ouvrages et à des sites Web. Cet ouvrage ne se veut pas exhaustif, et les retours des lecteurs auprès des éditions Quæ seront appréciés afin que ces derniers participent également à une éventuelle deuxième édition de *Bio-informatique. Principes d'utilisation des outils*.

Sommaire

Domaines protéiques

Reconstruction phylogénétique

Annotation des génomes

Comparaison des génomes

Analyse du transcriptome

Généralités

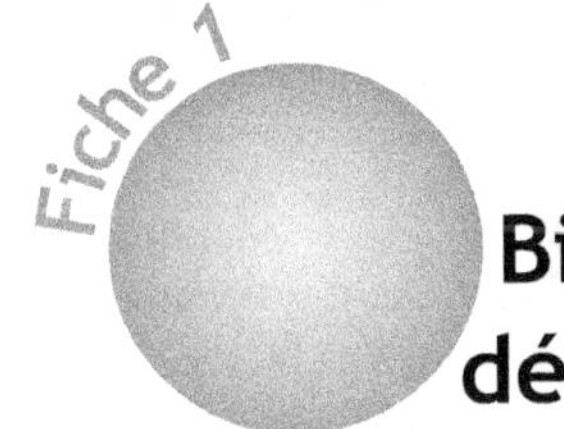

Bio-informatique et bio-analyse : définitions

Jean-Loup Risler

La « bio-informatique ». J'entends ce mot depuis bien longtemps, mais je ne sais toujours pas ce qu'il veut dire…

Je me souviens d'une rencontre organisée au CNRS entre informaticiens et biologistes, destinée à resserrer les liens entre les deux communautés. À l'époque (fin 1970-début 1980), les « bio-informaticiens » étaient essentiellement des structuralistes (rayons X et RMN). Les informaticiens étaient déjà des informaticiens. La réunion a essentiellement consisté en un long exposé théorique donné par un informaticien. Les biologistes ont tenté d'expliquer qu'ils avaient besoin des ordinateurs mais ne savaient pas forcément les programmer et/ou les utiliser, ce à quoi les informaticiens ont répondu qu'ils n'étaient pas des prestataires de services. Vous imaginez bien que le tout s'est terminé sur un retentissant constat d'échec.

Les choses se sont améliorées depuis, mais il subsiste un problème qui, à mon avis, tient essentiellement à la définition même du mot « informaticien ». Dans la communauté académique *française* — je mets en italique l'adjectif « française », car ce qui va suivre est une spécialité hexagonale —, un informaticien est un chercheur qui se livre à des recherches en informatique — cette phrase tient parfaitement si elle est mise au féminin. Le travail réalisé par un(e) informaticien(ne) est donc essentiellement théorique. Un chercheur en informatique (mathématique/statistique) n'est pas censé écrire des applications : c'est le rôle des ingénieurs. Et comme il y a un manque cruel d'ingénieurs…

Il y a donc une première vision de ce qu'est la bio-informatique : c'est une recherche originale en informatique, voire en mathématiques/statistiques, suscitée par un problème biologique, qui peut éventuellement conduire à l'acquisition de connaissances en biologie. C'est le cas, par exemple, des recherches menées sur les répétitions (exactes, inexactes, palindromiques) dans les séquences d'ADN et leur compression ; ou de la démonstration théorique par Karlin que les scores d'alignement (sans *gaps*) des séquences biologiques suivent une distribution dite des valeurs extrêmes — ce qui donnera lieu à l'écriture du programme BLAST ; ou encore de la mise en évidence de mots sur- ou sous-représentés dans les séquences nucléotidiques, qui pose des problèmes statistiques épineux. Les recherches de ce type, qui sont publiées dans des journaux spécialisés, sont le plus souvent inconnues des biologistes.

La bio-informatique, ce peut être aussi la mise en œuvre — pas forcément triviale — de méthodes, de concepts ou d'algorithmes éprouvés pour résoudre un problème posé par les biologistes : par exemple, la comparaison de séquences génomiques complètes, ou l'utilisation de la transformée de Fourier pour créer des alignements multiples, ou encore la mise en musique des chaînes de Markov pour repérer les gènes codant les protéines dans les séquences génomiques. Il y a là production, par des informaticiens/mathématiciens/statisticiens, de programmes que les biologistes utiliseront.

Ce qui nous amène à une troisième définition possible de la bio-informatique, à savoir l'utilisation, généralement par un biologiste, d'un programme, le plus souvent écrit par un informaticien, pour produire de la connaissance en biologie. La plupart du temps, c'est à cette définition que pense un biologiste quand il se réfère à la « bio-informatique ». Le bio-informaticien est alors quelqu'un qui sait utiliser de façon raisonnée les nombreux programmes disponibles, sans pour autant être théoricien. L'informatique est ici un outil qui sert, par exemple, à analyser des séquences. Pour cette raison, le mot (ou le terme) bio-analyse est parfois employé.

Les frontières entre ces trois définitions ne sont évidemment pas étanches. Les Anglo-Saxons, pour ne citer qu'eux, ne rechignent pas à mettre les mains dans le « cambouis », tandis que les théoriciens produisent souvent des programmes utilisables par tout un chacun.

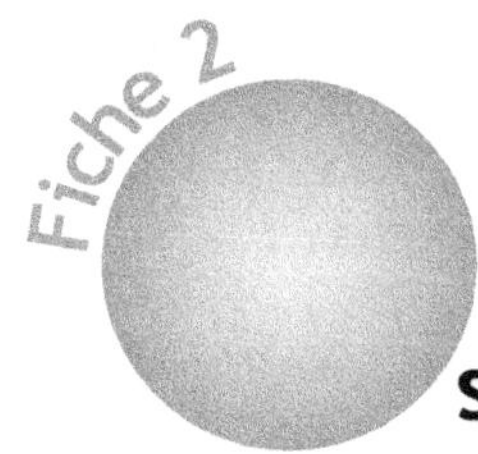

Quelques généralités sur les gènes et les génomes

Denis Tagu

Les informations de cette fiche sont extraites de : Tagu D., Moussard C. (éds), 2006. *Principes des techniques de biologie moléculaire*. Versailles, éditions Quae, coll. « Mieux comprendre », 186 p., 2ᵉ éd.

Les matériaux de base des analyses bio-informatiques sont les polymères constituant les « molécules du vivant » que sont principalement les acides nucléiques et les protéines. La définition d'un gène est très variable selon l'angle de vue des chercheurs et leur spécialité : un biochimiste le définira comme un enchaînement de nucléotides assemblés par des réactions enzymatiques, alors qu'un biologiste de l'évolution le définira comme une entité sujette à sélection (par exemple). La question ici n'est pas de revenir sur cette large question, mais simplement de préciser quelques éléments de nomenclatures. La grande majorité des analyses des génomes portent actuellement sur les gènes codant des protéines, car celles-ci sont considérées comme les actrices majeures de la vie cellulaire. Cependant, la proportion dans un génome de gènes codant des protéines peut être faible (quelques % pour un génome eucaryote) ; coexistent également avec ces gènes de protéines, des séquences répétées, des transposons « actifs » ou « inactifs », des gènes correspondant à des ARN non codants, etc. L'identification de ces séquences d'ADN ne codant pas des protéines reste délicate encore actuellement, comme nous le verrons dans les fiches qui suivent.

Nous reprenons dans la figure 2.1 la représentation classique d'un gène codant une protéine chez un eucaryote. Un gène eucaryote comporte une séquence codante bordée de séquences régulatrices. Ces dernières servent de signaux de début et de fin de transcription du gène par l'ARN polymérase II. Certaines de ces séquences (p. ex. la boîte TATA du promoteur) sont reconnues par des protéines appelées « facteurs de transcription généraux », car elles assistent cette enzyme dans les étapes d'initiation de la transcription. D'autres séquences d'ADN, en aval ou en amont de la séquence codante, sont reconnues par des « facteurs de transcription spécifiques », qui modulent l'expression des gènes dans l'espace (p. ex. selon le type de cellule), dans le temps (p. ex. au cours du développement) et/ou sous l'effet de facteurs biotiques ou abiotiques (p. ex. le stress).

La séquence codante, chez un eucaryote, est constituée d'exons et d'introns. Ces deux types de séquences sont transcrits (transcrit primaire), mais les introns sont éliminés lors de l'épissage de l'ARN prémessager. L'ARN est d'abord modifié en 5′-P (addition d'une coiffe) et en 3′-OH (addition de nucléotides à adénine, ou « queue poly-A ») avant d'être transporté dans le cytoplasme. Là, les ribosomes se fixent sur l'ARNm (ARN messager) et, par l'intermédiaire des ARNt (ARN de transfert), l'ARNm est traduit en polypeptide.

L'ADN est constitué de deux brins antiparallèles et de séquences complémentaires. Lors de sa transcription en ARN, seul un des deux brins est lu et copié par l'ARN polymérase. Le brin d'ARN obtenu est donc complémentaire du brin matrice qui a servi de copie. Par définition, ce brin d'ADN matrice est le brin antisens ; l'autre brin, qui a la même séquence que l'ARNm, est le brin sens. Par convention, la séquence d'ADN identique à l'ARNm (donc le brin sens) est appelée « brin codant » ; l'écriture d'un gène sur le papier (ou un écran d'ordinateur…) correspond au brin codant dans son orientation 5′-P vers l'extrémité 3′-OH (figure 2.2).

Données actuelles (partielles) sur les génomes

De nombreux génomes procaryotes et eucaryotes ont été séquencés ou sont en cours de séquençage. Le lecteur peut se référer au site du *National Center for Biotechnology Information* (NCBI)[1], qui héberge l'un des serveurs Web compilant les avancées sur les génomes. La notion de « séquençage complet » est ambiguë : il y a très peu de génomes eucaryotes pour lesquels la séquence complète est réellement connue, car, le plus souvent, la qualité de séquençage et d'assemblage des séquences ne permet de couvrir qu'environ 80 % de la totalité d'un génome. La présence de nombreuses séquences répétées dans les génomes eucaryotes est un frein majeur à la complétion d'un séquençage et d'un assemblage.

▸▸ Procaryotes
Le premier génome séquencé a été celui de *Haemophilus influenzae* en 1995. Actuellement, près de 1 000 génomes de bactéries (eubactéries et archébactéries) sont séquencés.

▸▸ Eucaryotes
Plusieurs centaines de génomes eucaryotes sont répertoriés sur le serveur du NCBI, dont 24 complets (séquencés et assemblés, juillet 2009). Les autres sont en cours de séquençages ou d'assemblage. Parmi ces 602 génomes, on en trouve 237 d'animaux, 194 de champignons, 78 de plantes et 93 de protistes. Au sein des animaux, les mammifères (105) et les insectes (51) sont les classes les plus représentées, probablement pour l'intérêt de la communauté scientifique à nos origines proches (les mammifères) et la relative petite taille des génomes d'insectes actuellement séquencés. La taille des génomes est très variable d'une espèce à l'autre (environ 200 Mb pour la drosophile et 3 000 Mb pour l'homme). Par ailleurs, il n'y a pas de corrélation entre la taille physique de l'organisme et la taille des génomes : l'homme et la souris ont des tailles de génomes du même ordre de grandeur. Enfin, un organisme à grand génome n'est pas forcément plus riche en gènes : le génome de l'homme est plus de dix fois plus grand que celui de la drosophile, mais présente tout au plus deux fois plus de gènes.

---

[1] http://www.ncbi.nlm.nih.gov/sites/entrez?db=genomeprj (consulté le 27.09.2010).

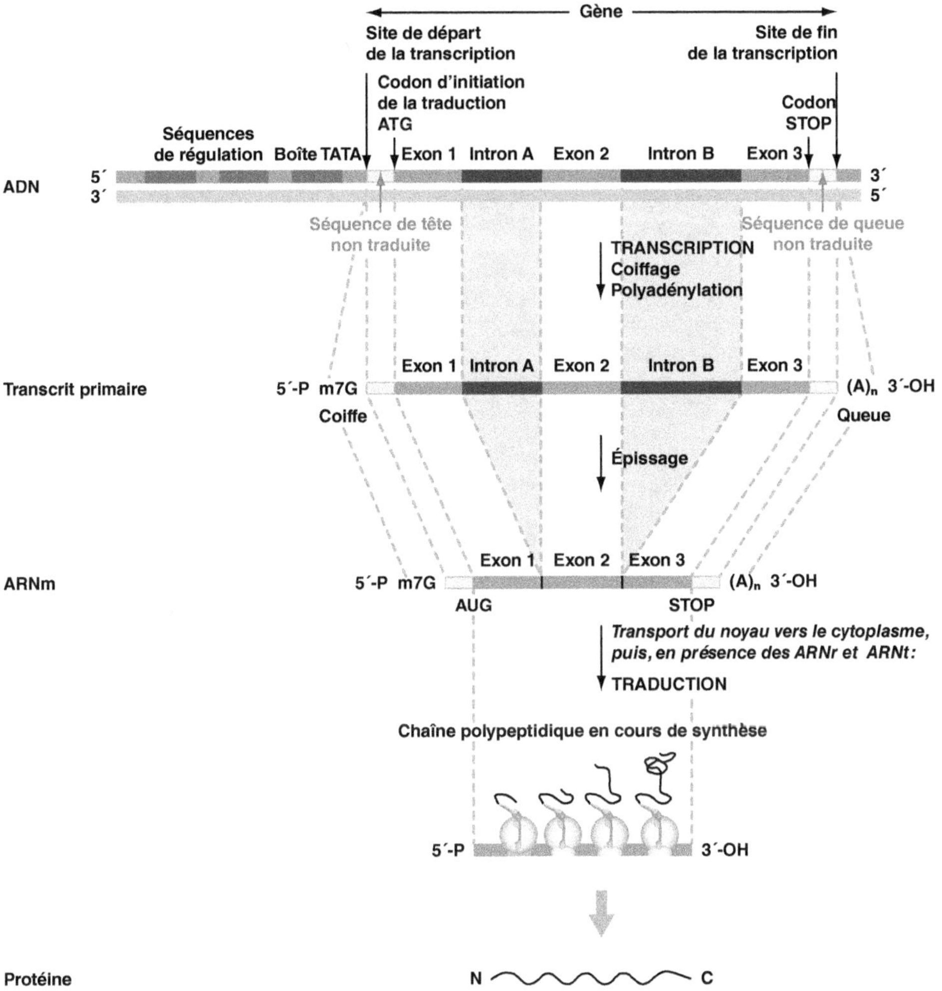

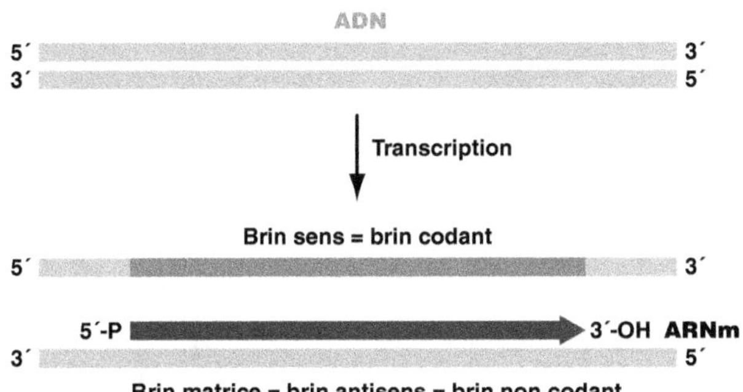

Figure 2.1. **Schéma de régulation de l'expression d'un gène eucaryote.**

Figure 2.2. **Convention de nomenclature.**

Banques et bases
de données en biologie

Introduction

Hélène Chiapello, Alexandra Louis

Les techniques récentes de biologie moléculaire génèrent une quantité massive de données qui ne sont pas gérables par les techniques de publication traditionnelle. Dans ce contexte, les banques et les bases de données sont maintenant une source d'informations majeure pour la communauté scientifique. Le nombre de bases de données disponibles en génomique est d'ailleurs en augmentation constante depuis plusieurs années (cf. les numéros « spécial bases de données » de la revue *Nucleic Acids Research*, publiés tous les ans par Oxford University Press). De plus, les enjeux liés à ces bases de données sont importants : archivage, définition de standards, accès libre et gratuit, traçabilité, interopérabilité[1], etc.

En génomique, on distingue souvent de manière un peu arbitraire les banques de données généralistes, pour désigner les sites, qui gèrent et archivent les collections de données primaires — c'est-à-dire expérimentales — et globales — non focalisées sur un champ d'application particulier — sous forme d'un fichier texte structuré, et les bases de données spécialisées, pour nommer des ressources, qui gèrent des données davantage dédiées à un type d'organismes ou à une thématique donnée, le plus souvent à travers un logiciel dédié de type système de gestion de base de données (SGBD). Même si cette distinction fait encore partie du langage courant — nous-mêmes distinguerons les « banques généralistes » et les « bases spécialisées » —, il est important de noter que de nombreux cas intermédiaires existent, et nous parlerons dans cet ouvrage de banques et bases de données en biologie pour désigner tout ensemble de données biologiques stockées, organisées, structurées et accessibles à un ensemble d'utilisateurs.

Cette fiche présente les principales banques et bases de données en génomique, sans prétention d'exhaustivité, en essayant de guider l'utilisateur dans ses recherches d'informations. Nous aborderons dans des fiches séparées les banques généralistes (appelées aussi banques primaires ; fiche 4) et les principales bases spécialisées selon trois axes majeurs : les ressources dédiées aux génomes complets (fiche 5),

---

[1] Capacité des systèmes informatiques hétérogènes à échanger des informations et à interagir.

les bases dédiées aux expériences à grande échelle (fiche 6) et pour finir les bases de motifs et d'éléments mobiles (fiche 7). Enfin, nous présenterons quelques outils permettant d'interroger et d'interfacer ces banques et bases de données (fiches 8 à 10 décrivant les outils d'interrogation et de navigation génomique), car ils ont pris une importance considérable en biologie. Toutes les ressources citées sont résumées dans les tableaux situés p. 43–45. La classification opérée dans ces fiches est un choix arbitraire, et l'évolution récente du domaine est l'apparition de ressources intégrant un grand nombre de fonctionnalités (c'est le cas en particulier d'Ensembl, qui contient à la fois des bases de données et des outils d'interrogation et de navigation). De plus, les fiches de cette partie n'abordent pas les concepts techniques et bio-informatiques sous-jacents au domaine. Il est cependant important de savoir que les banques et bases de données peuvent être structurées sous des formes très différentes : fichiers à plat, fichiers XML, logiciels dédiés ou logiciels classiques de type SGBD. Dans la plupart des cas, cette structure est peu visible pour l'utilisateur, mais elle peut avoir son importance lorsqu'il s'agit de faire des choix stratégiques au démarrage d'un projet.

Enfin, il est important de noter que l'enjeu majeur des banques et bases de données en biologie moléculaire est l'intégration des données distantes, laquelle est souvent réalisée à un premier niveau au moyen de liens hypertextes. D'autres techniques informatiques plus complexes permettent un véritable échange des données entre applications à travers le Web : citons par exemple les services Web [2], qui prennent une importance considérable pour la mise à disposition des ressources sur Internet. Cependant, l'affaire de l'intégration n'est pas simple et il semble que d'autres barrières existent, de nature plus fondamentale puisqu'elles concernent la sémantique des concepts manipulés en biologie. Ainsi, dans le contexte de l'annotation des génomes, le projet Gene Ontology [3] s'est fixé pour objectif d'utiliser un vocabulaire contrôlé pour décrire de manière hiérarchique et précise les fonctions biomoléculaires des produits des gènes.

---

[2] Un service web est un programme informatique permettant la communication et l'échange de données entre applications et systèmes hétérogènes dans des environnements distribués à l'aide des fichiers XML.
[3] http://www.geneontology.org/ (consulté le 27.09.2010).

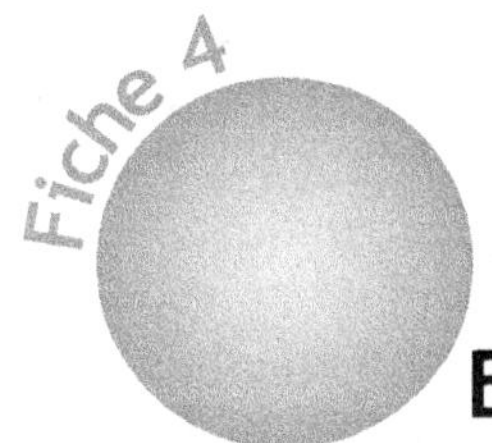

Banques généralistes

Hélène Chiapello, Alexandra Louis

On appelle banques généralistes, ou banques primaires, les ressources qui collectent, gèrent, archivent et mettent à disposition de la communauté scientifique un ensemble de données primaires, c'est-à-dire obtenues expérimentalement.

Classiquement, on considère comme banques primaires les banques généralistes de séquences nucléiques et protéiques — bien que la plupart des séquences protéiques ne soient pas obtenues expérimentalement, mais à partir des données de séquences nucléiques — ainsi que les banques qui gèrent les structures tridimensionnelles des protéines.

Banques nucléiques

Il existe trois banques nucléiques internationales : GenBank, la banque américaine gérée par le National Center for Biotechnology Information (NCBI), l'European Molecular Biology Laboratory databank (EMBL), la banque européenne maintenue à l'European Bioinformatics Institute (EBI), et enfin la DNA Database of Japan (DDBJ), la banque japonaise. Ces trois banques gèrent l'ensemble des séquences nucléiques et leurs annotations : elles coopèrent et échangent quotidiennement leurs données afin de garantir une cohérence maximale dans la mise à disposition des séquences de la communauté scientifique. Ainsi, même si chacune de ces banques présente quelques petites spécificités, la philosophie de structuration des données y est semblable et leur contenu en séquences nucléiques est strictement identique. De plus, les entrées nucléiques sont organisées dans les trois banques en « division », selon deux types de critères :
• le groupe taxonomique d'origine de la séquence : bactéries, vertébrés, plantes, virus, etc. ;
• le type de molécule séquencée : *Expressed Sequence Tag* (EST), *Genome Survey Sequence* (GSS), etc.

Chaque entrée, ou enregistrement, correspond à une séquence nucléique primaire disponible dans un format de fichier texte plat propriétaire : les données sont décrites dans un format texte où les lignes correspondent à des associations mot-clé/valeurs dans un format propre à chaque banque; on parle de format GenBank, format EMBL, etc. Dans tous les cas, le format est très similaire et l'entrée est structurée en quatre parties. La première partie correspond à un en-tête contenant des informations générales sur la séquence: identifiant unique, numéro d'accession, définition, mot-clé, taxonomie de l'organisme dont la séquence provient. La deuxième partie décrit la ou les références bibliographiques associées à la séquence. La troisième partie, essentielle, décrit les annotations biologiques associées à la séquence sous forme standardisée: on parle de *features/qualifiers* (les caractéristiques des annotations). Pour cette partie, la *feature table* est le document de référence qui définit le format d'annotation commun aux trois banques depuis 1990 [1]. Enfin, la quatrième partie contient la séquence nucléique elle-même.

Des logiciels dédiés permettent aux utilisateurs de soumettre les données en respectant les standards définis pour les annotations (Webin pour EMBL, BankIt ou Sequin pour GenBank).

Banques protéiques

Les entrées des banques protéiques sont structurées suivant des principes similaires et mettent à disposition des utilisateurs l'ensemble des protéines connues ainsi que les annotations biologiques associées.

Pendant de nombreuses années, trois banques protéiques ont coexisté de manière indépendante, avec leurs objectifs propres en termes de couverture — c'est-à-dire d'exhaustivité — et d'annotations:

• la banque de données européenne Swiss-Prot, qui se caractérise par une excellente qualité d'annotation des données — grâce à la contribution d'experts — au détriment de l'exhaustivité;

• la banque TrEMBL, qui contient l'ensemble des séquences protéiques conceptuelles obtenues par traduction automatique des séquences codantes contenues dans EMBL, avec des annotations automatiques non vérifiées, mais avec l'objectif d'obtenir une couverture maximale. De même, la banque GenPept correspond à la traduction automatique de l'ensemble des séquences annotées comme codantes (CDS) dans GenBank;

• la banque américaine Protein Information Resource (PIR), à la National Biomedical Research Foundation (NBRF), qui dans les années 1960 fut historiquement la première banque de protéines développée. Sa particularité consiste à proposer une classification des séquences protéiques en familles, en fonction de leur degré de similarité. L'avantage est, d'une part, de limiter le degré de redondance de la banque et, d'autre part, de travailler à la standardisation de l'annotation des protéines.

---

[1] La documentation en ligne est disponible sur: http://www.ebi.ac.uk/embl/WebFeat/ (consulté le 27.09.2010).

En 2002, à l'initiative d'un consortium international incluant l'EMBL-EBI, le Swiss Institute of Bioinformatics (SIB) et la PIR, ces trois banques se sont regroupées pour donner naissance à la Universal Protein resource (UniProt). UniProt propose ainsi, en profitant de leur complémentarité, un accès unifié à l'ensemble des informations contenues dans les trois banques primaires, notamment en ce qui concerne la qualité des annotations et la couverture de chacune des banques.

Ces ressources primaires sont d'une importance cruciale en biologie. Elles posent cependant deux types de problème importants : d'une part, la qualité extrêmement variable des séquences et des annotations associées, sans qu'aucune procédure de traçabilité ni de contrôle permette d'évaluer cette qualité, et, d'autre part, le niveau de redondance important des donnés primaires, sans qu'actuellement aucune procédure permette d'identifier facilement l'origine de cette redondance (polymorphisme, erreurs de séquences, etc.).

Enfin, dans le domaine des structures de protéines, la Protein Data Bank (PDB) est une source d'informations qui fait référence ; elle archive et diffuse l'ensemble des données disponibles sur les structures cristallographiques des protéines. Notez que la PDB contient aussi quelques structures nucléotidiques, comme celles d'ARN de transfert.

Les banques de données publiques sont très souvent le point de départ pour réaliser une analyse ou une caractérisation la plus exhaustive possible des séquences d'un organisme donné ou d'une famille protéique particulière. Il est cependant essentiel de garder à l'esprit que des vérifications expérimentales seront en général indispensables pour confirmer ou infirmer des résultats d'analyses obtenues *in silico*.

Bases de données spécialisées de génomes complets

Hélène Chiapello, Alexandra Louis

Parallèlement au développement des banques généralistes, un certain nombre de bases de données dédiées aux génomes complets se sont développées (cf. tableau p. 43–44). Ces ressources suivent deux évolutions majeures : d'une part, une volonté d'intégration maximale de toutes les informations disponibles sur les génomes séquencés — aussi bien au niveau des séquences nucléiques génomiques, transcrites (ARN), traduites (protéines) que des annotations associées — et, d'autre part, une évolution marquée vers la génomique comparée et, dans certains cas, la phylogénomique (cf. fiches 52 et 53). La phylogénomique est en effet une approche récente de phylogénie, qui a pour objectif de reconstruire l'histoire évolutive des gènes et des espèces à partir d'un large échantillon de données génomiques. Les enjeux sont importants et la disponibilité de nombreux génomes complets proches d'un point de vue évolutif dans de nombreux groupes taxonomiques — tant chez les procaryotes que chez les eucaryotes — fait que les ressources dédiées à la phylogénomique sont actuellement en plein essor.

Ressources généralistes

Une des ressources les plus anciennes dédiées aux génomes complets procaryotes et eucaryotes est la base Reference Sequence (RefSeq) du NCBI. À notre connaissance, c'est aussi à ce jour la seule ressource exhaustive. RefSeq a pour objectif de mettre à disposition de la communauté scientifique l'ensemble des séquences génomiques non redondantes, réannotées de manière homogène et sous des formats standard. Son principal inconvénient est le manque de traçabilité des annotations automatiques et manuelles et la perte, parfois dommageable, de l'annotation originale.

Depuis 2002, l'EBI mettait lui aussi à disposition une base de données contenant des génomes complets réannotés pour une large sélection d'organismes : la base Genome Reviews. L'ensemble des génomes complets des bactéries, des archées ainsi qu'un petit lot de génomes complets eucaryotes (la levure *Saccharomyces cerevisiae* et la plante modèle *Arabidopsis thaliana*) était contenu dans cette base.

```
.....
FT   CDS             17532..18863
FT                   /gene="dacA {Uniprot/Swiss-Prot:P08750}"
FT                   /locus_tag="BSU00100 {Uniprot/Swiss-Prot:P08750}"
FT                   /product-"D-alanyl-D-alanine carboxypeptidase precursor
FT                   {Uniprot/Swiss-Prot:P08750}"
FT                   /EC_number="3.4.16.4 {Uniprot/Swiss-Prot:P08750}"
FT                   /Function="serine-type D-Ala-D-Ala carboxypeptidase
FT                   activity {GO:0009002}"
FT                   /process="proteolysis and peptidolysis {GO:0006508}"
FT                   /process="peptidoglycan biosythesis {GO:0009252}"
FT                   /cellular_component="cell wall {GO:0005618}"
FT                   /cellular_component="membrane {GO:0016020}"
FT                   /protein_id="CAB11786.1 {EMBL:AL009126}"
FT                   /db_xref="EMBL:AAA22375.1 {Uniprot/Swiss-Prot:P08750}"
FT                   /db_xref="EMBL:BAA05246.1 {Uniprot/Swiss-Prot:P08750}"
FT                   /db_xref="GO:0005618 {GOA:P08750}"
FT                   /db_xref="GO:0006508 {GOA:P08750}"
FT                   /db_xref="GO:0009002 {GOA:P08750}"
FT                   /db_xref="GO:0009252 {GOA:P08750}"
FT                   /db_xref="GO:0016020 {GOA:P08750}"
FT                   /db_xref="HOGENOM:HBG000178 {HogenProt:P08750}"
FT                   /db_xref="HSSP:P04287 {Uniprot/Swiss-Prot:P08750}"
FT                   /db_xref="Interpro:IPR001967 {Uniprot/Swiss-Prot:P08750}"
FT                   /db_xref="SubtiList:BG10074 {Uniprot/Swiss-Prot:P08750}"
FT                   /db_xref="UniParc:UPI000005FDBA {EMBL:CAB11786}"
FT                   /db_xref="Uniprot/Swiss-Prot:P08750 {EMBL:AL009126}"
FT                   /transl table=11
FT                   /translation="MNIKKCKQLLMSLVVLTLAVTCLAFMSKAKAASDPIDINASAA
.....
.....
FT                   LAGVDLVTKENVEKANWFVLTMRSIGGFFAGIWGSIVDTVTGWF"
FT   sig_peptide     17532..17624
.....
.....
```

Figure 5.1. **Exemple d'ajout d'annotations dans une entrée Genome Reviews (numéro d'accession AL009126_GR).** Les *features* et *qualifiers* ajoutés à l'annotation originale de l'entrée GenBank/EMBL/DDBJ sont indiqués en gras © Kersey *et al.*, 2005/OUP.

L'annotation originale y avait été enrichie grâce à l'ajout de nombreux types de *features/qualifiers* ainsi que l'intégration systématique d'un grand nombre de références croisées avec d'autres bases de données (figure 5.1). En 2010, Ensembl Genomes a pris le relais de Genome Reviews afin de couvrir l'ensemble des génomes complets disponibles de non-vertébrés. Cinq instances différentes de cette base sont accessibles pour parcourir les différentes branches du vivant, EnsemblBacteria, EnsemblPlants, EnsemblProtists, EnsemblFungi, et EnsemblMetazoa.

Ressources pour les procaryotes

Pour les procaryotes, les deux bases de données de génomes complets les plus couramment utilisées sont la section « Microbial Genomes » de la base RefSeq du

NCBI et sa concurrente plus récente, la partie « procaryotes » de la base Ensemble Genomes. Il est aussi à noter que plusieurs centres de séquençage mettent à disposition des bases de données contenant les génomes qu'ils ont séquencés avant même qu'ils soient intégrés dans les banques publiques (parfois sous forme de brouillon, ou *draft*) : voir notamment les sites du Computational Biology and Functional Genomics Laboratory (Compbio) aux États-Unis et du Sanger Institute en Grande-Bretagne.

Enfin, d'autres ressources ont vu le jour plus récemment, en particulier des bases plus spécialisées sur l'annotation et la comparaison de génomes. Il s'agit par exemple d'ASAP, une base pour l'annotation collaborative et comparative des entérobactéries pathogènes, ou encore de la collection xBASE, un ensemble de bases dédiées à la comparaison de génomes bactériens proches, ou enfin de la base MOSAIC, qui met à disposition l'ensemble des régions conservées et des régions variables dans les espèces bactériennes pour lesquelles plusieurs souches sont séquencées.

Ressources pour les animaux

Une des principales ressources de données pour les génomes des eucaryotes supérieurs est le projet Ensembl, issu d'une collaboration entre l'EBI et le Sanger Institute et dédié à l'annotation automatique des génomes de métazoaires. Ce projet fournit un environnement intégré de bases de données et d'interfaces graphiques pour annoter et comparer les grandes séquences chromosomiques à partir de l'ensemble des données disponibles.

D'autres bases constituent des références importantes pour les organismes modèles eucaryotes. Parmi les plus connues, nous pouvons citer trois exemples : la base FlyBase, pour l'annotation et l'analyse fonctionnelle des génomes de *Drosophila*, le Mouse Genome Informatics (MGI), qui fournit un environnement intégré pour l'annotation, la génomique fonctionnelle et la génomique comparée du génome de la souris, et la base de données de l'UCSC Genome Browser, qui permet l'analyse comparée des génomes de vertébrés.

Parmi les autres bases d'intérêt sur les autres génomes eucaryotes modèles, citons deux derniers exemples : la base WormBase, développée au Cold Spring Harbor Laboratory pour intégrer les informations disponibles sur le nématode, et la base A *Caernohabditis elegans* DataBase (AceDB), développée en 1989 pour la gestion et l'annotation du génome du nématode modèle *C. elegans* et maintenant applicable à tout autre organisme procaryote ou eucaryote.

Ressources pour les plantes

Il n'existe pas de ressource unique dans le domaine végétal, et plusieurs bases sont développées en parallèle autour d'espèces d'intérêt. Les bases les mieux avancées à ce jour concernent ainsi le plus souvent les deux plantes modèles *Arabidopsis thaliana* et *Oryza sativa*, pour lesquelles les données sont à la fois les plus anciennes et les plus complètes. Ainsi, la base relationnelle The *Arabidopsis* Information Resource (TAIR) centralise la plupart des informations disponibles sur *Arabidopsis* : données du programme de séquençage systématique, cartes génétiques et physiques, clones, marqueurs, etc. Parmi les autres ressources existantes, nous ne citerons ici que trois exemples importants : la base FLAGdb++, qui intègre les données génomiques de *Arabidopsis*, du riz, du peuplier et de la vigne, la base Gramene, référence internationale pour les céréales, et les bases MIPS plants databases (MIPS PlantsDB), qui incluent plusieurs bases dédiées à l'analyse fonctionnelle de génomes végétaux d'intérêt : par exemple, la base MIPS *Arabidopsis thaliana* database (MAtDB), ou encore la base MIPS *Oryza sativa* database (MOsDB).

Ressources pour les champignons

Pour les levures, qui abritent le premier génome eucaryote séquencé, *Saccharomyces cerevisiae*, une des bases de données qui fait référence est la *Saccharomyces* Genome Database (SGD), une base centrée sur la biologie moléculaire et la génétique de la levure de boulanger *S. cerevisiae*. Beaucoup d'autres ressources mettent à disposition l'ensemble des données disponibles pour cet organisme modèle ; nous n'en citerons ici que deux exemples : le consortium français Génolevures, qui inclut l'ensemble de ressources génomiques et protéomiques disponibles sur les génomes de levure séquencés, et la MIPS Comprehensive Yeast Genome Database (CYGD), une base de connaissances dédiée au génome de *S. cerevisiae*. Enfin, parmi les autres bases consacrées à d'autres organismes de levures, les bases CandidaDB et *Candida* Genome Database font référence pour le pathogène fongique *Candida albicans*.

Pour les autres génomes fongiques, les données génomiques commencent juste à s'accumuler massivement, et plusieurs ressources se sont développées récemment. Citons par exemple les bases de données e-Fungi et FUNYBASE pour l'analyse comparative des génomes fongiques complètement séquencés.

Bases de données dédiées aux expériences à grande échelle

Hélène Chiapello, Alexandra Louis

Cette fiche présente quelques bases de données spécialisées incontournables dans le domaine dit de la « biologie à haut débit » (les différents *omics*). Elle n'a aucune prétention d'exhaustivité, et un aperçu des ressources citées se trouve dans un tableau situé p. 43–44.

Transcriptome

Les expériences de transcriptome permettent d'accéder à l'ensemble des ARN messagers exprimés dans un tissu, dans un type de cellule ou encore dans une condition donnée (cf. fiches 55 à 58). Depuis une dizaine d'années, les techniques de miniaturisation à base de « puces » utilisées pour ces expériences se sont améliorées (passage des *macroarrays* aux *microarrays*) et des données expérimentales complexes s'accumulent rapidement pour un grand nombre d'organismes. Une liste des principales bases de données concernant le transcriptome est disponible sur le site Web de la Stanford Microarray Database (SMD). Nous ne citerons ici que deux exemples des multiples ressources existantes.

Une des principales bases de données pour la gestion des données du transcriptome est la base ArrayExpress de l'EBI. Cette dernière permet de soumettre ces informations dans un format standardisé, puis de les publier, de bonne qualité, à destination de la communauté scientifique, en facilitant ainsi la diffusion des protocoles expérimentaux standard. Il s'agit en fait d'un véritable « entrepôt » qui, en plus de la gestion et de la diffusion des données, définit un standard d'annotation (le *Minimum Information About a Microarray Experiment* : MIAME) ainsi qu'un langage de requête associé (le *Microarray Gene Expression Markup Language* : MAGE-ML). Le NCBI propose également une structure de stockage et d'interrogation des données du transcriptome *via* le projet Gene Expression Omnibus (GEO). Il est important de noter que les bases ArrayExpress et GEO contiennent le plus souvent des données brutes ; les données du transcriptome analysées sont en général directement intégrées dans des bases dédiées aux organismes concernés.

Protéome

Une des plus anciennes bases de données pour la gestion des données protéomiques est la Two-dimensional polyacrylamide gel electrophoresis database (SWISS-2DPAGE), qui est accessible *via* le serveur protéomique ExPASy. Elle centralise, annote et diffuse à destination de la communauté scientifique les données de gel d'électrophorèse 2D disponibles pour une grande variété d'organismes procaryotes et eucaryotes.

Parmi les nombreuses autres ressources existantes, nous ne citerons qu'une base de données, le Proteomic Analysis and Resources Indexation System (PARIS), qui est un système d'intégration des données protéomiques centrées sur les images d'électrophorèses. Conçu selon le principe de travail collaboratif, ce système gère à la fois les données brutes et les informations associées aux procédures d'analyse, et fournit des outils pour la visualisation, la comparaison et la validation des données et résultats. Il permet l'analyse croisée des données issues d'expériences différentes.

Notons qu'à l'image du MIAME pour standardiser les données de puces à ADN (transcriptomique) et sous la pression des éditeurs de journaux scientifiques, une initiative internationale a été créée en 2002, la Proteomics Standard Initiative (PSI), actuelle Human Proteom Organisation-Proteomics Standard Initiative (HUPO-PSI), afin de définir des standards pour la gestion des donnés issues des expériences de protéomique.

Bases dédiées aux interactions protéine-protéine

Un nombre important de bases de données est dédié à la gestion et la diffusion des données d'interactions entre protéines. Ces ressources posent des problèmes techniques particuliers de gestion, de visualisation et d'analyse de réseaux d'interactions complexes (cf. figure 6.1, un exemple de réseau de protéines obtenu à partir de la base STRING). Là encore nous ne citerons que quelques exemples parmi l'ensemble des nombreuses ressources existantes.

La base STRING est l'une des ressources les plus complètes. Elle possède une très bonne interface de navigation permettant l'exploration et la visualisation des associations protéine-protéine connues et prédites à partir de différents critères : voisinage physique des gènes sur le chromosome, existence d'un événement de fusion entre deux gènes, co-occurrence de deux gènes dans différentes espèces, coexpression des gènes, interaction protéique connue obtenue expérimentalement, cocitation des gènes ou protéines dans une référence bibliographique. En juin 2010, la base STRING contenait 2 590 259 protéines représentant 630 espèces. Un exemple de visualisation des différents types d'interactions et d'associations du gène trpB de *Escherichia coli* est décrit en figure 6.1.

Parmi les autres ressources importantes, citons la Database of Interacting Proteins (DIP), qui centralise les données expérimentales d'interaction protéine-protéine d'un grand nombre d'organismes, et enfin la base Biomolecular Relations in Information Transmission and Expression (BRITE), qui contient aussi un grand nombre de données d'interactions, notamment des interactions protéine-protéine (issues de la littérature scientifique ou des expériences de type double-hybride), des données déduites des voies métaboliques de la Kyoto Encyclopedia of Genes and Genomes (KEGG), ou encore des données de coexpression de gènes déduites des expériences de transcriptome.

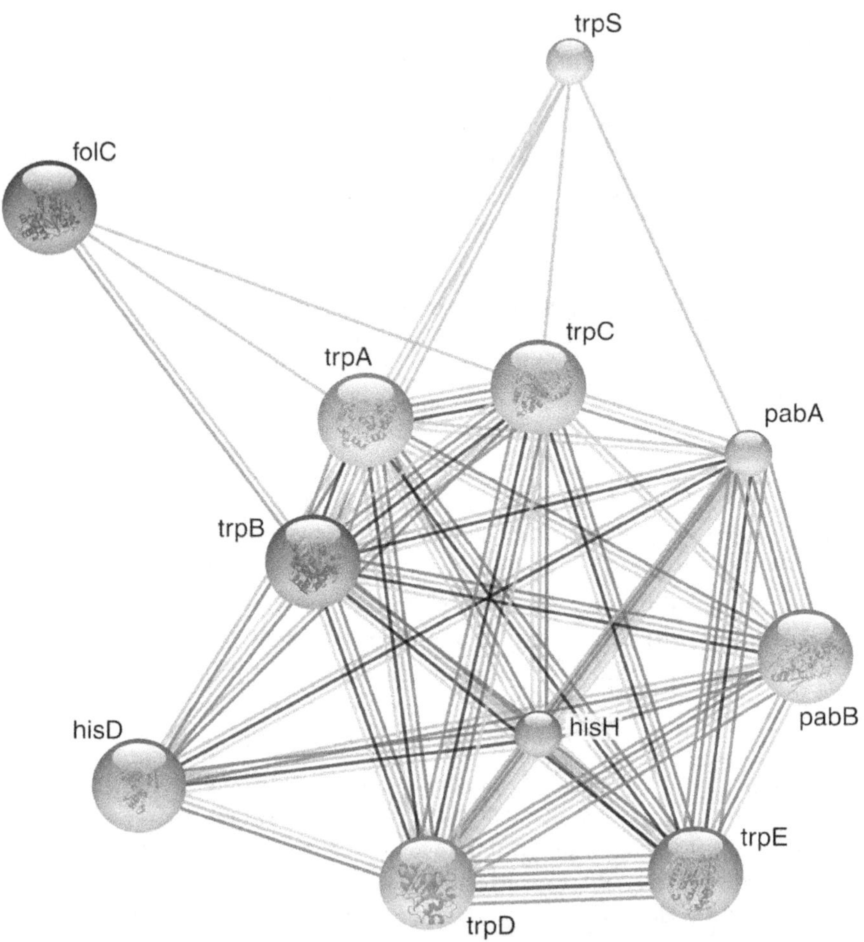

Figure 6.1. **Exemple de visualisation des types d'interactions et d'associations connus et prédits par différents critères de voisinage pour la protéine trpB, obtenu à partir de la base STRING (organisme *Escherichia coli* K12).** Les différentes couleurs (cf. la même figure en couleur en couverture du livre) des liens représentent l'origine du voisinage ou de l'association des gènes ou protéines : vert = gènes voisins sur le chromosome ; rouge = existence d'un événement de fusion entre les gènes ; bleu = co-occurrence des gènes dans différentes espèces ; gris = coexpression des gènes ; violet = interaction protéique expérimentale ; turquoise = association/interaction décrite dans une autre base de données ; jaune = interaction/association décrite dans la littérature scientifique © CPR, EMBL, SIB, KU, TUD et UZH.

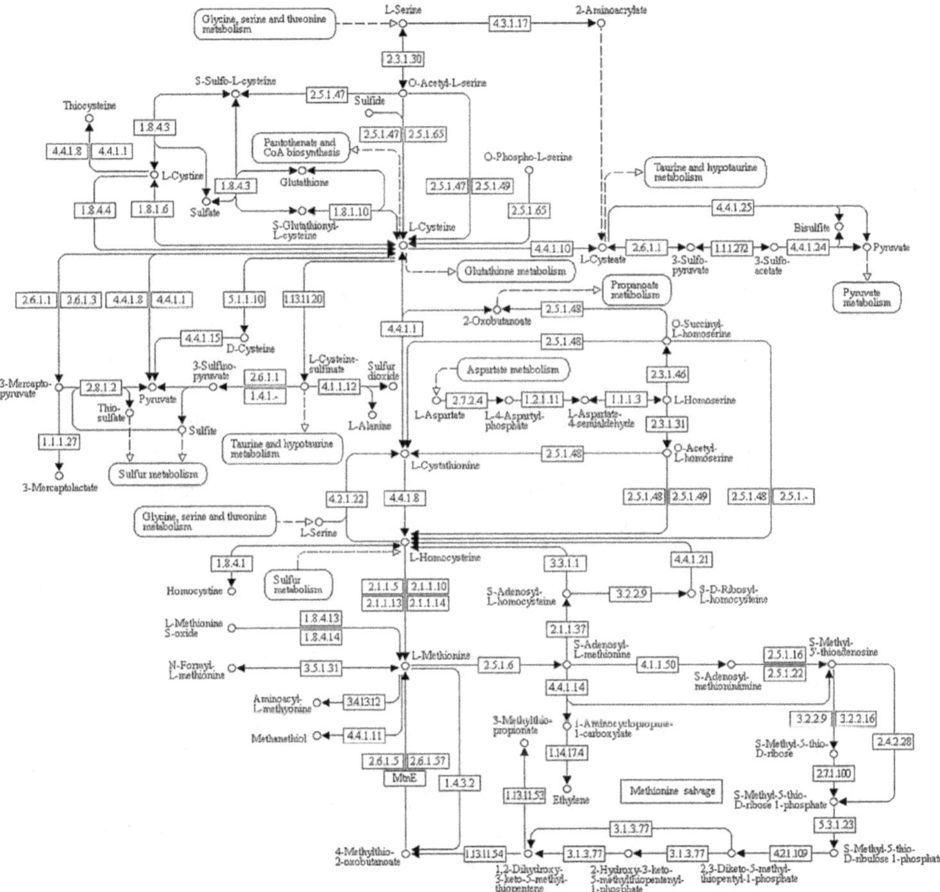

Figure 6.2. **Image extraite de KEGG illustrant le métabolisme de la cystéine et de la méthio-nine.** Un clic sur un rectangle arrondi renvoie à l'image illustrant la voie métabolique en question, par exemple glycine, serine and threonine metabolism. Un clic sur un rectangle renvoie à une fiche détaillée concernant l'enzyme correspondante ; par exemple « 4.4.1.1 » affiche les données compilées sur la cystathionine gamma-lyase © Kanehisa Laboratories.

Métabolome

Les bases de données gérant les connaissances liées au métabolisme ont pris une importance considérable ces dernières années, notamment dans le cadre du développement de la biologie des systèmes.

Dans ce domaine, la base de données japonaise KEGG est l'une des plus anciennes et complètes. Elle permet d'accéder au détail des voies métaboliques d'un grand nombre d'organismes modèles sous forme d'images cliquables (figure 6.2). Plus récemment, la base de données MetaCyc, initialement dédiée au génome de *E. coli* (EcoCyc), s'est généralisée. Elle centralise les données métaboliques déterminées expérimentalement pour un grand nombre d'organismes. D'excellente qualité, cette base propose en outre un ensemble d'outils pour éditer, visualiser et analyser les réseaux métaboliques, offrant ainsi la possibilité d'interpréter des données génomiques dans un contexte métabolique donné.

Bibliome

Dans le contexte actuel de production massive de données de biologie, la littérature scientifique constitue tout naturellement une source d'informations majeure pour l'analyse et l'interprétation des résultats d'expériences à grande échelle. Ainsi, la base PubMed a été la première base de données bibliographiques consultable gratuitement sur le Web, et elle continue à faire référence pour la communauté des biologistes. Cependant, cette base ayant été créée par la National Library of Medecine (NLM) pour s'adresser aux sciences biomédicales, elle ne couvre pas la littérature biologique de manière exhaustive. En particulier, sa couverture de la biologie végétale n'est pas satisfaisante. Heureusement, d'autres bases bibliographiques plus complètes dans le domaine végétal existent. On peut citer, à titre d'exemples, BIOSIS Previews®, CAB Direct, ou encore, apparue plus récemment, Web of Science®, qui intègre un ensemble d'outils et de bases de données bibliographiques couvrant plus de 9 200 publications dans le domaine des sciences, des sciences sociales, des arts et lettres, des sciences humaines et des sciences économiques.

Ces bases de données ont un rôle essentiel dans l'analyse et l'interprétation des données biologiques issues d'expériences à grande échelle. C'est pourquoi de nombreuses bases de données spécialisées intègrent des données bibliographiques et permettent des recherches puissantes sur les citations (et cocitations) de gènes dans les références bibliographiques ; c'est le cas, par exemple, de la base STRING, ou encore de la base HUGO pour l'analyse des données issues du génome humain.

Bases de données dédiées à des familles de séquences

Hélène Chiapello, Alexandra Louis

Certaines portions des séquences nucléiques ou protéiques ont des rôles biologiques déterminants ; c'est pourquoi plusieurs bases spécialisées se focalisent sur les différents types de motifs pour lesquels une activité biologique a été identifiée. Cette fiche n'en donne que quelques exemples.

Facteurs de transcription et motifs de régulation

Dans le domaine des bases de données de facteurs de transcription, la base BKL TRANSFAC® est non seulement une des plus anciennes, mais aussi une des plus complètes pour les eucaryotes (son accès est payant). Elle gère et met à disposition de la communauté l'ensemble des facteurs de transcription répertoriés chez les eucaryotes (de la levure à l'homme), ainsi que leurs sites et profils de liaison à l'ADN.

En ce qui concerne les procaryotes, la base RegulonDB gère et intègre l'ensemble des données de régulation transcriptionnelle (opérons, régulons et toutes les unités de transcription incluant promoteurs, terminateurs, sites de liaison) disponibles chez *E. coli* K12, bactérie pour laquelle un grand nombre de connaissances sont disponibles, notamment dans la littérature scientifique.

Motifs protéiques

Les banques de motifs et de domaines protéiques sont des outils majeurs pour l'annotation fonctionnelle des protéines (cf. fiche 28). Pendant quelques années, plusieurs bases complémentaires — quoique parfois assez proches — se sont développées en parallèle : citons par exemple PROSITE, Pfam, ProDom ou encore PRINTS. En 2000, l'EBI a pris l'initiative de regrouper toutes ces bases au sein d'une même structure : InterPro. Cette ressource intègre et met ainsi à disposition l'ensemble des bases disponibles sur les familles de protéines, leurs structures et leurs sites fonctionnels.

Éléments mobiles

Les éléments mobiles sont des fragments d'ADN insérés dans le génome d'un organisme et qui ont la propriété de se déplacer d'un point à un autre du génome. On les classe habituellement en deux grandes catégories : d'une part, les transposons et, d'autres part, les rétrovirus et les phages. Ces éléments existent aussi bien dans les génomes procaryotes que dans les génomes eucaryotes.

IS Finder est la principale ressource dédiée aux séquences d'insertion bactériennes. Les *insertion sequences* (IS) sont les transposons les plus simples contenus dans les chromosomes bactériens. Leur nom reflète la manière dont ils ont été détectés par insertion spontanée dans des opérons. Un des objectifs de cette base de données est d'être un entrepôt de données pour les IS, ce qui permet aussi de définir une nomenclature cohérente pour le nommage et la classification des nouvelles IS identifiées dans les génomes complets des bactéries et des archées.

La base de données ACLAME est dédiée à la gestion et à la classification de tous les éléments génétiques mobiles bactériens d'origine et de nature variées : phages, plasmides, transposons, îlots génomiques.

Il n'existe pas, à notre connaissance, de base généraliste d'éléments mobiles et de transposons chez les eucaryotes : les quelques bases de données qui existent sont en général dédiées à un organisme ou à groupe d'organismes particuliers (drosophile, plantes, etc.), voire à une famille d'éléments particuliers.

Éléments répétés

Une proportion importante des séquences génomiques est constituée d'éléments répétés. Ces derniers sont de différentes tailles (de quelques à plusieurs dizaines de nucléotides) et de différentes natures (répétitions exactes ou inexactes, en tandem ou non, etc.), ce qui rend leur détection non triviale. Leur identification est cependant importante, car ces éléments répétés induisent souvent des biais dans les analyses de séquences classiques. C'est pourquoi plusieurs outils dédiés, auxquels des bases de données sont associées, ont été développés.

Parmi les bases les plus importantes de séquences répétées, Repbase fait référence. Elle inclut la plupart des séquences répétées trouvées dans les génomes eucaryotes : éléments transposables, répétitions simples de type micro et minisatellites, séquences répétées de type ARN ribosomal, ARN de transfert et petits ARN nucléaires. C'est une base de référence pour annoter et masquer, grâce aux outils RepeatMasker ou CENSOR, les séquences nucléiques répétées dans les génomes eucaryotes en cours d'annotation.

Il n'y a pas de base équivalente généraliste chez les procaryotes. Quelques ressources existent, mais elles sont dédiées à des types particuliers de séquences répétées ; c'est le cas de la base de la ressource IS Finder, citée plus haut dans cette fiche, dédiée aux éléments répétés mobiles de type IS. Plus récemment, la base de données CRISPR a été développée dans le but de permettre l'annotation des séquences répétées palindromiques courtes dans les génomes bactériens.

Généralités sur les outils de recherche, d'analyse et de visualisation

Hélène Chiapello, Alexandra Louis

Nous avons vu précédemment que les données biologiques continuent de croître de manière exponentielle, tant en nombre qu'en types. Qu'elles soient des séquences, des profils d'expression, des polymorphismes ou des entrées bibliographiques, il a été nécessaire de développer des outils pour interroger (faire des requêtes) ou recouper ces données et permettre aux utilisateurs de comparer leurs propres données à l'existant.

Ces outils doivent donc être :
• d'un accès aisé, c'est-à-dire librement accessibles *via* Internet ;
• didactiques, c'est-à-dire faciles à prendre en main, voire, mieux encore, intuitifs ;
• exhaustifs, c'est-à-dire qu'à partir d'une information trouvée, ils doivent permettre de « parcourir » l'ensemble des liens rattachés à celle-ci afin d'éviter à l'utilisateur d'être obligé de jongler avec différentes sources d'informations.

Deux grands types d'outils sont à présent disponibles pour la communauté des biologistes, les *databank browsers* et les *genome browsers*. Les *databank browsers* sont dédiés à l'interrogation des banques et bases de données, tandis que les *genome browsers* sont, comme leur nom l'indique, dédiés au parcours de génomes complets et à la visualisation des annotations associées. Cette classification est toutefois quelque peu schématique puisque certains outils intègrent l'ensemble des fonctionnalités : bases de données, outils d'interrogation et outils de navigation sur le génome.

Si le novice, comme pour chaque outil informatique « intuitif », peut se servir aisément des fonctions basiques de ces outils, il est important de noter qu'une prise en main plus approfondie des fonctions d'utilisation, par l'exploration des tutoriaux mis à sa disposition, est rarement une perte de temps sur le long terme. Nous allons tenter dans cette fiche de montrer les avantages de quelques-uns de ces outils et nous présenterons quelques fonctions avancées souvent ignorées pour donner aux utilisateurs l'envie d'aller plus loin dans l'exploitation de ceux-ci.

Toutes les applications citées dans les fiches qui suivent sont accessibles par l'utilisateur *via* un navigateur Web, et sont le plus souvent hébergées sur des serveurs distants. Il existe parallèlement des logiciels dits indépendants ou *stand-alone* qui peuvent être installés localement sur une machine personnelle ou un serveur dédié à un laboratoire. Ainsi, un logiciel comme Artemis, par exemple, qui est dédié à l'édition et à la visualisation d'annotations de séquences d'ADN et de résultats d'analyses, fonctionne sur toute plateforme : UNIX®, Linux, Microsoft® Windows®, Mac OS X®. C'est un logiciel écrit en Java qui peut lire et donc afficher tout type d'entrée aux formats GenBank®, EMBL et FASTA, ainsi que les annotations correspondantes.

Multi-Genome Navigator (MuGeN) permet quant à lui une exploration de plusieurs génomes complets. Il est capable d'afficher simultanément des portions de génomes provenant de sources différentes (locales et/ou extérieures) et d'afficher celles-ci en combinaison avec des résultats d'analyse. Il permet également la génération automatique d'images de ces affichages.

D'autres outils sont disponibles également pour la navigation sur les données génomiques. On citera, par exemple, le Generic Model Organism Database project (GMOD), qui est une collection d'outils logiciels permettant de créer et de gérer des bases de données dédiées aux informations génomiques. Associé à ce type d'outils, GBrowse a été développé et peut être utilisé pour visualiser et naviguer dans les génomes stockés sous GMOD. Dans le même ordre d'idée, Apollo, qui permet l'annotation des génomes stockés par de tels systèmes, peut donc être défini comme un éditeur de génomes.

Outils d'interrogation de données : *databank browsers*

Hélène Chiapello, Alexandra Louis

Que les bases de données génomiques soient généralistes ou spécialisées, il est nécessaire qu'elles soient accessibles *via* des systèmes d'interrogations performants et aisés à prendre en main. Il existe de multiples outils et interfaces qui permettent d'effectuer des recherches dans les banques de données précédemment évoquées (cf. fiches 4 à 7 et tableau situé à la fin de cette partie). Ceux-ci permettent souvent d'interroger plusieurs bases et de relier entre elles les données extraites — c'est-à-dire d'intégrer les données. Le problème majeur qui se pose alors est l'hétérogénéité des données, tant par leur nature que par leur format de stockage. Comment intégrer des données biologiques — hétérogènes et dispersées — de façon à les rendre aussi aisément accessibles que si elles étaient stockées dans une seule et même base ?

Des couches logicielles[1] ont été développées afin, d'une part, de faire paraître l'ensemble des données dispersées comme structurées dans une seule et même architecture, et, d'autre part, de résoudre les problèmes de diversité syntaxique. Ces multiples couches logicielles ou interfaces permettent d'accéder aux données de différentes manières. Ainsi, les données peuvent être consultées à partir :
• de mots-clés : « Quelles sont toutes les séquences protéiques procaryotes annotées comme topo-isomerases de type A ? » ;
• de séquences : « À quelle séquence ressemble le plus la séquence d'ADN que je viens de séquencer ? A-t-elle des homologues connus dans d'autres espèces ? » ;
• d'identifiants de séquences : « Puis-je récupérer la séquence référencée dans l'article que je viens de lire ? » ;
• des propriétés des séquences (*features/qualifiers*) : « Combien de protéines humaines ont un domaine transmembranaire ? »

Les outils d'interrogation de banques de données génomiques les plus couramment utilisés sont les suivants : Sequence Retrieval System (SRS), EBI Advanced Search, Entrez, UniProt Search et BioMart. Cependant, il existe d'autres outils

---

[1] Ensemble de programmes informatiques dédiés à une tâche précise.

dédiés à l'interrogation des banques, que ce soit des outils comme BioRS™ Integration and Retrieval System, qui permettent l'interrogation de plusieurs banques, ou des outils dédiés à une banque en particulier. Le choix de tel ou tel outil doit être défini en fonction des besoins de l'utilisateur.

Nous nous focaliserons sur trois de ces outils en particulier — SRS, Entrez et BioMart —, le parcours exhaustif de chacun d'entre eux n'étant malheureusement pas possible ici. Nous essaierons de décrire au mieux les fonctionnalités de chacun de ces outils et de donner des pistes aux futurs utilisateurs pour approfondir leurs connaissances.

SRS

Le système SRS, développé par Thure Etzold, permet d'interroger à partir d'une interface graphique unifiée toute collection de séquences préalablement indexée par le système, c'est-à-dire préalablement formatée pour que le programme d'interrogation puisse y accéder. Il permet une interrogation simple ou croisée sur un ensemble de banques. Fin juillet 2010, 15 sites Web publics référencés et accessibles dans le monde fournissaient un accès à près de 1 200 banques de données (figure 9.1).

SRS est en fait un entrepôt de données qui permet de d'effectuer des requêtes — et des enchaînements de requêtes — croisées très complexes. La possibilité pour ce système d'accéder à un aussi grand nombre de données et de permettre de faire des références croisées entre banques lui est conférée par le langage Icarus, qui permet l'indexation de toute collection structurée à des fins de description et d'exploration. Une autre caractéristique de ce système est la possibilité de création d'un réseau de références croisées, permettant les requêtes et la navigation entre les banques indexées sous SRS. Ainsi, un utilisateur peut répondre à une requête du type : « Quelles sont les protéines humaines qui possèdent une région transmembranaire et dont la structure 3D est connue ? »

Deux autres fonctionnalités importantes de SRS sont également à souligner. Il est donné à l'utilisateur la possibilité d'enregistrer ses projets de requêtes sous SRS. Ainsi, les résultats obtenus un jour et utilisés pour une analyse spécifique pourront être réutilisés pour un autre type d'analyse ultérieurement. De même, une requête sur une version N d'une banque de données pourra être relancée sur une version N + 1 après la mise à jour de la banque, et ce, sans que l'utilisateur soit obligé de reconstruire son processus d'interrogation de données.

Les résultats d'une requête peuvent ensuite être visualisés et formatés selon les besoins de l'utilisateur.

De plus, un bon nombre de serveurs SRS proposent dorénavant une interface d'accès à des outils d'analyse de séquences. Ceux-ci sont applicables sur les résultats d'une requête — ou une sélection de résultats ; l'utilisateur pourra par exemple effectuer un alignement multiple sur les séquences récupérées par sa

Public SRS Installations

If you maintain a publicly accessible SRS server, and would like to have it added to this list, please send a message to srs_support@biowisdom.com

Site description	Libraries	url	Version
BIPS: BioInformatics Platform of Strasbourg, France	33 libraries 3 tools	bips.u-strasbg.fr/srs/	8.3
EMBL: European Molecular Biology Lab, Heidelberg, Germany	85 libraries 6 tools	srs.embl.de/srs/	8.3
AFFRC: Agriculture, Forestry and Fisheries Research Council, Japan	46 libraries 2 tools	srs.dna.affrc.go.jp/srs8/	8.1
SAS: Slovak Academy of Sciences, EMBnet Slovakia, Bratislava, Slovakia	47 libraries 145 tools	www.embnet.sk:8080/srs81/	8.1
CEINGE: Bioteconlogie Avanzate - Naples, Italy	50 libraries	bioinfo.ceinge.unina.it/srs7131/	7.1.3.2
EBI: European Bioinformatics Institute, Hinxton, UK	117 libraries 164 tools	srs.ebi.ac.uk	7.1.3.2
NBIC: Netherlands Bioinformatics Centre, Amersfoort, the Netherlands	49 libraries	srs.bioinformatics.nl/	7.1.3.1
WBW: Wageningen Bioinformatics Webportal, the Netherlands	49 libraries	www.bioinformatics.nl/srs7/	7.1.3.1
IUBIO: IUBio, Indiana	74 libraries	iubio.bio.indiana.edu/srs/	7.1.3.1
CBP: Clinical and Biomedical Proteomics group, University of Leeds, UK	29 libraries 20 tools	proteomics.leeds.ac.uk/srs71/	7.1.3
SCUT: Bioinformatics Centre of South China University of Technology, Guangzhou, China	Could not access site	biogrid.scut.edu.cn/srs71/	7.1.3
CABRI: Common Access to Biological Resources and Information, International	42 libraries	srs71.cabri.org/	7.1.3
DKFZ: DKFZ, Heidelberg Germany	902 libraries	www.dkfz-heidelberg.de/srs/	7.1.3
IST: IARC TP53 mutations, National Cancer Research Institute (IST), Italy	12 libraries	srs.o2i.it/srs71/	7.1.2
PSNC: Poznan Supercomputing and Networking Center, Poland	Could not access site	srs.man.poznan.pl/	7.1.2
ICG: Institute of Cytology and Genetics, Novosibirsk, Russia	77 libraries	srs6.bionet.nsc.ru/srs6/	6.1.3.11
PBIL: Pole Bio-Informatique Lyonnais, Lyon, France	4 libraries 2 tools	srs-pbil.ibcp.fr/	6.1.3.11
CNR: CNR - Italian EMBnet node, Bari, Italy	Could not access site	www.ba.itb.cnr.it//srs/	
IM: Microbial Information Network of China	Could not access site	srs.im.ac.cn:8080/srs	
IFOM-IEO: FIRC Institute of Molecular Oncology/European Institute of Oncology, Milan, Italy	Could not access site	bio.ifom-ieo-campus.it/srs/	
INRA: Genopole Toulouse Bioinformatics Platform (INRA), Toulouse, France	Could not access site	cat.toulouse.inra.fr/srs/	
HPC: High Performance Computing, Tsinghua University, China	Could not access site	hpc.cs.tsinghua.edu.cn/srs71/	
NGIC: National Genome Information Center, Korea	Could not access site	srs.ngic.re.kr/srs/	
Biocenter: Vienna Biocenter, EMBnet Austria	Could not access site	emb2.bcc.univie.ac.at:8080/srs/	
CU: Columbia University, New York, USA	Could not access site	walnut.bioc.columbia.edu/srs7/	

Figure 9.1. **Les serveurs SRS publics.** Pour chaque serveur, l'utilisateur peut obtenir des renseignements concernant le nombre de banques indexées et le nombre d'outils disponibles. L'adresse Web du serveur SRS et le numéro de version du programme, ainsi que le nombre des banques de données accessibles sous SRS sont indiquées © BioWisdom Ltd., 3/7/2010.

requête. Les outils d'analyses disponibles sous SRS sont dépendants des serveurs. À l'EBI, SRS interface les outils issus des packages EMBOSS, BLAST, FASTA, HMMER et Clustal.

Entrez

Contrairement à SRS qui est disponible sur différents serveurs de par le monde, Entrez est un système développé et hébergé uniquement par le NCBI, qui permet l'interrogation et l'extraction de données issues des banques de données majeures hébergées par cet organisme, à savoir PubMed, les séquences nucléiques et protéiques, les structures de protéines, les génomes complets, la taxonomie, etc. Ces banques sont intégrées et interconnectées entre elles, ce qui permet des requêtes globales sur l'ensemble des données (figure 9.2).

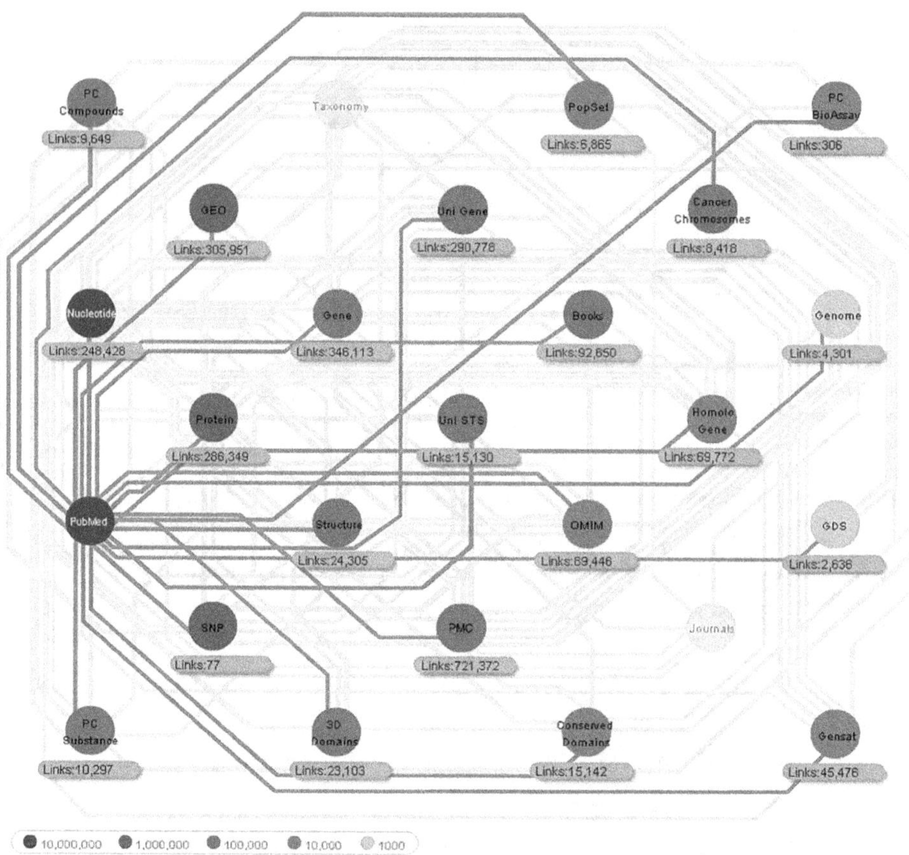

Figure 9.2. **Les banques de données du NCBI et leur intégration dans Entrez.** Schéma de représentation des liens entre les différentes banques interrogeables sous le système Entrez au NCBI. Dans cet exemple, les liens en gras représentent les interrogations directes qui peuvent être faites à partir de PubMed, tandis que les liens en gris représentent les interconnexions entre banques permettant des interrogations croisées (la banque 3D Domains est liée à la banque de structures qui est liée à la banque de séquences protéiques qui est liée à la banque de séquences nucléotidiques et à celle des gènes, etc.). Courtoisement : National Center for Biotechnology Information, US National Library of Medicine.

À partir d'une simple interrogation sur le portail d'Entrez, l'utilisateur peut naviguer par l'intermédiaire de liens directs entre les données (par exemple entre une séquence nucléique et la protéine codée par celle-ci) ou *via* une notion de voisinage : cette particularité fait l'originalité d'Entrez par rapport aux autres systèmes d'interrogation de données biologiques. Le voisinage entre entités (séquences, références bibliographiques, etc.) est défini grâce à des critères de similarités pour les séquences mais également par des fréquences de partage de mots-clés (Medical Subject Headings term : MeSH term) dans les titres et les résumés des articles. Cela permet, dans le cas de références bibliographiques, de naviguer de proche en proche pour effectuer une recherche exhaustive sur un sujet donné, donc de remonter le temps : à partir d'une référence de 1994, l'utilisateur peut trouver des références « voisines » publiées en 2009.

BioMart

BioMart est un système interactif d'intégration de données pour la biologie, issu d'une collaboration entre l'EBI et le Cold Sring Harbor Laboratory (CSHL). L'objectif de ce système est de convertir les banques de données biologiques (séquences, données génomiques, homologie, variabilité etc.) en des données qui peuvent être interrogées *via* une interface Web standardisée et également *via* des APIs [2] (Perl, Java, Web-services). BioMart offre aux utilisateurs la possibilité de mener à bien des requêtes rapides et efficaces de manière très intuitive, et ce, sur différentes banques de données. Il peut être installé localement sur un serveur ou être utilisé à partir de points d'émission existants auxquels il a déjà été appliqué. Par exemple, les données d'Ensembl, d'UniProt ou d'ArrayExpress peuvent être interrogées *via* BioMart.

Des requêtes très complexes peuvent être mises en place au moyen d'un simple formulaire à cocher, et le formatage des résultats se fait également selon le même principe. Par exemple, la requête « je cherche tous les gènes du chromosome 6 du poisson zèbre (*Danio rerio*) ayant un orthologue chez les poissons du genre *Tetraodon* et je ne veux extraire que les séquences codantes au format FASTA » est réalisable en quelques clics. Les résultats peuvent être visualisés à l'écran ou téléchargés sur le poste de l'utilisateur (figure 9.3).

---

[2] *Application Programming Interface.* Une API est une interface de programmation qui permet de définir la manière dont un composant informatique peut communiquer avec un autre.

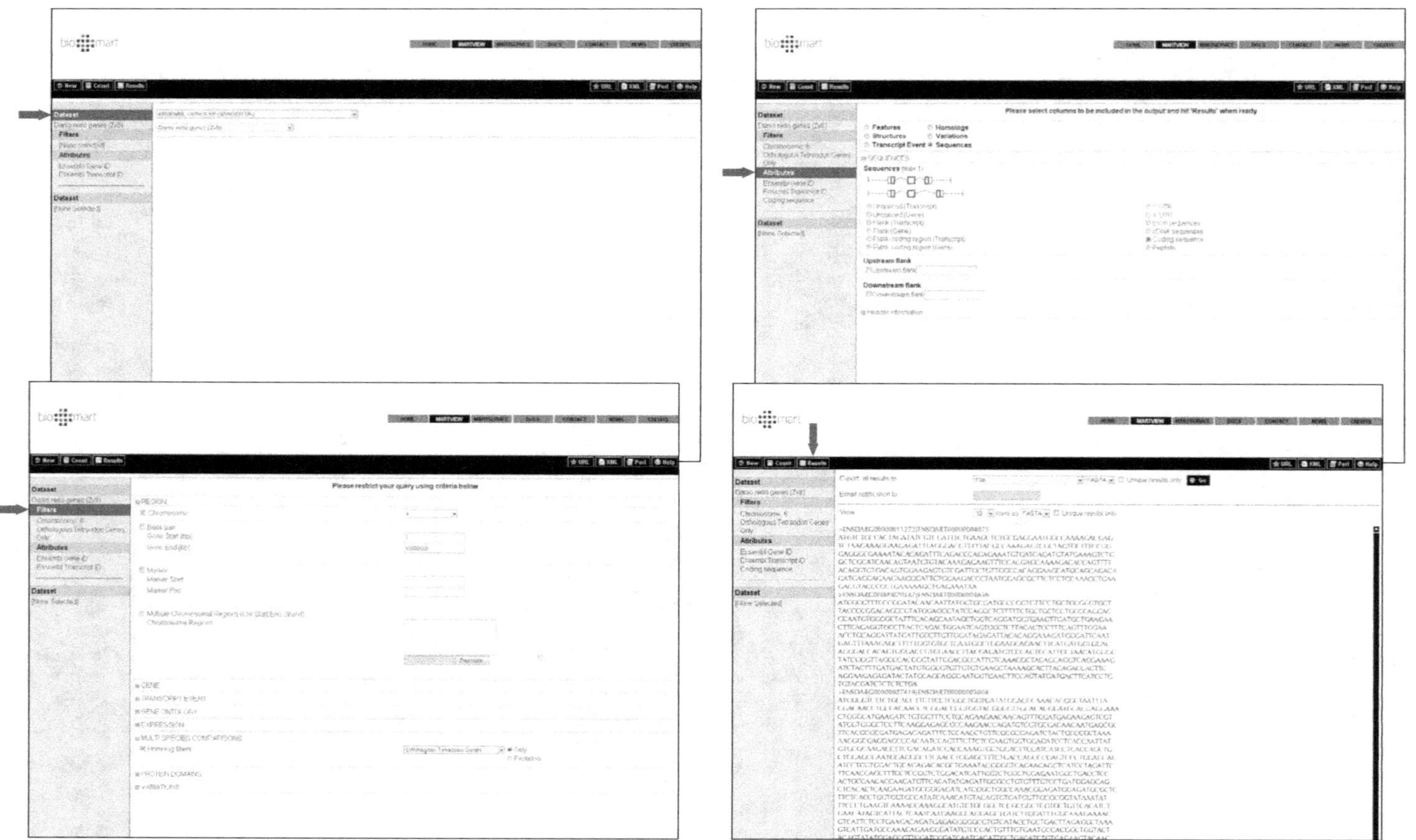

Figure 9.3. **BioMart donne accès à une interface graphique intuitive permettant de formuler des requêtes sur différentes banques de données.** Après avoir sélectionné le « Dataset » sur lequel la requête va être effectuée, l'utilisateur peut filtrer les données et préciser les attributs qui l'intéressent. Les résultats peuvent être affichés dans le navigateur de l'utilisateur ou téléchargés localement par celui-ci © Ontario Institute for Cancer Research (OICR)/EMBL-EBI.

Outils de navigation génomique : *genome browsers*

Hélène Chiapello, Alexandra Louis

Depuis l'envolée des séquençages systématiques de génomes complets, de puissants outils de visualisation et d'interrogation ont été mis en place afin de permettre aux utilisateurs d'analyser les gènes et les protéines d'un génome dans leur environnement. Les *genome browsers* permettent donc de faire des requêtes sur les gènes en fonction de leur localisation, de leur voisinage physique sur le chromosome et de toutes les informations connues sur ce gène (données d'expression, d'homologie, propriétés intrinsèques de la séquence, etc.). De plus, si les systèmes d'interrogation dont nous parlons ici ont dans un premier temps été dédiés à un organisme en particulier (ou un groupe d'organismes), les avancées en génomique comparative ont impliqué des besoins de visualisation et d'interrogation de plus en plus complexes.

Comme nous l'avons déjà indiqué dans la fiche 8, il est parfois difficile de faire une différence nette entre les outils de visualisation de génomes (*genome browsers*) et les outils d'interrogation de banques de données (*database browsers*). En effet, souvent les premiers mettent à disposition des outils d'interrogation et d'analyse qui se rapprochent des outils cités précédemment. Par exemple, un site comme Ensembl permet la visualisation de génomes eucaryotes complets et intègre le moteur BioMart pour permettre des extractions d'informations complexes…

En ce qui concerne l'étude des génomes eucaryotes, l'UCSC Genome Browser et Ensembl sont deux outils de références, mais ils sont très axés sur les eucaryotes supérieurs. Ensemble Genomes, de l'EBI, peut être considéré comme l'équivalent pour les génomes procaryotes et les autres phylums.

Ensembl

Le projet Ensembl, géré par l'EBI, est une ressource intégrative des annotations de génomes eucaryotes. Si les données sont principalement issues des génomes de chordées, les génomes de drosophiles, de nématodes et de levures sont également mis à la disposition de la communauté. Actuellement, plusieurs dizaines de génomes eucaryotes complets sont disponibles sur le site.

Ensembl propose plusieurs manières d'accéder aux données génomiques. Les utilisateurs peuvent accéder à la visualisation génomique d'un élément précis grâce à une recherche par mots-clés, par identifiant de gène ou par un formulaire BLAST pour accéder à des séquences par homologie. Comme souligné ci-avant, BioMart interface également les données d'Ensembl, et pour les programmeurs une API est disponible dans les langages Perl et Java à des fins d'interrogation des différentes bases de données génomiques hébergées par Ensembl. Par un simple clic, il est possible de visualiser un chromosome entier d'une espèce ainsi que les marqueurs physiques et des informations générales, comme les gènes connus, les pourcentages de GC, les SNPs, sous forme d'un graphique (figure 10.1). À une échelle plus détaillée, une région particulière est décrite par toutes les informations disponibles dans la base de données : marqueurs, ensemble de gènes connus ou putatifs, les sites de restrictions etc. Des informations de synténie — conservation de l'ordre d'un ensemble de gènes entre espèces — sont visualisables à travers une représentation graphique originale qui permet d'avoir, d'une part, une visualisation des éléments chromosomiques concernés par la relation de synténie et, d'autre part, la liste des gènes intervenant dans celle-ci (figure 10.2).

On peut également accéder aux différentes bases de données *via* une interrogation par un nom de gène, une fonction biologique ou une zone chromosomique, et avoir accès à la représentation graphique de la zone considérée (figure 10.3).

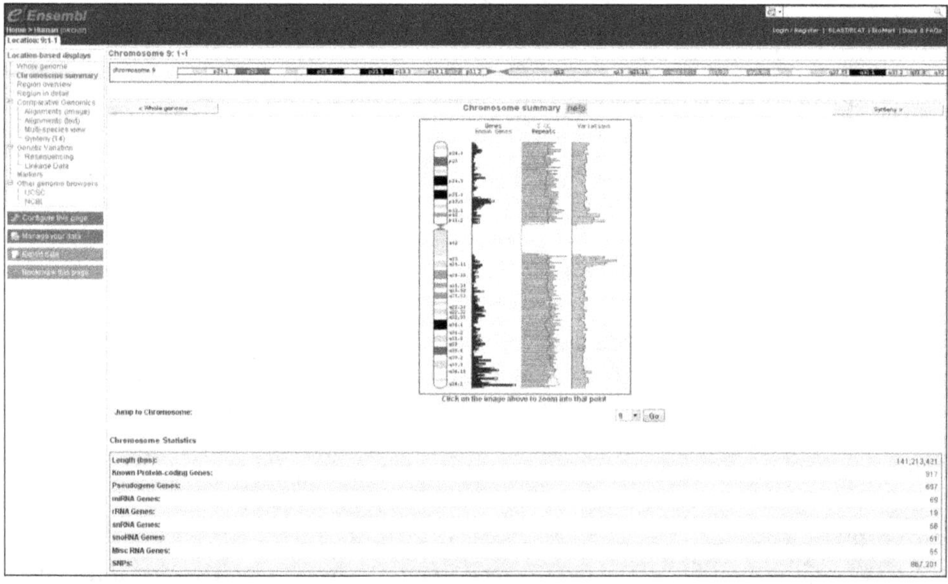

Figure 10.1. **La vue « Chromosome summary » du chromosome 9 de *Homo sapiens* sur le site d'Ensembl.** Diverses informations sont accessibles : nombre de gènes, nombre de SNP, % de GC, etc. La colonne de gauche donne accès aux informations de génomique comparative (synténie, alignements, etc.) stockées dans la base pour ce chromosome, ainsi que des liens vers des *browsers* externes © Wellcome Trust Sanger Institute/European Bioinformatics Institute, juillet 2010.

L'originalité d'Ensembl par rapport aux autres systèmes d'interrogation de bases de données et *genome browsers* cités dans cette section vient de ce que le projet intègre un pipeline d'annotation qui lui est propre. Les utilisateurs peuvent ainsi avoir accès aux annotations fournies par les consortiums de séquençage et aux annotations additionnelles produites par Ensembl.

Ensembl est plus qu'un simple outil d'interrogation de génomes. En effet, le moteur d'interrogation (structure des bases de données, interface Web) est mis à la disposition de la communauté scientifique pour que celle-ci puisse interfacer ses propres données. Ainsi plusieurs projets ont vu le jour sur la base d'Ensembl. On peut citer, par exemple, le serveur Sigenae, de l'Inra, qui permet la navigation sur les contigs génomiques d'animaux d'élevage, ou le serveur AtEnsembl, proposé par le Nottingham *Arabidopsis* Stock Centre (NASC), qui permet la visualisation et l'interrogation du génome de *Arabidopsis thaliana*. La liste des outils développés à partir de ce moteur (powered by Ensembl) est disponible sur le site d'Ensembl.

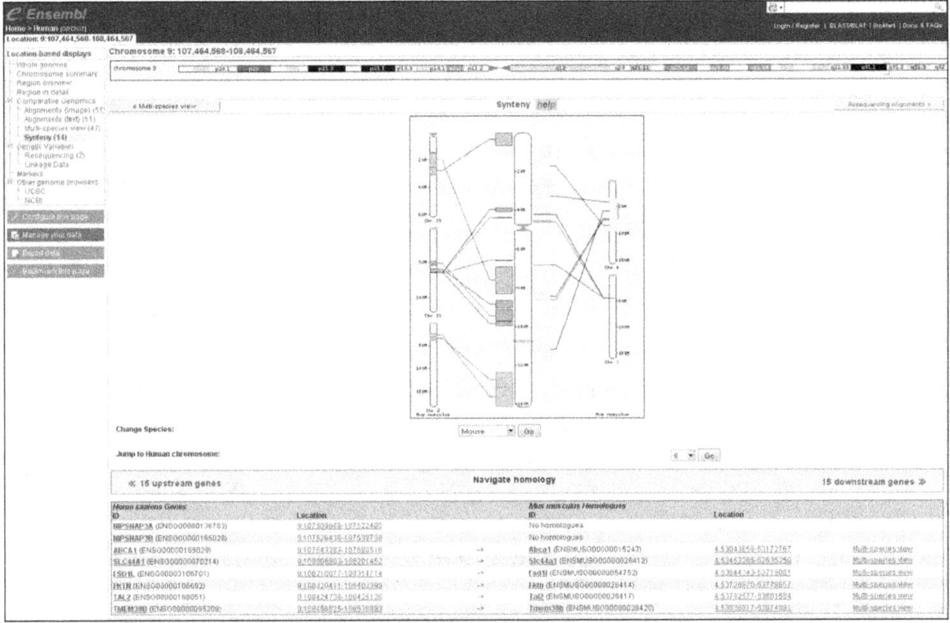

Figure 10.2. Le lien « Synteny » dans Ensembl. Exemple de relations de synténies graphiquement visualisables sur le site d'Ensembl. Ici, on visualise les relations de synténie entre le chromosome 9 de *Homo sapiens* et les chromosomes de *Mus musculus* (partie centrale de l'image). Sous la représentation graphique des régions conservées, des informations d'orthologie entre les gènes impliqués dans cette synténie sont disponibles © Wellcome Trust Sanger Institute/European Bioinformatics Institute, juillet 2010.

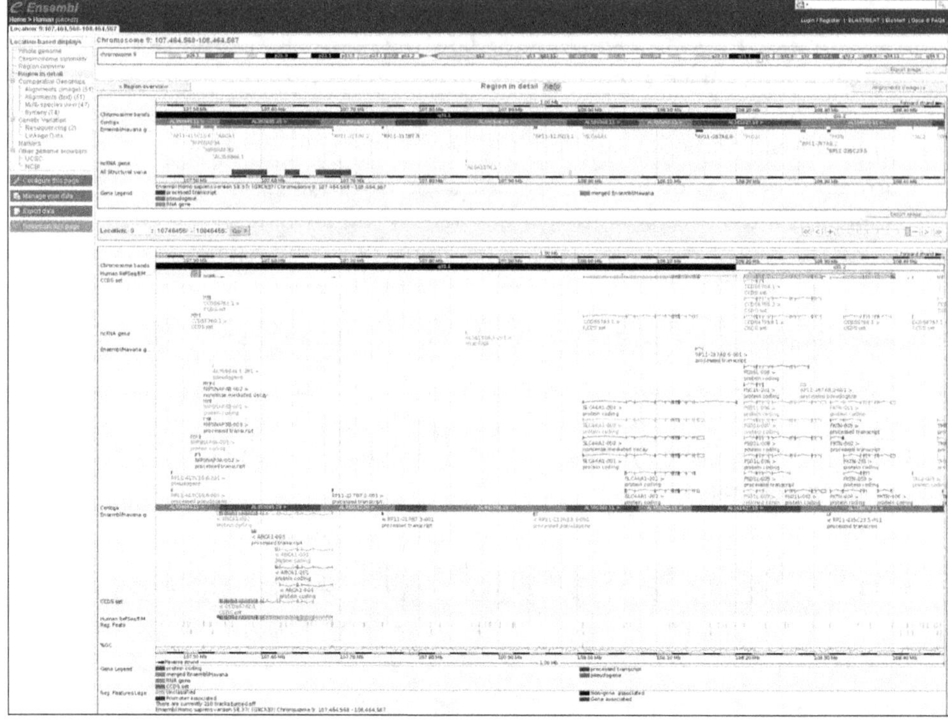

Figure 10.3. **Ensembl « Region »**. Pour une zone chromosomique précise, l'ensemble des annotations disponibles pour celle-ci sont représentées graphiquement. L'ensemble des gènes et/ou pseudogènes est accessible dans la partie supérieure de l'image. Dans la deuxième partie de l'image, des informations plus précises sont disponibles, comme par exemple l'annotation de transcrits alternatifs, d'EST, d'éléments répétés, etc. © WTSI/EBI, juillet 2010.

Depuis le début de l'année 2009, Ensembl a été étendu à d'autres groupes taxonomiques *via* Ensembl Genomes. Basés sur la même structure de stockage, d'interrogation et de visualisation, cinq nouveaux *browsers* sont ainsi accessibles :

• EnsemblMetazoa, avec comme génomes référents *C. elegans*, *A. gambiae* et *D. melanogaster* ;

• EnsemblProtists, dédié aux génomes des plasmodiums ;

• EnsemblBacteria, référençant les génomes bactériens modèles : *E. coli*, *B. subtilis*, *M. tuberculosis*, etc. ;

• EnsemblFungi, dédié aux génomes fongiques ;

• EnsemblPlants, dédié aux génomes de plantes entièrement séquencées (*A. thaliana*, riz, maïs, etc.).

UCSC Genome Browser

Développé et hébergé par l'University of California Santa Cruz, l'UCSC Genome Browser est un outil de visualisation aussi bien graphique que textuel des données stockées dans l'UCSC Genome Browser Database. Il permet la visualisation des éléments génomiques (gènes, ESTs, ARNm, séquences répétées, etc.), de leur annotation, de leur voisinage et de la conservation de ceux-ci chez les espèces proches. Les utilisateurs peuvent également avoir accès aux résultats d'alignements multiples correspondants (figure 10.4).

En réponse à une requête de l'utilisateur, l'UCSC Genome Browser renvoie un ensemble d'annotations graphiques correspondant aux coordonnées de séquence demandées. La visualisation sur le graphique des différents éléments est décidée par l'utilisateur par simple configuration. De plus, les utilisateurs ont également accès à l'utilitaire de comparaison de séquence BLAT, afin de visualiser les régions homologues à une séquence nucléotidique ou protéique.

Comme pour Ensembl, les utilisateurs peuvent naviguer le long du génome d'intérêt à différentes échelles. À une échelle chromosomique, la visualisation permet de rendre compte de l'état d'annotation et de complétude de la région. À une échelle plus précise, le graphique peut mettre en évidence une zone spécifique d'intérêt, comme par exemple les transcrits alternatifs d'un gène.

Il est intéressant de noter que l'UCSC Genome Browser donne également accès à un outil d'extraction de données des différentes bases que ce *genome browser* interface. En effet, l'onglet « Table Browser » disponible sur la page d'accueil du site fournit une alternative textuelle à la visualisation graphique. Des requêtes similaires à celle évoquée précédemment pour BioMart peuvent être soumises à des fins de récupération d'information, dans des formats spécifiés par l'utilisateur (figure 10.5).

Et d'autres...

Le NCBI propose également Map Viewer, un outil qui permet la visualisation chromosomique d'éléments génomiques et la navigation sur les génomes d'un sous-ensemble des génomes complets indexés dans Entrez. L'EBI met également à disposition Ensemble Genomes, qui propose pour les bactéries, les plantes, les protistes et les levures la même structure de stockage et de représentation de données génomiques que son grand frère Ensembl. Cet outil a remplacé le Genome Reviews depuis le début de l'année 2010.

VISTA Browser est quant à lui un outil très pratique et visuel lorsqu'il s'agit de s'intéresser à une région génomique très large et à sa conservation chez une autre espèce. Un exemple est présenté en figure 10.6. Les courbes indiquent le niveau de conservation des séquences et les couleurs correspondant aux différents types d'annotations syntaxiques (CDS, UTR, etc.). Cela permet une excellente visualisation graphique des régions conservées entre deux génomes, qu'elles soient codantes ou non codantes.

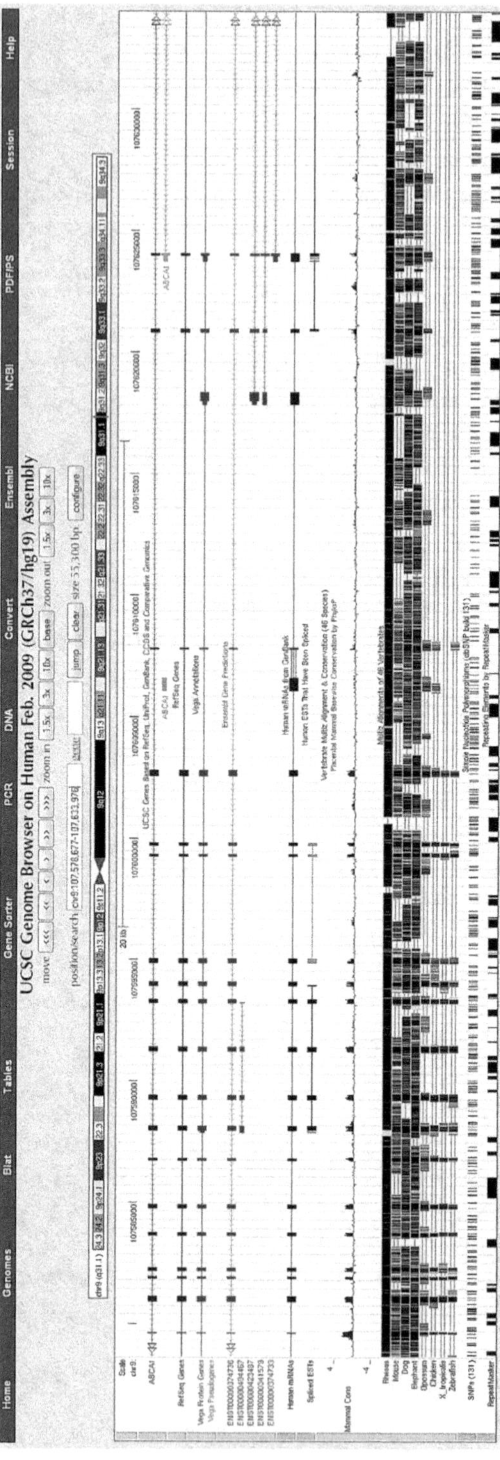

Figure 10.4. **UCSC Genome Browser.** Visualisation des informations disponibles dans la région du gène ABCA1 humain. Différentes pistes d'informations sont disponibles et configurables par l'utilisateur. Ici, on peut voir les ARNm annotés issus de différentes banques de données, la conservation de cette zone (calculée par le logiciel PhastCons) chez les mammifères (« Mammal Cons ») et les résultats d'alignements multiples avec 45 autres espèces (« MultiZ alignments of 46 vertebrates »). Coutoisement : UCSC Genome Bioinformatics, http://genome.ucsc.edu.

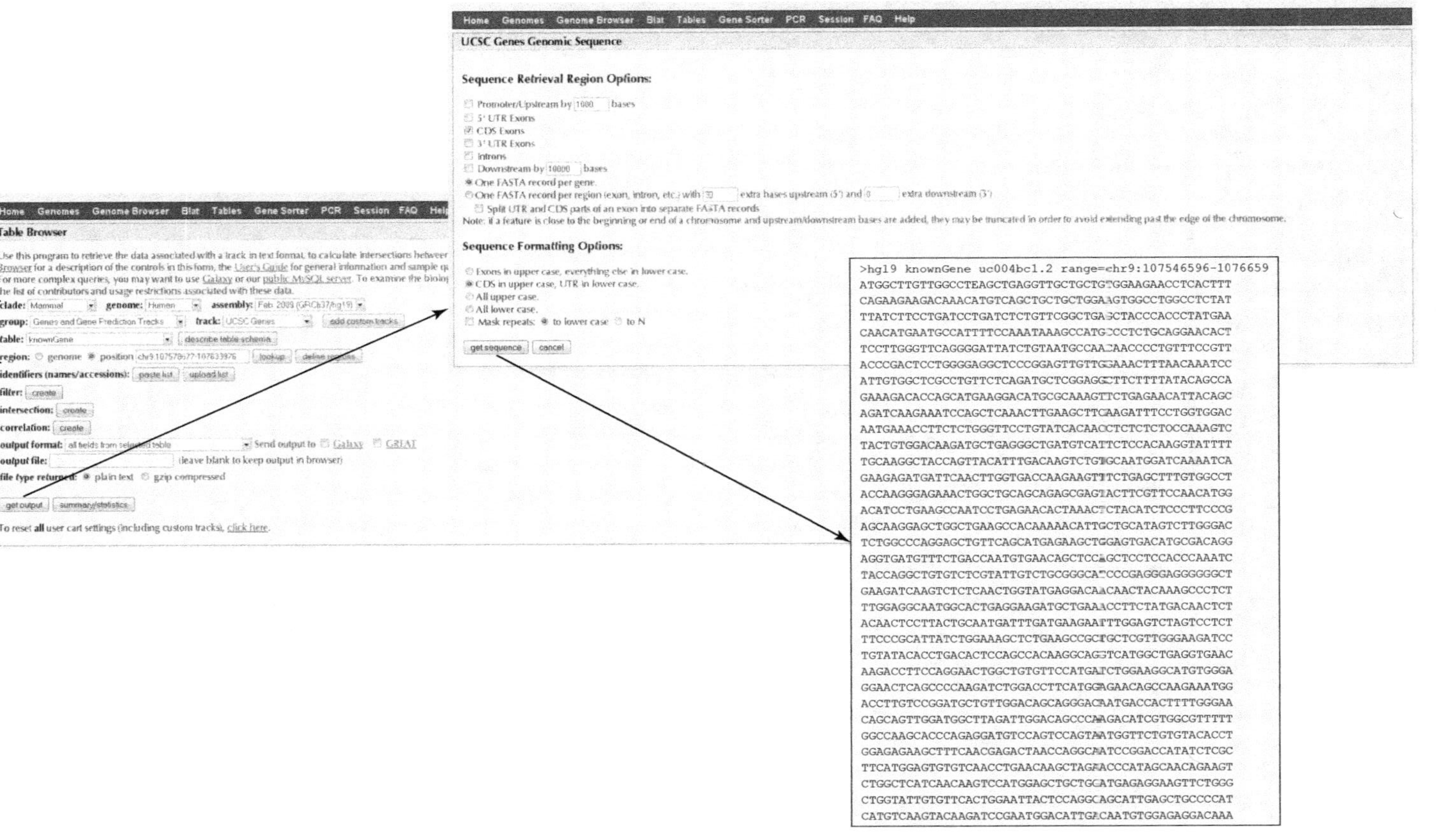

Figure 10.5. **Utilisation de l'onglet « Table Browser » sur l'UCSC Genome Browser.** Cette interface permet d'extraire des données (séquences, positions, etc.) en format texte. L'utilisateur choisit quel organisme, à partir de quelle table et quel type de séquences il veut extraire ; ici, nous extrayons les exons des CDS des gènes prédits chez *Homo sapiens* dans la région chr9:107546596-107665960.
Coutoisement : UCSC Genome Bioinformatics, http://genome.ucsc.edu.

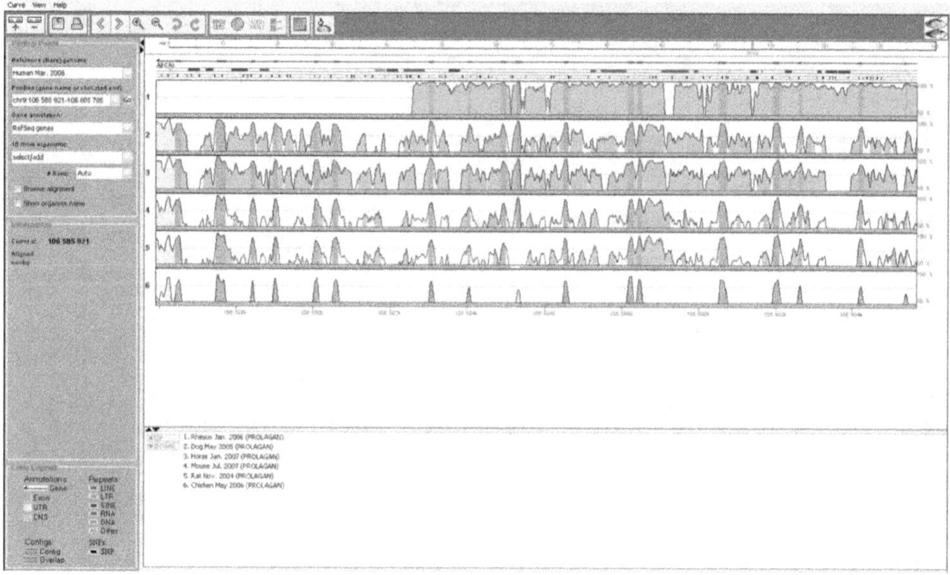

Figure 10.6. Représentation de 150 Kb du chromosome 9 de *Homo sapiens* comparé à sa région ortho-logue chez six espèces différentes (macaque, chien, cheval, souris, rat, poulet) grâce à VISTA Brower. Courtoisement : Genomics Division of Lawrence Berkeley National Laboratory and US Department of Energy Joint Genome Institute.

Pour en savoir plus...

Littérature scientifique

Jensen L. J., Kuhn M., Stark M., Chaffron S., Creevey C., Muller J., Doerks T., Julien P., Roth A., Simonovic M., Bork P., von Mering C., 2009. STRING 8: a global view on proteins and their functional interactions in 630 organisms. *Nucleic Acids Research*, 37 : D412–D416.

Kent W. J., Sugnet C. W., Furey T. S., Roskin K. M., Pringle T. H., Zahler A. M., Haussler D, 2002. The human genome browser at UCSC. *Genome Research*, 12 (6) : 996–1006.

Kersey P., Bower L., Morris L., Horne A., Petryszak R., Kanz C., Kanapin A., Das U., Michoud K., Phan I., Gattiker A., Kulikova T., Faruque N., Duggan K., Mclaren P., Reimholz B., Duret L., Penel S., Reuter I, Apweiler R, 2005. Integr8 and Genome Reviews: integrated views of complete genomes and proteomes. *Nucleic Acids Research*, 33 : D297–D302.

Snel B., Lehmann G., Bork P., Huynen M. A., 2000. STRING: a web-server to retrieve and display the repeatedly occurring neighbourhood of a gene. *Nucleic Acids Research*, 28 (18) : 3442–3444.

Ressources sur Internet

Toutes ces ressources ont été consultées avec succès le 27 septembre 2010.

Contenu et adresse des principales banques et bases de données en génomique

Contenu	Source	URL
Banques publiques		
Séquences nucléiques	GenBank®	http://www.ncbi.nlm.nih.gov/genbank/
	EMBL-EBI	http://www.ebi.ac.uk/embl/
	DDBJ	http://www.ddbj.nig.ac.jp/index-e.html
Séquences protéiques	PIR	http://pir.georgetown.edu/
	Swiss-Prot	http://www.expasy.org/sprot/
	UniProt	http://www.ebi.ac.uk/uniprot/
Structures protéiques	PDB	http://www.rcsb.org/pdb/home/home.do
Bases dédiées aux génomes complets		
Généralistes	RefSeq	http://www.ncbi.nlm.nih.gov/RefSeq/
	TGI	http://compbio.dfci.harvard.edu/tgi/
	Ensembl Genomes	http://www.ensemblgenomes.org/

Procaryotes/ Microbes	ASAP	https://asap.ahabs.wisc.edu/asap/home.php
	Sanger Intitute	http://www.sanger.ac.uk/Projects/Microbes/
	Genolist	http://genolist.pasteur.fr/
	xBASE	http://xbase.bham.ac.uk/
	MOSAIC	http://genome.jouy.inra.fr/mosaic/
Animaux	Ensembl	http://www.ensembl.org/index.html
	FlyBase	http://flybase.org/
	MGI	http://www.informatics.jax.org/
	UCSC	http://www.genome.ucsc.edu/
	WormBase	http://www.wormbase.org/
	AceDB	http://www.acedb.org/
Plantes	TAIR	http://www.arabidopsis.org/
	FLAGdb++	http://urgv.evry.inra.fr/projects/FLAGdb++/HTML/index.shtml
	Gramene	http://www.gramene.org/
	MIPS PlantsDB	http://mips.helmholtz-muenchen.de/plant/genomes.jsp
Champignons	SGD	http://www.yeastgenome.org/
	Génolevures	http://www.genolevures.org/
	Candida Genome Database	http://www.candidagenome.org/
	e-Fungi	http://img.cs.man.ac.uk/efungi/
	FUNYBASE	http://genome.jouy.inra.fr/funybase/

Bases dédiées aux expériences à grande échelle

Transcriptome	SMD	http://smd.stanford.edu/resources/databases.shtml
	ArrayExpress	http://www.ebi.ac.uk/microarray-as/ae/
	GEO	http://www.ncbi.nlm.nih.gov/geo/
Protéome	SWISS-2DPAGE	http://expasy.org/ch2d/
	PARIS	http://genome.jouy.inra.fr/paris/
	HUPO-PSI	http://www.psidev.info/
Interactome	STRING	http://string.embl.de/
	DIP	http://dip.doe-mbi.ucla.edu/dip/Main.cgi
	KEGG BRITE	http://www.genome.jp/brite/
Métabolome	KEGG	http://www.genome.jp/kegg/
	MetaCyc	http://www.metacyc.org/
Bibliome	BIOSIS Previews®	http://wokinfo.com/products_tools/specialized/bp/
	CAB Direct	http://www.cabdirect.org/
	HUGO	http://www.genenames.org/
	PubMed	http://www.ncbi.nlm.nih.gov/pubmed/
	Web of Knowledge	http://wokinfo.com/
	Web of Science®	http://wokinfo.com/products_tools/multidisciplinary/webofscience/

Bases de motifs et d'éléments mobiles

Motifs de régulation	BKL TRANSFAC®	http://www.biobase-international.com/index.php?id=transfac
	RegulonDB	http://regulondb.ccg.unam.mx/
Motifs protéiques	InterPro	http://www.ebi.ac.uk/interpro/
	Pfam	http://pfam.sanger.ac.uk/
	PRINTS	http://www.bioinf.manchester.ac.uk/dbbrowser/PRINTS/index.php
	ProDom	http://prodom.prabi.fr/prodom/current/html/home.php
	PROSITE	http://expasy.org/prosite/
Éléments mobiles	IS Finder	http://www-is.biotoul.fr/
	ACLAME	http://aclame.ulb.ac.be/
Éléments répétés	Repbase	http://www.girinst.org/repbase/
	CRISPRs web-service	http://crispr.u-psud.fr/

Outils de recherche, d'analyse et de visualisation

Apollo	http://apollo.berkeleybop.org/current/index.html
Artemis	http://www.sanger.ac.uk/resources/software/artemis/
GMOD	http://gmod.org/wiki/Main_Page
MuGeN	http://genome.jouy.inra.fr/MuGeN/

Outils d'interrogation de données : *databank browsers*

BioMart	http://www.biomart.org/
EBI Advanced Search	http://www.ebi.ac.uk/ebisearch/advancedsearch.ebi
Entrez	http://www.ncbi.nlm.nih.gov/sites/gquery
IbiSA	http://bioinfo.genopole-toulouse.prd.fr/index.php
SRS	http://www.biowisdom.com/2009/12/srs/
UniProt Search	http://www.uniprot.org/

Outils de navigation génomique : *genome browsers*

AtEnsembl	http://atensembl.arabidopsis.info/index.html
Ensembl	http://www.ensembl.org/index.html
EnsemblBacteria	http://bacteria.ensembl.org/index.html
EnsemblFungi	http://fungi.ensembl.org/index.html
Ensembl Genomes	http://www.ensemblgenomes.org/
EnsemblMetazoa	http://metazoa.ensembl.org/index.html
EnsemblPlants	http://plants.ensembl.org/index.html
EnsemblProtists	http://protists.ensembl.org/index.html
Map Viewer	http://www.ncbi.nlm.nih.gov/mapview/
Sigenae	http://www.sigenae.org/
UCSC Genome Browser	http://genome.ucsc.edu/
VISTA Browser	http://pipeline.lbl.gov/

Alignement des séquences

Principes

Jean-Loup Risler

Aligner deux textes ou deux chaînes de caractères, c'est chercher à savoir comment passer de l'un à l'autre. Pour ce faire, on comptabilise les modifications nécessaires pour écrire le second texte en partant du premier.

Considérons les deux chaînes de caractères suivantes :

```
a) COMME UN VOL DE GERFAUTS HORS DU CHARNIER NATAL
b) COMME UN VOL DE MOINEAUX HORS DU CHARNIER NATAL
```

On voit bien qu'après un alignement visuel aisé il suffit de 8 substitutions GERFAUTS → MOINEAUX pour créer la chaîne b) à partir des 39 caractères de la chaîne a) :

```
a) COMME UN VOL DE GERFAUTS HORS DU CHARNIER NATAL
   ||||| || ||| ||            |||| || |||||||| |||||
b) COMME UN VOL DE MOINEAUX HORS DU CHARNIER NATAL
```

De façon classique, les identités sont repérées par une barre verticale. Il est hautement vraisemblable que ces deux textes sont liés, qu'ils ont une origine commune et que b) est un plagiat de a). Cette idée est renforcée par le fait que les GERFAUTS et les MOINEAUX sont des oiseaux : c'est une substitution conservative. Si les deux chaînes de caractères a) et b) étaient des séquences biologiques, on aurait tendance à dire qu'elles sont homologues. On peut quantifier l'opération de réécriture a) → b) en disant par exemple qu'une identité rapporte deux points (+ 2) et qu'une substitution coûte un point (– 1). Comme l'alignement nous donne 31 identités et 8 substitutions, le score de l'alignement de a) avec b) sera $S = 2 \times 31 - 1 \times 8 = 54$. Le pourcentage d'identité est $31/39 = 79\ \%$. Considérons maintenant la chaîne de caractères :

```
a) COMME UN BOL DE CEREALES HORS DU CHANTIER NAVAL
```

On peut encore facilement aligner a) avec c) :

```
a) COMME UN VOL DE GERFAUTS HORS DU CHARNIER NATAL
   ||||| || || || || | | |||| || ||| ||| || ||
c) COMME UN BOL DE CEREALES HORS DU CHANTIER NAVAL
```

Ici encore, il faut huit substitutions pour aligner les deux chaînes de caractères. Comme précédemment, le score d'alignement sera de 54 et le pourcentage d'identité de 79 %. Pour autant, les deux textes sont-ils liés ? c) est-il un plagiat de a) ? Le score $S = 54$ est-il « significatif » ? La réponse est loin d'être évidente. Intuitivement, on pense que les substitutions VOL → BOL, GERFAUTS → CÉRÉALES, CHARNIER → CHANTIER et NATAL → NAVAL sont non conservatives (les mots n'ont aucun lien de parenté) et que par conséquent les textes ne sont pas liés. Et pourtant… le score d'alignement et le pourcentage d'identité ne sont-ils pas les mêmes que précédemment ?

Il en va de même avec les séquences biologiques. On cherche, en alignant deux séquences, à savoir si elles se ressemblent, donc si elles sont homologues et liées évolutivement, donc si elles partagent des caractéristiques fonctionnelles. Après alignement, on disposera d'un pourcentage d'identité, d'un score d'alignement, voire d'un autre critère comme la E-value de BLAST (cf. fiche 14). À partir de la valeur du score d'alignement ou de la E-value, on espère pouvoir dire si les séquences sont homologues ou non. Comme dans l'exemple précédent, la réponse n'est pas toujours claire : la statistique est une chose, la biologie en est une autre.

Matrices de scores

Dans les exemples précédents, nous avons postulé, de façon tout à fait arbitraire, qu'une identité entre deux caractères alphabétiques valait + 2 et une substitution – 1. Ce postulat peut se résumer sous la forme d'une matrice de scores :

```
    A    B    C    D    E    F    G   ·   ·
A   2   -1   -1   -1   -1   -1   -1   ·   ·
B  -1    2   -1   -1   -1   -1   -1   ·   ·
C  -1   -1    2   -1   -1   -1   -1   ·   ·
D  -1   -1   -1    2   -1   -1   -1   ·   ·
E  -1   -1   -1   -1    2   -1   -1   ·   ·
F  -1   -1   -1   -1   -1    2   -1   ·   ·
G  -1   -1   -1   -1   -1   -1    2   ·   ·
·
·
```

Si l'on s'intéresse maintenant aux séquences biologiques, il nous faut définir les valeurs à donner aux identités et aux substitutions. Deux cas sont à considérer : les séquences nucléotidiques et les séquences protéiques.

Séquences nucléotidiques

À notre connaissance, il n'existe aucune méthode objective pour attribuer une valeur numérique à une identité ou à une substitution pour aligner deux séquences nucléotidiques et calculer un score d'alignement. Par exemple, la matrice utilisée dans la suite EMBOSS par le programme d'alignement needle est :

```
    A    T    C    G
A   5   -4   -4   -4
T  -4    5   -4   -4
C  -4   -4    5   -4
G  -4   -4   -4    5
```

Ainsi, l'alignement suivant :

```
ATTGTCCAGGTCCAGACTCTA
|| | |||  || | ||| ||
ATCGACCACCTCAAAACTTTA
```

comporte 14 identités et 7 substitutions ; son score sera donc $5 \times 14 - 4 \times 7 = 42$.

Le programme BestFit de la suite GCG utilise, quant à lui, les valeurs +10 pour les identités et −9 pour les substitutions. L'alignement précédent aurait donc un score de $10 \times 14 - 9 \times 7 = 77$. Le programme BLASTn, utilisé pour aligner deux séquences nucléotidiques, a par défaut les valeurs $(+1, -2)$ et produirait un score de $1 \times 14 - 2 \times 7 = 0$. *Autrement dit, en soi, un score d'alignement ne veut strictement rien dire*. Il n'a de valeur informative que si l'on compare deux alignements réalisés avec le même programme et la même matrice de scores.

Notez que vous pourriez vouloir privilégier les transitions et leur affecter une pénalité moindre qu'aux transversions ; auquel cas vous souhaiteriez par exemple utiliser la matrice suivante :

```
    A    T    C    G
A  10   -9   -9    0
T  -9   10    0   -9
C  -9    0   10   -9
G   0   -9   -9   10
```

L'alignement précédent, où les transitions sont repérées par le signe « : », est :

```
ATTGTCCAGGTCCAGACTCTA
||:| |||  || |:|||:||
ATCGACCACCTCAAAACTTTA
```

Il comporte 14 identités, 3 transitions et 4 transversions. Son score serait donc $10 \times 14 + 0 \times 3 - 9 \times 4 = 104$. Une telle manœuvre est possible avec les suites EMBOSS et GCG, qui vous permettent de définir votre propre matrice de scores si vous utilisez ces programmes en ligne de commande. Elle ne l'est pas *via* une interface Web. BLAST, en ligne de commande ou *via* une interface Web, vous propose un choix limité de matrices mais ne vous autorise pas à définir la vôtre. Certains paramètres de BLAST, en effet, sont « gravés dans le marbre » (cf. fiche 15, p. 73). Vous devrez donc vous contenter des réglages par défaut.

Séquences protéiques

Il est bien connu que certains acides aminés se ressemblent chimiquement. La tyrosine et la phénylalanine possèdent un noyau aromatique, l'isoleucine et la valine ont une chaîne latérale aliphatique branchée, la lysine et l'arginine sont basiques, alors que l'acide aspartique et l'acide glutamique sont acides, etc. Intuitivement, on se dit que des acides aminés chimiquement voisins (p. ex. isoleucine et valine) seront facilement échangeables, alors que les acides aminés très différents (tryptophane et cystéine) ne le seront pas. La substitution « isoleucine → valine » est dite conservative. On est donc tenté de construire une matrice de scores qui ne donnera pas seulement une valeur pour les identités et une autre pour les substitutions, mais qui donnera un score pour chaque couple d'acides aminés, tenant compte de leurs propriétés chimiques. De telles matrices ont été proposées, mais leur construction souffre d'une difficulté majeure : quels critères physico-chimiques doit-on prendre en compte ? Le volume et la longueur de la chaîne latérale, leur polarité, leur hydrophobicité… ? Quels poids respectifs doit-on donner à ces différents critères ? À la fin des années 1960, Margaret Dayhoff (1925–1983) eut une excellente idée : collationner le plus grand nombre possibles de séquences homologues voisines, les aligner « à l'œil » et comptabiliser les substitutions. Si l'on observe, après décompte de toutes les substitutions examinées, que l'acide aminé i est souvent remplacé par l'acide aminé j, c'est que i et j sont facilement échangeables. Le couple (i,j) aura donc un score $S(i,j)$ élevé dans la matrice des scores. À l'inverse, si l'acide aminé k est très rarement remplacé par l'acide aminé m, alors leur score $S(k,m)$ dans la matrice sera faible, voire négatif.

Il convient de noter que cette manière de faire implique l'hypothèse de l'indépendance des sites, c'est-à-dire que toute substitution d'une protéine en un site donné s'effectue indépendamment de ce qui peut se passer aux autres sites. Par ailleurs, toute substitution en un site donné se produit indépendamment de ce qui a pu se passer précédemment en ce même site. Enfin, tous les sites sont égaux, leur position dans la séquence n'entre pas en ligne de compte. Ce schéma évolutif, très simple, ne reflète certainement pas la vérité, mais il a le mérite de permettre la construction d'une matrice de scores « objective » — fondée sur des observations expérimentales — qui, intuitivement, doit refléter assez fidèlement « l'échangeabilité » des acides aminés.

Les travaux de Dayhoff ont conduit à la construction d'une série de matrices, appelées *Point Accepted Mutations* (PAM), dans lesquelles les scores sont les logarithmes des probabilités d'échange. La matrice PAM1 correspond à des séquences qui, en moyenne, présentent une substitution pour 100 acides aminés, la matrice PAM60 à des séquences qui ont subi 60 substitutions pour 100 acides aminés, etc. Ainsi, si l'on veut aligner des séquences qui ont fortement divergé, on utilisera une matrice PAMn avec n grand, alors que pour des séquences proches on utilisera une matrice PAMm avec m petit. Comme on ne sait pas, avant d'avoir aligné deux séquences, quel est leur taux de conservation, il est raisonnable de choisir par défaut une matrice « moyenne », comme PAM120, quitte à refaire ensuite l'alignement avec une autre matrice (p. ex. PAM250 si l'on constate que les séquences sont très divergentes). À titre d'exemple, voici une partie de la matrice PAM250 :

```
C  12
S   0  2
T  -2  1  3
P  -3  1  0   6
A  -2  1  1   1  2
G  -3  1  0  -1  1  5
N  -4  1  0  -1  0  0  2
D  -5  0  0  -1  0  1  2  4
E  -5  0  0  -1  0  0  1  3  4
    C   S  T   P  A  G  N  D  E
```

On constate que sur la diagonale (les scores des identités) les valeurs ne sont pas toutes les mêmes. C'est normal. La cystéine (C), par exemple, est peu échangeable (scores négatifs ou nuls partout), alors que l'alanine (A) est plus versatile. Conclusion : la cystéine n'est pratiquement remplaçable que par... la cystéine — d'où un score $S(C,C)$ élevé —, alors que l'alanine peut facilement être remplacée par un autre acide aminé et ne tient pas essentiellement à rester conservée — d'où un score $S(A,A)$ plus faible.

À partir de l'idée de M. Dayhoff, d'autres matrices basées sur le même principe ont été élaborées. Nous ne retiendrons que la série des matrices *BLOcks of Amino Acid SUbstitution Matrix* (BLOSUM). Fondées essentiellement sur le même principe, les matrices BLOSUM ont été construites à partir du comptage des substitutions observées dans une série d'alignements multiples répertoriés dans la base de données Blocks. Cette banque, qui n'est plus maintenue, collationne les segments conservés dans des familles de protéines homologues.

Par exemple, l'alignement qui suit montre une partie d'un « bloc » de la base de données. Il s'agit dans ce cas de l'alignement multiple créé à partir des séquences d'une région conservée chez les ATPases, longue d'une quarantaine de résidus :

```
. . . . . . . . . .
ATPB_SYNP6  ( 137)  KVFETGIKVIDLLAPYRQGGKIGLFGGAGVGKTVLIQELINN
ATPB_THEP3  ( 133)  EILETGIKVVDLLAPYIKGGKIGLFGGAGVGKTVLIQELIHN
ATPB_TOBAC  ( 147)  SIFETGIEVVDLLAPYRRGGKIGLFGGAGVGKTVLIMELINN
ATPB_VIBAL  ( 124)  ALLETGVKVIDLICPFAKGGKIGLFGGAGVGKTVNMMELINN
ATPB_WHEAT  ( 147)  SIFETGIKVVDLLAPYRRGGKIGLFGGAGVGKTVLIMELINN
ATPB_YEAST  ( 165)  EILETGIKVVDLLAPYARGGKIGLFGGAGVGKTVFIQELINN
ATPX_BACFI  ( 131)  EILETGIKVVDLLAPYIIGGKIGLFGGAGVGKTVLIQELINN
. . . . . . . . . .
```

Créées vingt ans après les matrices PAM, les matrices BLOSUM présentent évidemment l'avantage d'avoir été construites à partir d'un nombre beaucoup plus élevé d'alignements, eux-mêmes réalisés à partir d'un éventail de protéines beaucoup plus important. Pour créer la matrice dite BLOSUM80, on retient dans toutes les paires alignées de la base de données Blocks les paires de séquences présentant au plus 80 % d'identité. Le jeu de construction contient donc des séquences très voisines. Pour minimiser l'effet des protéines « trop voisines », le poids des paires présentant plus de 80 % d'identité est minoré. Pour la matrice BLOSUM40, au contraire, on ne retient que les paires de séquences présentant au plus 40 % d'identité, le poids des séquences plus voisines étant diminué : La matrice BLOSUM40 est donc construite à partir de séquences plus divergentes que celles retenues pour la matrice BLOSUM80. La numérotation des matrices BLOSUM varie par conséquent en sens inverse de celle des matrices PAM. Plus n est grand, plus les matrices BLOSUMn correspondent à des séquences proches et plus les matrices PAMn correspondent à des séquences divergentes. Voici un extrait de la matrice BLOSUM62 :

```
C   9
S  -1   4
T  -1   1   5
P  -3  -1  -1   7
A   0   1   0  -1   4
G  -3   0  -2  -2   0   6
N  -3   1   0  -2  -2   0   6
D  -3   0  -1  -1  -2  -1   1   6
E  -4   0  -1  -1  -1  -2   0   2   5
    C   S   T   P   A   G   N   D   E
```

Les tendances sont les mêmes que pour les matrices PAM (heureusement !), mais les matrices BLOSUM sont moins « laxistes ». Elles contiennent plus de valeurs négatives, les acides aminés sont moins facilement échangeables. Bien entendu, plusieurs études ont été consacrées à la comparaison des matrices PAM et BLOSUM. Le consensus général est que les matrices BLOSUM sont supérieures en termes de sensibilité et spécificité, mais l'auteur de ces lignes n'est pas vraiment persuadé que cette supériorité soit toujours tonitruante. Quoi qu'il en soit, la plupart des programmes d'alignement (suite GCG, suite EMBOSS, BLAST) proposent par défaut la matrice BLOSUM62, tandis que FASTA propose la matrice BLOSUM50.

Insertions-délétions

Considérons les deux séquences suivantes :

```
AGATGCT
AGTATCT
```

Si nous nous contentons de les « superposer » pour les aligner, nous obtenons :

```
AGATGCT
||   ||
AGTATCT
```

soit 4 identités et 3 substitutions. Le score de cet alignement est, suivant nos conventions précédentes, $4 \times 2 - 3 \times 1 = 5$. Le biologiste sait bien qu'il peut arriver qu'un — ou plusieurs — nucléotide soit ajouté (ou supprimé) dans un génome, ce qui peut se traduire par le fait qu'un acide aminé soit ajouté ou supprimé dans une protéine. L'alignement précédent peut alors être optimisé en ajoutant des indels (INsertion/DELétion), encore appelés gaps ou brèches :

```
AG-ATGCT
|| || ||
AGTAT-CT
```

pour obtenir cette fois-ci 6 identités et deux substitutions (en comptant un indel comme une substitution). Le nouveau score d'alignement, $6 \times 2 - 2 \times 1 = 10$, est deux fois plus élevé que précédemment. Il est donc clair que nous devons autoriser les indels dans nos alignements, d'autant plus qu'ils correspondent à une réalité biologique. Oui mais… il est clair aussi que si on autorise la création d'indels sans restriction, on va pouvoir aligner n'importe comment n'importe quoi avec n'importe quoi. Avec les deux séquences :

```
ATGCCTACCGT
ACTGTGTGAT
```

nous pouvons faire l'alignement :

```
A-T--GCCTACCG-T
| | | |   | |
ACTGTG--T---GAT
```

qui est biologiquement ridicule. Pour éviter de tels excès, la solution consiste à autoriser les indels, mais avec une pénalisation suffisamment forte pour interdire la création d'alignements « en pointillé ». Si nous ajoutons à notre matrice de scores (identité = + 2, substitution = – 1) la pénalité indel = – 3, le score de l'alignement précédent est $6 \times 2 - 9 \times 3 = -15$, ce qui nous autorise à le rejeter. Certes, le lecteur objectera, à juste titre, que les insertions ou délétions ne se font pas nécessairement base par base. De longs segments chromosomiques de plusieurs centaines, voire plusieurs milliers de bases peuvent être insérés, supprimés, échangés en un seul événement. Qu'il s'agisse de l'insertion d'une base ou de l'insertion brutale de 500 bases, dans les deux cas l'événement est mutationnel unique. La pénalité infligée à une longue insertion risque donc d'être trop élevée. Par ailleurs, on sait bien que les insertions dans les protéines se font essentiellement dans les « boucles externes », là où la structure tridimensionnelle du cœur de la protéine ne sera pas perturbée. Que l'on insère un ou deux ou trois acides aminés dans une boucle ne change pas grand-chose. On en est donc venu au compromis suivant : on va définir une pénalité de « création d'indel » et une pénalité d'« extension d'indel », significativement plus petite. Ce qui exprime le raisonnement suivant : « Si j'ai pu créer un indel dans une séquence, alors je dois pouvoir l'étendre sans trop de danger. » Considérons l'alignement suivant :

```
AT-----GC
||     ||
ATGCTTAGC
```

Il comporte 5 gaps (indels) successifs. Il y a donc une création d'indel et 4 extensions. Appelons, comme dans les suites GCG et EMBOSS, *go* (pour *gap open*) la pénalité de création de gap et ge (pour *gap extend*) la pénalité d'extension de gap. La pénalité globale g infligée aux 5 gaps précédents sera donc $g = go + 4ge$ pour certains programmes (needle et water de la suite EMBOSS) ou $g = go + 5ge$ pour d'autres (BLAST, Gap et BestFit de GCG), ce qui ne change pas grand-chose. Les pénalités go et ge s'appellent respectivement existence et extension dans les programmes BLAST.

Quelles valeurs donner aux pénalités go et ge? La réponse est, hélas, inconnue. Nous avons vu que les scores calculés pour les matrices PAM ou BLOSUM résultent d'une modélisation simple de l'évolution des séquences (indépendance des sites). Cette manière de procéder (comptage des substitutions) n'a malheureusement pas de sens pour les indels. Le phénomène biologique n'est pas du tout le même. Remplacer une base par une autre, donc un acide aminé par un autre, est une chose. Enlever ou ajouter une (ou plusieurs) base(s) en est une autre. Peut-on imaginer qu'une alanine a plus de chances d'être éliminée qu'une sérine? Le problème est ici qu'on ne sait pas modéliser la création d'indels, encore moins leur « évolution »! Les valeurs attribuées à go et ge sont donc totalement empiriques, et le lecteur sera tenté de penser que l'on tombe ici dans le « bidouillage ». Il aura parfaitement raison... Quoi qu'il en soit, on considère en général que ge doit être environ dix fois plus petit que go. Nous verrons plus loin que, dans certains cas, il conviendra d'ajuster manuellement les valeurs proposées par défaut par les programmes d'alignement.

Alignements graphiques et programmation dynamique

Jean-Loup Risler

Dans la fiche précédente, nous avons défini ce dont nous avons besoin pour quantifier un alignement (calculer un score), à savoir une matrice de scores et les pénalités d'indels. Il reste à voir comment, pratiquement, on peut aligner deux séquences.

Un alignement graphique simple : le dotplot

Une première méthode, appelée dotplot, permet de repérer visuellement les régions similaires dans deux séquences. Un dotplot peut se révéler très utile pour repérer rapidement de longs indels entre deux séquences ou des régions répétées dans une séquence. Considérons les deux séquences protéiques suivantes :

a) ADSTARYEMQSDQIYTQN
b) AETSAQYDMQSDQEFTRD

Créons un tableau (une matrice) où la première séquence est écrite horizontalement et la seconde verticalement ; puis ajoutons dans ce tableau une croix quand les acides aminés sont les mêmes dans les deux séquences :

	A	D	S	T	A	R	Y	E	M	Q	S	D	Q	I	Y	T	Q	N
A	×				×													
E								×										
T				×												×		
S			×								×							
A	×				×													
Q										×			×				×	
Y							×								×			
D		×										×						
M																		
Q										**×**			×				×	
S			×								**×**							
D		×										**×**						
Q										×			**×**				×	
E								×										
F																		
T				×												×		
R						×												
D		×										×						

L'examen de ce tableau ne révèle rien de spécial, si ce n'est une série de croix successives, alignées suivant la diagonale (en gras dans le tableau) et quelque peu cachées dans le bruit de fond. Cette diagonale marque l'identité de deux segments dans les séquences. En effet, si deux segments identiques commencent respectivement aux positions i et j dans les deux séquences, alors les résidus en positions i et j, $i+1$ et $j+1$, $i+2$ et $j+2$, … seront identiques. Il s'ensuit une série de croix adjacentes, alignées suivant la diagonale. Ce que l'on cherche donc dans un dotplot, ce sont les suites de symboles qui se succèdent suivant une diagonale, c'est-à-dire la ou les régions identiques ou similaires dans les deux séquences.

Recommençons maintenant la même opération, mais cette fois-ci mettons une croix dans les cases où deux acides aminés i et j ont un score $S(i,j)$ supérieur à 1 dans la matrice BLOSUM62, donc s'ils sont similaires :

	A	D	S	T	A	R	Y	E	M	Q	S	D	Q	I	Y	T	Q	N
A	×		×		×						×							
E		×						×		×		×	×					
T			×	×							×					×		
S	×		×	×	×						×					×		
A	×		×		×						×							
Q						×		×		×			×				×	
Y							×								×			
D		×						×				×						
M									×					×				
Q						×		×		×			×				×	
S	×		×	×	×						×					×		
D		×						×				×						
Q						×		×		×			×				×	
E		×						×		×		×	×					
F							×								×			
T			×	×							×					×		
R						×				×			×				×	
D		×						×				×						×

Le tableau devient difficile à lire, car il y a évidemment beaucoup de similarités « fortuites ». Faisons un peu de ménage et ne gardons que les diagonales d'au moins deux résidus successifs :

	A	D	S	T	A	R	Y	E	M	Q	S	D	Q	I	Y	T	Q	N
A	×										×							
E		×								×		×						
T			×	×							×							
S				×	×													
A					×													
Q						×												
Y							×											
D								×										
M									×									
Q										×								
S	×										×							
D		×										×						
Q													×					
E																		
F															×			
T																×		
R																	×	
D																		×

Les choses deviennent claires, la longue diagonale indique que les deux séquences sont très semblables sur toute leur longueur. Ce dotplot peut être traduit par l'alignement suivant :

```
a)  ADSTARYEMQSDQIYTQN
    |:::|:|:||||| :|::
b)  AETSAQYDMQSDQEFTRD
```

Une insertion (délétion) entre deux segments identiques ou semblables se repère à un décalage entre les diagonales. Par exemple :

```
a)  ADSTARYEKLERTYCSAPMQSDQIYTQN
b)  ADSTARYE-----------MQSDQIYTQN
```

donnera :

```
    A D S T A R Y E K L E R T Y C S A P M Q S D Q I Y T Q N
A   x                                         x
D     x                                   x   x
S       x x                                 x
T         x x
A           x
R             x
Y               x
E                 x
M                                         x
Q                                           x
S   x                                         x
D     x                                         x
Q                                                 x
I                                                   x
Y                                                     x
T                                                       x
Q                                                         x
N                                                           x
```

On voit bien les deux diagonales (en gras) qui pointent sur les deux segments identiques, et leur décalage qui indique une insertion dans la séquence horizontale.

Considérons maintenant une séquence nucléotidique comportant une répétition, soit :

```
                    a
        <------------------------->
GATCTCGATCATGCATTGGAACATAGTACATTAATCGATAGACAGATAGA
ATGCATTGGAACATAGTACATGGCTTTCGTCG
        <------------------------->
                    b
```

(les segments **ATGCATTGGAACATAGTACAT** sont en gras)

Comparons cette séquence avec elle-même *via* le programme dotmatcher de la suite EMBOSS. Ce programme ne compare pas les séquences nucléotide par nucléotide, mais utilise une « fenêtre glissante » (de 8 nucléotides dans le cas présent ; figure 12.1). Si l'alignement de cette fenêtre en position i dans la séquence horizontale avec la fenêtre en position j dans la séquence verticale donne un score supérieur à un seuil fixé par l'utilisateur (ici 23), alors un point est placé en position (i,j) dans le dotplot. Ce seuillage permet d'éliminer la plus grande partie du bruit de fond. Il est recommandé de tester plusieurs combinaisons des paramètres « taille de fenêtre » et « seuil » pour obtenir un bon rapport signal/bruit.

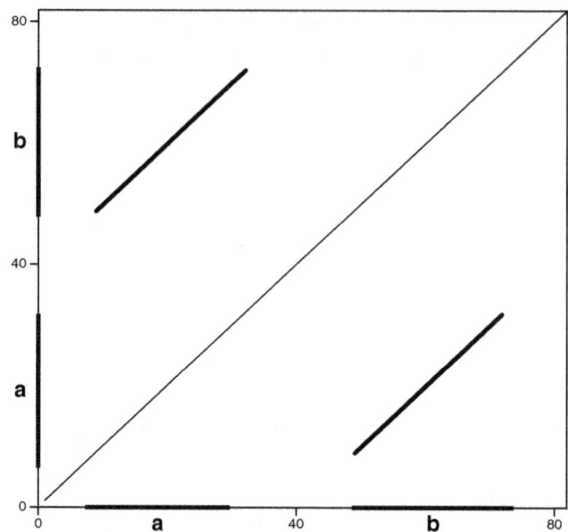

Figure 12.1. **Alignement et visualisation en dotplot de deux séquences nucléotidiques.**

La diagonale principale reflète la comparaison de la séquence avec elle-même. Les deux diagonales symétriques par rapport à la diagonale principale sont le signe caractéristique d'une duplication interne. Les positions approximatives des segments dupliqués sont facilement repérables.

Des séquences complémentaire inversées (souvent improprement appelées « palindromes »), comme celles qui forment les bras des ARNt, se repèrent également facilement. La séquence suivante, totalement inventée, contient deux régions, notées 1 et 2, qui sont complémentaires inverses :

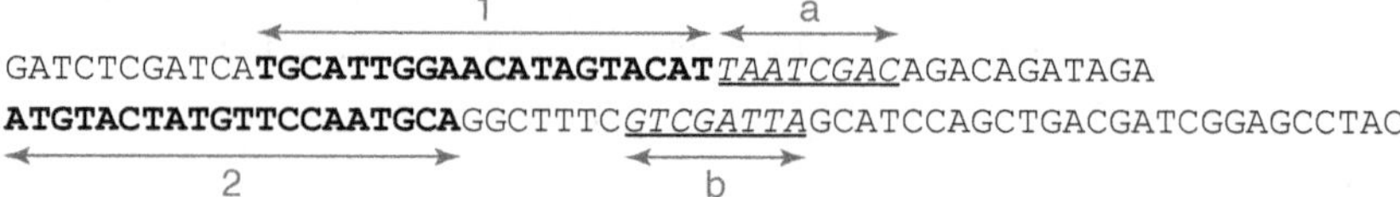

Générons la séquence complémentaire inverse :

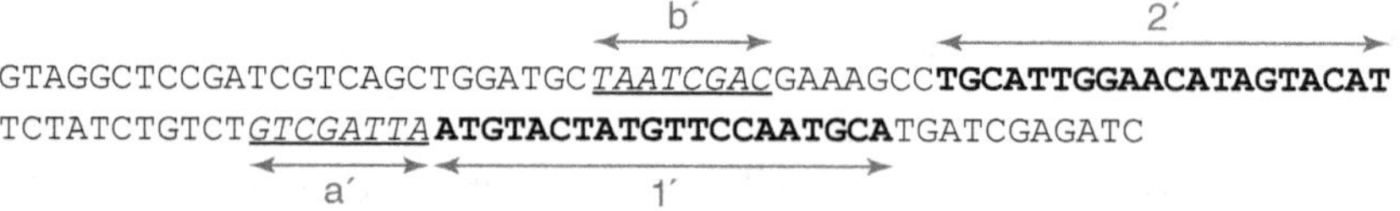

La région 1 est identique au complémentaire inverse de 2, noté 2′ et, bien sûr, la région 2 est identique au complémentaire inverse de 1, noté 1′. C'est bien ce que l'on retrouve sur le dotplot des deux séquences (figure 12.2). De façon inattendue, on observe aussi deux courtes diagonales : elles sont dues au fait que, fortuitement, deux autres régions notées a et b sont également complémentaires inverses. Donc, si vous voulez voir rapidement si votre séquence contient des « palindromes », il suffit de la comparer avec sa séquence complémentaire inverse.

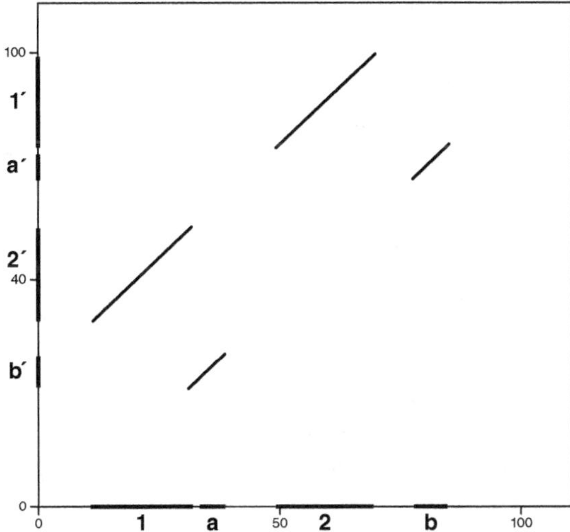

Figure 12.2. **Alignement et visualisation en dotplot de deux séquences nucléotidiques possédant des palindromes.**

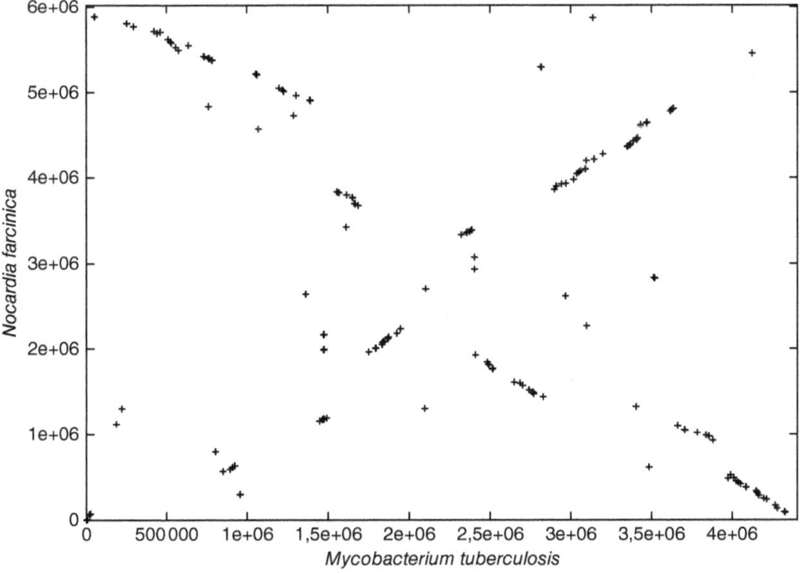

Figure 12.3. **Visualisation en dotplot de la comparaison de génomes complets.**

Le dotplot est une méthode simple et très utile, trop souvent négligée dans les applications classiques. Elle a retrouvé une seconde jeunesse avec les comparaisons de génomes complets, qui, incidemment, ont exigé des développements informatiques non triviaux. À titre d'exemple, on peut voir en figure 12.3 la comparaison des génomes de *Mycobacterium tuberculosis* et de *Nocardia farcinica* réalisée avec le logiciel MUMmer. Il apparaît clairement, en un coup d'œil, que ces génomes quelque peu « éloignés » ont subi des réarrangements notoires, mais qu'ils conservent néanmoins de nombreuses régions en synténie (chaque croix représente une courte région similaire dans les deux séquences. De nombreuses croix sont alignées suivant une diagonale). Comme on peut le voir d'après les échelles sur les axes (en nombre de bases), on a comparé ici des séquences de plusieurs Mb.

Alignement global et alignement local

Le premier algorithme dédié explicitement à l'alignement des séquences biologiques a été conçu par Needleman et Wunsch en 1970. Nous n'entrerons pas ici dans la description détaillée de l'algorithme — qui recourt à ce qu'il est convenu d'appeler la « programmation dynamique » —, mais retiendrons deux points essentiels : i) l'algorithme cherchant à aligner deux séquences sur toute leur longueur, c'est un programme d'alignement global ; ii) l'algorithme est optimal en ce sens qu'il garantit que le score de l'alignement est maximal. C'est cet algorithme qui est utilisé par les programmes Gap de GCG et needle d'EMBOSS.

Il paraît logique et naturel de vouloir aligner deux séquences globalement et de chercher à obtenir un score d'alignement le plus grand possible. Cependant, quand les séquences sont de longueurs très différentes, ce n'est peut-être pas une bonne idée. Mais surtout, quand deux séquences authentiquement homologues ne peuvent être alignées qu'au moyen de nombreux indels ou de quelques indels très longs, alors les pénalités d'indels prennent une importance disproportionnée. Pour obtenir un score d'alignement le plus grand possible, le programme aura tendance à éviter les longs indels et leurs pénalités. Ainsi, le score maximal obtenu ne reflètera pas forcément la réalité biologique. Prenons l'exemple de la leucyl-tRNA synthétase (LeuRS) et de l'isoleucyl-tRNA synthétase (IleRS) de *E. coli*, de longueur 860 et 938 acides aminés respectivement. Ces enzymes sont bien connues, étudiées depuis longtemps, et l'on est sûr qu'elles dérivent du même ancêtre commun. Alignons leurs séquences avec needle (alignement global) en imposant une pénalité *go* de 10 et une pénalité *ge* de 2. Voici une petite partie de l'alignement obtenu :

```
IleRS     553 GH--AADMYLEGSD---QHRGW--FMSSLMISTAM-KGKAPYRQVLTHGF
              .:  ..|:|:.|.:   .|..:  |...||....| ....|.:|:|..|.
LeuRS     519 NYWLPVDIYIGGIEHAIMHLLYFRFFHKLMRDAGMVNSDEPAKQLLCQGM

IleRS     595 TV-DGQGRKMSKSIGNTVSPQDVM---NKLGADILRLWVASTD--YTG--
              .: |...........|.|||.|.:   ::.|..:.....|..:  |||
LeuRS     569 VLADAFYYVGENGERNWVSPVDAIVERDEKGRIVKAKDAAGHELVYTGMS

IleRS     637 EMAVSDE-------ILKRAADSYR---RIRNTARFLLA-NLNGFDPAKD
              :|:.|..        :.:..||:.|   ....:.|...|. ..:|.:.|..
LeuRS     619 KMSKSKNNGIDPQVMVERYGADTVRLFMMFASPADMTLEWQESGVEGANR
```

On note dans chacune des séquences un court segment de séquence **KMSKS**. Ces segments ne sont pas alignés. Or on sait (biochimie, structures 3D) qu'ils devraient l'être. Recommençons l'alignement en gardant un *go* de 10, mais en imposant cette fois-ci un *ge* de 1. La même région est alors :

```
IleRS    579 AM-KGKAPYRQVLTHGFTV----------------------DGQGR-
             .|....|.:|:|..|..:                       |.:||
LeuRS    552 GMVNSDEPAKQLLCQGMVLADAFYYVGENGERNWVSPVDAIVERDEKGRI

IleRS    602 ----------------KMSKSIGNTVSPQDVMNKLGADILRLWV---AS
                             |||||..|.:.||.::.:.|||.:||::   :.
LeuRS    602 VKAKDAAGHELVYTGMSKMSKSKNNGIDPQVMVERYGADTVRLFMMFASP

IleRS    632 TDYTGEMAVS-----DEILKRAADSYRRI-RNTARFLLANLNGFDPAKDM
             .|.|.|...|     :..|||.   ::.: .:||:..:|.||    .|.
LeuRS    652 ADMTLEWQESGVEGANRFLKRV---WKLVYEHTAKGDVAALN-----VDA
```

Cette fois-ci, les segments **KMSKS** sont correctement alignés. Que s'est-il passé ? On voit bien que le second alignement présente des insertions beaucoup plus longues que le premier. Pourquoi ? Parce que la pénalité *ge* d'extension de gap est deux fois plus petite, les longues insertions sont donc moins pénalisées. Dans le premier alignement, la pénalité est trop coûteuse. Le score final de l'alignement est finalement plus grand en faisant « n'importe quoi » plutôt qu'en alignant correctement les séquences avec de longues (et coûteuses) insertions.

Cet exemple montre clairement que, dans le cas de séquences assez fortement divergentes (seulement 18 % d'identité entre les deux séquences dans le cas présent), l'algorithme d'alignement global peut être pris en défaut. Il montre aussi l'importance des paramètres *go* et *ge*. D'où l'idée suivante : si « mes » séquences ne se ressemblent que dans une région limitée, l'alignement global risque de les manquer. Pourquoi ne pas plutôt chercher à repérer, chez deux séquences, les régions de plus grande similitude et ne reporter que ces régions ? C'est l'idée de l'alignement local dont Smith et Waterman (1981) ont publié un algorithme (inspiré de celui de Needleman et Wunsch, 1970). Il est implanté dans les programmes BestFit de GCG et water d'EMBOSS, qui reportent tous deux la région de plus grande ressemblance entre deux séquences. Ainsi, l'alignement des deux séquences précédentes avec water (BLOSUM62, *go* = 10, *ge* = 2) donne le résultat suivant (non tronqué) :

```
IleRS     58 PYANGSIHIGHSVNKILKDIIVKSKGLSGYDSPYVPGWDCHGLPIELKVE
             ||.:|.:|:||..|...:.|:|.:.:.:.|.:.....|||..|||.|
LeuRS     42 PYPSGRLHMGHVRNYTIGDVIARYQRMLGKNVLQPIGWDAFGLPAE----

IleRS    108 QEYGKPGEKFTAAEFRAKCREYAATQVDGQRKDFIRLGVLGDWSHPYLTM
             |...:..||.        ..:.....:....|||..||||..|.
LeuRS     88 ---GAAVKNNTAP------APWTYDNIAYMKNQLKMLGFGYDWSRELATC

IleRS    158 D---FKTEANIIRALGKIIGNGHLHKGAKPVHWCVDCRSALAEAEV----
             .  ::.|.....|.|    .|.:|.....|:||.:.:.||.:|
LeuRS    129 TPEYYRWEQKFFTELYK---KGLVYKKTSAVNWCPNDQTVLANEQVIDGC

IleRS    201 -------------EYYDKTSPSIDVAFQAVDQ-----DALKAK-----
                          :::.|.:...|.....:|:     |.:|..
LeuRS    176 CWRCDTKVERKEIPQWFIKITAYADELLNDLDKLDHWPDTVKTMQRNWIG

IleRS    226 -----FAVSNVNG-PISLVIWTTTPWTLPANRAISIAPDFDYALVQIDGQ
                  ....|||. ..:|.::||.|.|.|.........::|.....|....:.
LeuRS    226 RSEGVEITFNVNDYDNTLTVYTTRPDTFMGCTYLAVAAGHPLAQKAAENN
```

```
IleRS      270 AVILAKDLVESVMQRIGVTDYTILGTVKGAELELLRFTHPFMGFDVPAIL
                .. ||..:.|...:.:...:..:..: ..||.:.. .:..||..|.::|...
LeuRS      276 PE-LAAFIDECRNTKVAEAEMATM-EKKGVDTG-FKAVHPLTGEEIPVWA

IleRS      320 GDHVTLDAGTGAVHTAPGHGPDDYVIGQKYGL        351
                .:.|.::.|||||...|||...||....||||
LeuRS      323 ANFVLMEYGTGAVMAVPGHDQRDYEFASKYGL        354
```

Le programme a fait son travail, il montre la région de plus grande ressemblance… et nous avons perdu la région intéressante contenant **KMSKS**. Pour éviter ce problème, on peut utiliser le programme LALIGN, qui utilise un algorithme très voisin et reporte les régions de plus grande ressemblance.

Enfin, bien entendu, il nous reste l'option BLAST. Sur la page d'accueil de BLAST au NCBI, on choisi l'option « Align two sequences using BLAST(bl2seq) » dans la partie « Specialized BLAST », et on utilise le programme BLASTp (cf. fiche 17, p. 79) avec tous les paramètres par défaut. On obtient alors pour les mêmes séquences que précédemment :

```
Query   58  PYANGSIHIGHSVNKILKDIIVKSKGLSGYDSPYVPGWDCHGLPIELKVEQEYGKPGEKF
            PY +G +H+GH  N  + D+I + + + G +       GWD  GLP  E  +      P
Sbjct   42  PYPSGRLHMGHVRNYTIGDVIARYQRMLGKNVLQPIGWDAFGLPAEGAAVKNNTAPA---

Query  118  TAAEFRAKCREYAATQVDGQRKDFIRLGVLGDWSHPYLTMD---FKTEANIIRALGKIIG
                      +   +   +     LG   DWS   T     ++ E    L K
Sbjct   99  ---------PWTYDNIAYMKNQLKMLGFGYDWSRELATCTPEYYRWEQKFFTELYK---

Query  175  NGHLHKGAKPVHWCVDCRSALAEAEV----------------EYYDKTSPSIDVAFQA
             G ++K      V+WC + ++ LA  +V                 +++ K +    D
Sbjct  146  KGLVYKKTSAVNWCPNDQTVLANEQVIDGCCWRCDTKVERKEIPQWFIKITAYADELLND

Query  217  VDQ------------------DALKAKFAVSNVNGPISLVIWTTTPWTLPANRAISIAP
            +D+                        + ++  F V++ +   +L ++TT P T      +++A
Sbjct  206  LDKLDHWPDTVKTMQRNWIGRSEGVEITFNVNDYDN--TLTVYTTRPDTFMGCTYLAVAA

Query  258  DFDYALVQIDGQAVILAKDLVESVMQRIGVTDYTILGTVKGAELELLRFTHPFMGFDVPA
              A   +      LA  + E    ++  +   +   KG +      +  HP  G ++P
Sbjct  264  GHPLAQKAAENNPE-LAAFIDECRNTKVAEAEMATM-EKKGVDTG-FKAVHPLTGEEIPV

Query  318  ILGDHVTLDAGTGAVHTAPGHGPDDYVIGQKYGLETANPVGPDGTYLPGTYPTLDGVNVF
             + V ++ GTGAV   PGH   DY    KYGL      + P       G+ P
Sbjct  321  WAANFVLMEYGTGAVMAVPGHDQRDYEFASKYGLN----IKPVILAADGSEP--------

Query  378  KANDIVVALLQEKGALLHVEKMQHSYPCCWRHKTPIIFRATPQWFVSMDQKGLRAQSLKE
               D+    L EKG L + +          H+          F ++  K L A  + E
Sbjct  369  ---DLSQQALTEKGVLFNSGEFNG-----LDHEAA---------FNAIADK-LTAMGVGE

Query  438  IKGVQWIPDWGQARIESMVANRPDWCISRQRTWGVPMSLFVHKDTEELHPRTLELMEEVA
            K     + DWG               +SRQR WG P+ +  +D +      +L   +
Sbjct  411  RKVNYRLRDWG--------------VSRQRYWGAPIPMVTLEDGTVMPTPDDQLPVILP

Query  498  KRVEVDGIQAWWDLDAK----EILGDEADQYVKVPDTLDVWFDSGSTHS--------SV
            + V +DGI +    D +       + G A  ++  DT D + +S  ++          +
Sbjct  456  EDVVMDGITSPIKADPEWAKTTVNGMPA---LRETDTFDTFMESSWYYARYTCPQYKEGM

Query  545  VDVRPEFAGHAADMYLEGSD---QHRGW--FMSSLMISTAM-KGKAPYRQVLTHGFTV--
            +D         D+Y+ G +     H  +  F   LM   M     P +Q+L  G  +
Sbjct  513  LDSEAANYWLPVDIYIGGIEHAIMHLLYFRFFHKLMRDAGMVNSDEPAKQLLCQGMVLAD
```

```
Query  597  ----------------------DGQGR-------------------KMSKSIGNTVSPQD
                                  D +GR                 KMSKS  N + PQ
Sbjct  573  AFYYVGENGERNWVSPVDAIVERDEKGRIVKAKDAAGHELVYTGMSKMSKSKNNGIDPQV

Query  616  VMNKLGADILRLWV  629
                ++ + GAD +RL++
Sbjct  633  MVERYGADTVRLFM  646
```

Il s'agit, comme attendu, d'un alignement local puisque BLAST est fondé sur un algorithme local comme le montre le fait que les extrémités N- et C-terminales, très divergentes, ne sont pas alignées. L'alignement obtenu est plus long que celui engendré par programmation dynamique. Dans le détail, les alignements sont différents dans les régions très divergentes (en fait, « non alignables »), mais quasiment identiques dans les régions mieux conservées.

Conclusion

Les exemples précédents peuvent un peu donner le tournis… et c'est tout à fait délibéré. La leçon à retenir est la suivante :

• si vos séquences se ressemblent beaucoup (disons plus de 50 % d'identité pour des protéines), alors il n'y a pas de problème. Vous pouvez utiliser n'importe quel algorithme, n'importe quelle matrice et n'importe quels paramètres (dans des limites raisonnables), vous obtiendrez toujours le même résultat ;

• les choses sont beaucoup plus difficiles quand les séquences se ressemblent peu (disons moins de 25 % d'identité pour deux protéines). Différents algorithmes peuvent donner des résultats différents, et les résultats dépendent énormément des paramètres que vous choisissez. Pour ma part, je préfère employer des programmes d'alignements locaux plutôt que globaux : les alignements sont peut-être tronqués, mais ils risquent moins d'être faux. Dans les cas difficiles, il est vivement conseillé de réaliser un dotplot entre les séquences et de vérifier que les résultats ne sont pas incohérents avec ceux des programmes d'alignement.

Ces remarques ne sont pas sans incidence sur les alignements multiples (cf. fiches 19 et 20). Souvenez-vous que ClustalW, le programme le plus utilisé, utilise un algorithme de programmation dynamique global. Comme attendu, et c'est normal, ClustalW a beaucoup de mal à aligner des séquences très divergentes. Dans le cas des aminoacyl-tRNA synthétases vues précédemment, il échoue même complètement. Pensez, dans les cas difficiles, à utiliser des programmes fondés sur des algorithmes complètement différents, tels que MAFFT, DIALIGN, MUSCLE ou MULTALIN.

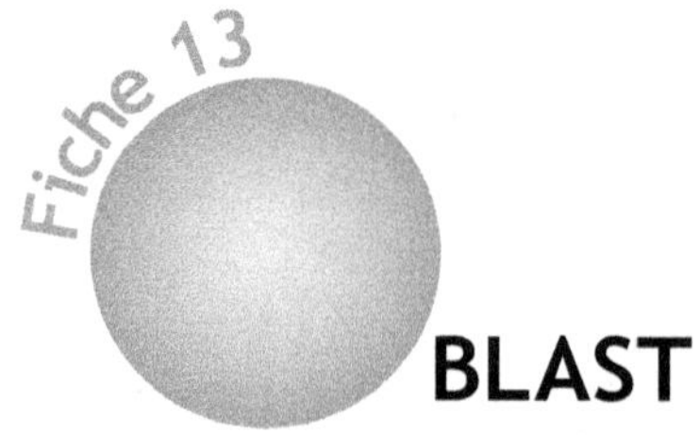

BLAST

Jean-Loup Risler

Nous avons vu dans les deux fiches précédentes une manière de procéder à un alignement de séquences qui garantit que le score obtenu est le plus grand possible (rappelons que, dans certains cas, cet alignement optimal n'est pas nécessairement biologiquement pertinent). Les biologistes qui alignaient des séquences dans les années 1970 se satisfaisaient fort bien des algorithmes de Needleman-Wunsch et de Smith-Waterman (cf. fiche 12). Ils éprouvaient néanmoins un sentiment de frustration, car ces programmes ne répondent pas à la question récurrente : « Cet alignement est-il biologiquement pertinent ? » Ou encore : « Étant donné le score d'alignement S_0 que je viens d'obtenir, quelle est la probabilité d'obtenir par hasard un score égal ou supérieur à S_0 ? » À lui seul, en effet, un score d'alignement ne permet pas de conclure à la ressemblance — donc à l'homologie — de deux séquences puisque deux séquences éloignées mais longues peuvent fournir un score supérieur à celui de deux séquences très voisines mais courtes. Ainsi, les séquences des protéines ribosomales L28 de *E. coli* et de *Salmonella typhi* (77 acides aminés) partagent 96 % d'identité et s'alignent avec un score de 390 :

```
coli    SRVCQVTGKRPVTGNNRSHALNATKRRFLPNLHSHRFWVESEKRFVTLRV    50
        ||||||||||||||||||||||||||||||||||||||||||||||||||
salm    SRVCQVTGKRPVTGNNRSHALNATKRRFLPNLHSHRFWVESEKRFVTLRV    50

coli    SAKGMRVIDKKGIDTVLAELRARGEKY    77
        |||||||:|||||||:|||:|||||||
Salm    SAKGMRIIDKKGIETVLSELRARGEKY    77
```

alors qu'avec les mêmes paramètres les isoleucyl-tRNA synthétases de *E. coli* et de *H. influenzae* (937 et 1 002 acides aminés, respectivement) montrent seulement 32 % d'identité mais un score de 1 327 :

```
coli    --------------------SDYKSTLNLPETGFPMRGDL--AKRE--    24
                            ..|:.|||||:|.||.|.:|   ..||
H. i    MKRSRLVPQHIFSIISKRYLAKHAYQKTLNLPKTKFPNRSNLEITLRELI    50

coli    PGMLARWTDDDLYGIIRAAKK----------GKKTFILHDGPPYANGSI    63
        |..........:.|........|          .:|.||||||||||||.:
H. i    PKSSQLVYKEQLRDFFEEFSKLNTTDEKLEFIKEKLFILHDGPPYANGEL   100
```

```
coli   HIGHSVNKILKDIIVKSKGLSGYDSPYVPGWDCHGLPIELKVEQEY-GKP 112
       |:||::||||||||.:.:...|....|.||||||||||:|..::. .:.
H. i   HLGHALNKILKDIINRYQLSQGKYIFYKPGWDCHGLPIEIKALKDLSAQQ 150

       ...........

coli   DVGKVAEHAEICGRC---VSNVAGDGEKRKFA 937
        ...||..::|.||    |.::..
H. i   --ANSAEEDKLCDRCKEAVDHLMS        1002
```

Les scores ne permettent donc de comparer des alignements que si toutes les séquences impliquées sont de longueurs voisines — condition *sine qua non* pour obtenir un résultat pertinent avec le programme d'alignement multiple ClustalW.

La mise au point des techniques de séquençage de l'ADN et la création des banques de séquences (GenBank®, EMBL-EBI, PIR et Swiss-Prot) ont fait naître un deuxième problème : les programmes d'alignement fondés sur l'algorithme de programmation dynamique (cf. fiche 12) sont lents. On le voit bien avec ClustalW, quand on cherche à aligner une centaine de séquences. *A fortiori* ils ne permettent pas de comparer en un temps raisonnable une séquence à toutes celles (plusieurs millions) qui sont contenues dans une banque. Les informaticiens ont donc dû recourir à des heuristiques (méthode de résolution de problèmes, non fondée sur un modèle formel et qui n'aboutit pas nécessairement à une solution) — les biologistes diraient des astuces — pour accélérer les comparaisons sans trop sacrifier à la sensibilité et/ou à la spécificité. C'est ce qui a été obtenu avec les programmes FASTA en 1986 et BLAST en 1990. Pour la clarté de l'exposé — et aussi parce que BLAST est beaucoup plus utilisé que FASTA — nous commencerons par BLAST.

Le principe de base qui permet d'accélérer considérablement le processus d'alignement consiste à rechercher toutes les « régions de ressemblance » entre deux séquences — la vôtre et une séquence de la banque, quelles que soient leurs longueurs —, puis de concaténer ou rabouter ou réunir toutes ces régions pour en tirer un alignement de plus grande longueur. Il s'agit donc fondamentalement d'un programme d'alignement local.

Pour les séquences nucléotidiques, BLAST recherche les segments (les « mots ») de longueur 11 nucléotides qui sont communs aux deux séquences. Un point d'ancrage est obtenu quand deux segments de 11 nucléotides strictement identiques sont trouvés dans les deux séquences. Les deux séquences suivantes possèdent un tel segment commun (en gras) que l'on nomme un hit :

(1)..GATTCAGGTCTGATTCGGACAGTTG**ACAGTCAGTCA**GTCAGTGTACGCCTAGCGGATC
GCTTACCGAGGTCATTGCAGCTGTTAGCGACTAGCGTTACCAGTGCAGTGAACTC...

(2)..TCACTGAT**ACAGTCAGTCA**CCGTAGTATGTTGACATTACGATATCGCGAACGCGATTG
CAGCTGTGAGCTACGAGCGATACGAGAGCAGTCTCAGATCGAGTCTGTCATTCGA...

Dans une région où deux séquences se ressemblent, on s'attend à trouver plusieurs hits voisins les uns des autres. BLAST recherche donc si un deuxième hit est placé à proximité du premier et à la même distance dans les deux séquences (donc sur la même diagonale ; cf. dotplot dans la fiche 12). C'est le cas dans notre exemple où un deuxième hit (souligné) est distant de 35 nucléotides du premier hit dans les deux séquences :

```
(1)..GATTCAGGTCTGATTCGGACAGTTGACAGTCAGTCAGTCAGTGTACGCCTAGCGGATC
GCTTACCGAGGTCATTGCAGCTGTTAGCGTACTAGCGTTACCAGTGCAGTGAACTC...

(2)..TCACTGATACAGTCAGTCACCGTAGTATGTTGACATTACGATATCGCGAACGCGATTG
CAGCTGTGAGCTCACGAGCGATACGAGAGCAGTCTCAGATCGAGTCTGTCATTCGA...
```

BLAST peut maintenant aligner localement les deux séquences en prenant les deux hits comme points d'ancrage :

```
(1)    GACAGTTGACAGTCAGTCAGTCAGTGTACGCCTAGCGGATCGCTTACCGAGGTCATTG
(2)    TCACTGATACAGTCAGTCACCGTAGTATGTTGACATTACGATATCGCGAACGCGATTG

(1)    CAGCTGTTAGCGTACTAGCGTTACCAGTGCAGTGAACTCAGCGTATCCAGTAGG...
(2)    CAGCTGTGAGCTCACGAGCGATACGAGAGCAGTCTCAGATCGAGTCTGTCATTC...
```

BLAST va ensuite chercher à étendre l'alignement à gauche du premier hit et à droite du second : si les deux séquences continuent à se ressembler dans ces régions, le score d'alignement augmentera et BLAST continuera l'extension jusqu'à ce que le score d'alignement « diminue trop ». Dans notre exemple, il n'y a aucune identité de séquence à gauche du premier hit : l'alignement ne sera pas étendu dans cette région. À droite du second hit, en revanche, les séquences se ressemblent (nucléotides soulignés en italique) et l'alignement pourra être étendu :

```
(1)    GACAGTTGACAGTCAGTCAGTCAGTGTACGCCTAGCGGATCGCTTACCGAGGTCATTG
(2)    TCACTGATACAGTCAGTCACCGTAGTATGTTGACATTACGATATCGCGAACGCGATTG

(1)    CAGCTGTTAGCGTACTAGCGTTACCAGTGCAGTGAACTCAGCGTATCCAGTAGG...
(2)    CAGCTGTGAGCTCACGAGCGATACGAGAGCAGTCTCAGATCGAGTCTGTCATTC...
```

Cette région, à droite du second hit, ne pouvait pas être repérée lors de la première étape puisqu'elle ne comprend pas 11 nucléotides successifs strictement identiques. Finalement, BLAST vient de délimiter une région de similarité qu'il appelle *High Scoring Pair* (HSP), que l'on peut aussi considérer comme une diagonale dans un dotplot. Dans notre exemple, cette HSP sera la suivante :

```
(1)    ACAGTCAGTCAGTCAGTGTACGCCTAGCGGATCGCTTACCGAGGTCATTGCAGCTGT
(2)    ACAGTCAGTCACCGTAGTATGTTGACATTACGATATCGCGAACGCGATTGCAGCTGT

(1)    TAGCGTACTAGCGTTACCAGTGCAGT
(2)    GAGCTCACGAGCGATACGAGAGCAGT
```

Ayant donc repéré des points d'ancrage de 11 nucléotides, nous venons de voir que BLAST tente d'étendre l'alignement à droite et à gauche. Cette extension s'arrête quand le score d'alignement « diminue trop ». On voit ici en quoi BLAST recourt à des heuristiques : les mots « diminue trop » impliquent l'existence d'un seuil en deçà duquel l'alignement est interrompu. Ce seuil est arbitraire et fixé empiriquement. Notons par ailleurs que le fait d'imposer l'existence de deux hits voisins permet d'éliminer les nombreux hits fortuits et donc de limiter le nombre d'extensions, coûteuses en temps de calcul. À l'étape que nous venons d'examiner, aucune insertion/délétion n'est introduite.

Ayant ainsi repéré une HSP, BLAST la range en mémoire, puis recherche un autre point d'ancrage de 11 nucléotides (un autre hit) et recommence le processus. Et ainsi de suite jusqu'à épuisement de tous les points d'ancrage (éventuellement suivis d'extension) entre les deux séquences.

La dernière étape consiste enfin à réunir par programmation dynamique les quelques régions ainsi conservées en introduisant des indels, le cas échéant.

Pour aligner des séquences protéiques, le principe est le même, mais les points d'ancrage (les hits) se feront sur des tripeptides (3 acides aminés au lieu de 11 nucléotides). BLAST commence donc par découper les séquences en tripeptides :

```
Votre séquence         ...DFGHCVSYRELAQKMHGNFEWYDSFHKAQVNC...
Séquence de la banque ...GDFTESWCVSKFGRMASQKVSGBQPDSYSAKE...
```

Bien sûr, le tripeptide **CVS**, commun aux deux séquences, va servir de point d'ancrage, mais les tripeptides « semblables » sont aussi considérés. Pour chaque tripeptide de chaque séquence, BLAST ajoute une étape et considère aussi les tripeptides similaires. Ainsi, pour le tripeptide **DSF** de la première séquence par exemple, BLAST considère toutes les substitutions possibles d'acides aminés, « aligne » **DSF** avec tous les tripeptides possibles, calcule un score d'alignement avec la matrice BLOSUM62 par exemple (cf. fiche 12) et conserve les paires pour lesquelles le score d'alignement S est supérieur ou égal à un seuil T qui dépend évidemment de la matrice de similitude utilisée. Avec la matrice BLOSUM62 pour laquelle T est (empiriquement) fixé à 11, on obtient :

```
DSF          DSF          DSF          DSF          DSF
||| S=16     ||| S=13     ||| S=13     ||| S=2      ||| S=-4
DSF          DSY          DTF          DRK          RNQ
```

Le tripeptide DSF va ainsi produire un hit avec DSF mais aussi avec DSY et DTF (mais pas avec DRK ou RNQ). Il en résulte que dans les deux séquences de notre exemple un deuxième hit est trouvé, voisin du premier, basé sur DSF et DSY, qui ne sont pas des tripeptides strictement identiques :

```
     ...DFGHCVSYRELAQKMHGNFEWYDSFHKAQVNC...
...GDFTESWCVSKFGRMASQKVSGBQPDSYSAKE...
```

BLAST vient de trouver deux hits voisins situés sur la même « diagonale » (il n'y a pas d'insertion/délétion entre les deux). Il va ensuite, comme précédemment, essayer d'étendre l'alignement à gauche du premier hit et à droite du second. L'utilisation d'une matrice de similarité entre acides aminés dès le début du processus permet de tenir compte des ressemblances entre acides aminés et, par conséquent, d'augmenter considérablement la sensibilité de la méthode.

Statistiques de BLAST et E-value

Jean-Loup Risler

Quiconque a balayé une banque de séquences avec BLAST se précipite sur le fichier de sortie et regarde la dernière colonne des résultats, celle qui contient les E-value. On est ravi de trouver des E-value de 10^{-100} (e–100) mais on est plus dubitatif devant des E-value de 10^{-2} (e–02). Certes… mais qu'est-ce qu'une E-value ? Allons droit au but : la E-value n'est pas une probabilité. C'est ce que les statisticiens nomment une espérance mathématique, c'est un nombre.

Supposons que vous ayez lancé un BLAST entre votre séquence et la banque Swiss-Prot. La sortie est la suivante :

```
                                                     High       E
Sequences producing significant alignments:         Score    Value

sp|P01013|OVAX_CHICK GENE X PROTEIN                   442     e-124
sp|P01014|OVAY_CHICK GENE Y PROTEIN                   353     9e-98
sp|P01012|OVAL_CHICK OVALBUMIN (PLAKALBUMIN)          278     5e-75
sp|P19104|OVAL_COTJA OVALBUMIN                        268     5e-72
sp|P48595|BOMA_HUMAN BOMAPIN                          197     1e-50
.........                                          ...........
sp|P12345|TOTO_TRUC HYPOTHETICAL SEQUENCE              56     2.0
.........                                           .........
```

La première colonne (High Score) nous donne le score S de l'alignement final entre votre séquence et celle de la banque, après que BLAST a procédé au « raboutage » des HSP et introduit éventuellement des indels. La deuxième colonne indique la E-value associée à ce score.

La dernière ligne (inventée) nous dit que l'alignement de votre séquence et de la séquence TOTO_TRUC a un score S de 56 et une E-value de 2 ; ce qui veut dire : « Si je comparais votre séquence avec une banque de séquences aléatoires, de même taille et de même composition que Swiss-Prot, alors je m'attendrais à trouver dans cette banque deux séquences qui s'aligneraient avec la vôtre avec un score supérieur ou égal à 56. » Ou encore, en simplifiant un peu : « Dans une banque quelconque de la taille de Swiss-Prot, je m'attends à trouver deux séquences qui ressembleront au moins autant à la vôtre que `TOTO_TRUC`. »

BLAST ne répond donc pas — car il ne peut pas — à la question : « Cet alignement est-il biologiquement significatif ? » C'est à vous de décider si la E-value vous semble significative…

Les choses sont peut-être un peu moins simples pour, par exemple, la séquence `BOMA_HUMAN` qui produit une E-value de 10^{-50}. On imagine mal de trouver, dans une banque de la taille de Swiss-Prot, 10^{-50} séquence avec un score S égal ou supérieur à 197. Dans ce cas, il faut traduire de la façon suivante : « Pour trouver dans une banque de séquences aléatoires une séquence qui s'aligne avec la vôtre avec un score égal ou supérieur à 197, il faudrait que cette banque soit 10^{50} fois plus grande que Swiss-Prot. » Ou encore : « Il faudrait faire 10^{50} BLAST sur 10^{50} banques de la taille de Swiss-Prot pour trouver une séquence qui fasse mieux que `BOMA_HUMAN`. » Cette fois-ci, on est à peu près tranquille quant à la pertinence biologique du score d'alignement…

Remarque : en fait, si la E-value est suffisamment petite, typiquement inférieure à 10^{-2}, alors la probabilité de trouver par hasard un alignement avec un score égal ou supérieur au score d'alignement S de BLAST est pratiquement égale à la E-value. Si par exemple le score d'alignement vaut S_0 et la E-value est égale à 10^{-5}, vous pouvez traduire par : « Dans une banque de séquences aléatoires de même taille que celle que j'utilise, j'ai une chance sur cent mille de trouver un alignement de ma séquence et d'une séquence de la banque avec un score égal ou supérieur à S_0. »

Conclusion : la E-value de BLAST n'est en aucun cas un nombre magique qui vous dit si l'alignement de deux séquences est « biologiquement significatif » ou non. C'est un outil d'aide à la décision. Il appartient aux biologistes de décider de prendre en compte ou non cet alignement.

Pièges de BLAST

Jean-Loup Risler

Les auteurs de BLAST ont montré de façon rigoureuse que pour des alignements sans insertion/délétion les scores d'alignement suivent une loi de distribution dite « des valeurs extrêmes ». La figure 15.1 montre une telle distribution (variable x en abcisses, probabilité associée $p(x)$ en ordonnées) dont on voit bien qu'elle est dissymétrique : il y a plus de valeurs élevées que de valeurs faibles.

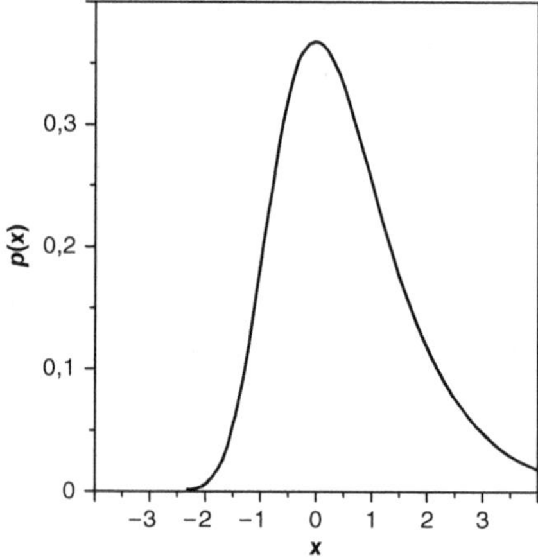

Figure 15.1. **Exemple de distribution dite « des valeurs extrêmes ».** Source : *NIST/SEMATECH e-Handbook of Statistical Methods*, http://www.itl.nist.gov/div898/handbook/, 30.07.2010.

La démonstration rigoureuse n'est pas faite pour des alignements avec insertions/délétions, mais tout le monde admet que la même loi peut s'y appliquer. En conséquence, la E-value peut s'exprimer de la façon suivante :

$$E(S) = Kmne^{-\lambda S}$$

• $E(S)$ est la E-value associée au score d'alignement S (nombre d'alignements attendus par hasard avec un score égal ou supérieur à S) ;
• K et λ sont deux paramètres qui dépendent de la composition de la banque et de la matrice de similitude utilisée ;

- m est la longueur de votre séquence (en nombre d'acides aminés ou de nucléotides) ;
- n est la longueur de la banque (*idem*).

Il résulte de cette formule les remarques suivantes :

• Contrairement au score d'alignement S, qui ne dépend que des deux séquences alignées, la E-value (associée au score S) dépend de la taille de la banque. Ce n'est absolument pas une valeur absolue. Plus la banque est grande, plus la E-value est grande, ce qui est parfaitement intuitif : dans une banque contenant seulement dix séquences prises au hasard, je ne m'attends pas à trouver beaucoup de ressemblances avec ma séquence (E est petit, la probabilité de trouver une ressemblance est très faible). Dans une banque contenant un milliard de séquences, je ne serai pas surpris de trouver plusieurs séquences qui ressemblent à la mienne (E est grand, la probabilité de trouver des ressemblances est grande). Comparez votre séquence protéique (la perlimpimpinate déshydrogénase PPDH de *B. hypotheticii*) avec le protéome de *E. coli* (5 000 séquences) : vous obtenez avec la PPDH de *E. coli* un score S de 126 et une E-value de 10^{-4}. Refaites la même comparaison avec UniProt ou la banque nr du NCBI (plus de 3 millions de séquences). Vous trouverez aussi, évidemment, la PPDH de *E. coli* avec le même score (126), mais cette fois-ci avec une E-value de l'ordre de 10^{-2}. La E-value est devenue 100 fois plus grande… Faites l'expérience avec une protéine réelle, le facteur 100 n'est pas inventé. Dans le premier cas vous penseriez : « Ah, 10^{-4} c'est bon, j'ai trouvé l'homologie que je cherchais. » Dans le deuxième cas, l'alignement étant exactement le même, vous vous diriez : « 10^{-2}… Hmmm… Pas terrible ». Pensez toujours à la taille de votre banque et traduisez : « Pour trouver par hasard un score d'alignement égal ou supérieur, il me faudrait une banque 10 000 fois plus grande que le protéome de *E. coli* ou 100 fois plus grande que UniProt. » À vous de décider si cela vous convient.

• Une autre conséquence de cette dépendance de E à la taille de la banque est que la phrase classique : « Je ne m'intéresse pas aux E-values plus grandes que 10^{-5} » n'a pas de sens, à moins de préciser de quelle banque il s'agit. Notez enfin que la même comparaison faite sur la même banque à un an d'intervalle ne donnera pas le même résultat si la banque a grossi, ce qui est le cas pour toutes les banques généralistes.

• Les paramètres K et λ (caractéristiques des matrices de similitude et des banques interrogées) ont été estimés grâce à un très grand nombre de simulations pour lesquelles des séquences aléatoires ont été générées, respectant la composition de Swiss-Prot, et qui ont été alignées avec un nombre limité de matrices de similitudes. Les valeurs obtenues pour K et λ sont « gravées dans le marbre », ce qui explique pourquoi vous ne pouvez pas utiliser d'autres matrices que celles proposées. En toute rigueur, les E-values obtenues avec comme séquence-requête une protéine membranaire sont fausses puisque la composition de cette dernière ne reflète pas celle de Swiss-Prot, qui comporte essentiellement des protéines solubles.

• Vous voyez enfin que la E-value dépend du score S d'alignement… qui n'est pas un bon critère pour juger de l'homologie de deux séquences. Redisons-le : avec des séquences courtes, vous obtiendrez nécessairement des E-values plus grandes (des scores d'alignement S plus petits) qu'avec des séquences longues (cf. le début de la présente fiche) ; d'où le problème pour rechercher des motifs courts de l'ordre d'une dizaine de résidus ou moins. Il est souvent utile d'examiner l'alignement lui-même et de considérer à la fois sa longueur et le pourcentage d'identité entre les deux séquences. De nombreux biologistes retiennent comme critère d'homologie entre deux protéines : « Plus de 40 % d'identité sur plus de 80 % de la séquence la plus courte. » C'est un critère sévère qui donne de bonnes garanties… Mais attention, deux protéines de la même famille fonctionnelle peuvent très bien ne se ressembler qu'au voisinage du site actif, donc sur une région largement inférieure à 80 % de leur longueur. *A contrario*, il faut généralement se méfier des alignements pour lesquels les deux séquences partagent moins de 30 % d'identité sur moins de 40 résidus.

Filtrage des séquences et recherche de motifs avec BLAST

Jean-Loup Risler

Filtrage des séquences

Si vous lancez (p. ex. au NCBI) la comparaison d'une séquence protéique contre une banque de protéines, vous voyez dans les différentes options (« Algorithm parameters ») un item intitulé « Filter » « Low complexity regions ». De quoi s'agit-il ? Il arrive fréquemment qu'une protéine — ou une partie de sa séquence — soit particulièrement riche en un (ou deux) acides aminés. Cette richesse n'est en général pas du tout caractéristique d'une fonction. L'exemple suivant montre la partie N-terminale d'une protéine de *M. tuberculosis*, annotée comme « PE-PGRS family ».

```
MSFVLIAPEFVTAAAGDLTNLGSSISAANASAASATTQVLAAGADEVSARIAALFGGFGL
EYQAISAQVAAYHQRFVQALSTGAGAYASAEAAAAEQIVLGVINAPTQALLGRPLIGDGA
NATTPGGAGGAGGLLFGNGGAGAAGAPGQAGGPGGPAGLWGNGGPGGAGGSGGGTGGAGG
AGGWLFGVGGAGGVGGAGGGTGGAGGPGGLIWGGGGAGGVGGAGGGTGGAGGRAELLFGA
GGAGGAGTDGGPGATGGTGGHGGVGGDGGWLAPGGAGGAGGQGGAGGAGSDGG......
```

On voit bien qu'à partir de la troisième ligne cette séquence est particulièrement riche en glycines. Et, de fait, cette richesse se poursuit jusqu'au C-terminal. La comparaison de cette séquence contre Swiss-Prot renvoie presque exclusivement des hits contre du collagène, comme l'illustre l'alignement suivant :

```
Query  408   GLTGGTGFAGGAGGVGGQGGNAIAGGINGSGGAGGTGGQGGAGGMGGSGADNASGIGADG
             GL G  G  G  G +G  G     +G     G  G   G +G  G  G     +G+
Sbjct  92    GLPGPLGPTGLKGEMGFPGMEGPSGDKGQKGDPGPYGQRGDKGERGSPGLHGQAGVPGVQ

Query  468   GAGGTGGNAGAGGAGGAAGTGGTGGVVGAAGKAGIGGTGGQGGAGGAGSAGTDATATGAT
             G  G  G  G  G  G  G  G  G+ G +G  G  G  GQ G+  G              A
Sbjct  152   GPAGNPGAPGINGKDGCDGQDGIPGLEGLSGMPGPRGYAGQLGSKGEKGEPAKENGDYAK

.........

Query  1756  GLNSTGLASAASGDGGNGGAGGAGGNGGAGGLGGGGGTGGTNGNGGLGGGGGNGGAGGAG
             G+              G  G  G  G  G  GL G  G  G  G  GL G  GN G  G
Sbjct  1458  GMLPPPGPKGEPGQPGRNGPKGEPGRPGERGLIGIQGELGEKGERGLIGETGNVGRPGPK

Query  1816  GTPTGSGTEGTGGDGGDAGAGGNGGS   1841
             G     G  G  G  G  G  G  G+
Sbjct  1518  GDRGEPGERGYEGAIGLIGQKGEPGA   1543
```

Il est clair que si les deux séquences s'alignent, c'est uniquement grâce aux glycines. Notre protéine-requête, riche en glycines, trouve naturellement des hits avec d'autres protéines riches en glycines, comme le collagène. Les deux séquences qui viennent d'être alignées ne présentent que 30 % d'identité (essentiellement des glycines), mais elles sont longues : 1901 et 1775 acides aminés, respectivement, d'où un nombre d'identités important (448), d'où un score d'alignement élevé (167) et une petite E-value (5e–40). Cet alignement est néanmoins biologiquement non pertinent. Le problème est donc que si votre séquence contient une région riche en G (ou tout autre acide aminé) BLAST vous reportera en priorité les hits avec des séquences riches en G, cachant ainsi les similarités potentielles d'une autre région, « normale », avec d'autres protéines. Il convient donc de « masquer » ces régions dites « de faible complexité » en cochant la case « Low complexity regions ». Dans ce cas, BLAST cherche dans votre séquence les régions anormalement riches en un ou plusieurs acides aminés et n'en tiendra pas compte dans ses comparaisons. De ce fait, BLAST pourra dès lors reporter des ressemblances entre la partie N-terminale de notre protéine, de composition « normale » et non filtrée, et d'autres PE-PGRS. Voici l'alignement reporté par BLAST, après filtrage, de la même protéine avec une PE-PGRS de *M. bovis*, correspondant à une E-value honorable de 10^{-18} :

```
Query   1    MSFVLIAPEFVTAAAGDLTNLGssisaanasaasaTTQVLAAGADEVSARIAALFGGFGL
             MSFV+  PEF++AAA DL NLGS+ISAANA+A+  TT VLAAGAD+VSA IAALFG
Sbjct   1    MSFVIAVPEFLSAAATDLANLGSTISAANAAASIPTTGVLAAGADDVSAAIAALFGAHAQ

Query   61   EYQAISAQVAAYHQRFVQALSTgagayasaeaaaaeQIVLGVINAPTQALLGRPLIGD  118
              YQ ISAQ A +H +FVQ LS GAGAYA+AEAA  +Q +L  INAPTQALLGRPLIGD
Sbjct   61   AYQTISAQAATFHAQFVQTLSAGAGAYANAEAANVQQSLLNAINAPTQALLGRPLIGD  118
```

Plusieurs remarques s'imposent ici :

• alors que la protéine-requête a une longueur de 1901 acides aminés, l'alignement n'est effectué que sur les 118 premiers résidus. Le filtrage a fait son travail, tout le reste de la séquence a été masqué ;

• sans filtrage, BLAST reporte essentiellement des collagènes. Après filtrage, BLAST reporte exclusivement des PE-PGRS ;

• dans la partie N-terminale, BLAST a repéré un court segment riche en A et en S, indiqué par des caractères minuscules dans l'alignement précédent. Cette région a été filtrée et ne contribue pas au calcul du score d'alignement.

Recherche de motifs

La recherche de motifs courts dans une banque de séquences fait partie des pièges classiques de BLAST. À tel point que, dans sa dernière version, l'interface de BLAST au NCBI propose de tenir compte automatiquement des séquences courtes (« Short queries » « Automatically adjust parameters for short input sequences »). Si vous effectuez vos recherches BLAST sur un autre serveur (p. ex. à l'EBI) ou sur un ordinateur local avec ligne de commande, vous vous exposez à de grandes déceptions… Quel est le problème ?

Supposons que vous travailliez sur une famille de séquences protéiques issues de votre organisme favori, dont vous venez d'obtenir la séquence génomique (donc non publiée). Vous remarquez un motif très conservé dans ces séquences, soit GDSGGP, et vous vous demandez si ce court motif est banal, original ou caractéristique d'une fonction. Vous prenez donc comme séquence-requête la séquence GDSGGP et vous faites un BLAST contre la banque UniProt à l'EBI ou localement. Résultat : rien. Conclusion : vous pensez que vos protéines constituent une nouvelle famille contenant un court motif très conservé et non repéré jusqu'à présent.

Il n'en est rien. Par défaut, BLAST ne reporte un alignement que si la E-value est inférieure à 10 : c'est le paramètre « Expect threshold » de BLAST. Or votre séquence est très courte (6 acides aminés). Elle ne peut faire mieux que s'aligner avec une sous-séquence GDSGGP dans la banque, ce qui donnera un très petit score d'alignement (de l'ordre de 20), donc une E-value très largement supérieure à 10 (de l'ordre de 500). Donc BLAST ne vous dira rien, même s'il a repéré ces alignements. Il convient donc de changer les paramètres par défaut de BLAST, soit *via* l'interface de l'EBI (par exemple), soit *via* la ligne de commande de votre ordinateur local. Dans le cas de motifs protéiques, les nouveaux paramètres à imposer sont : « Expect threshold » = 20000 ; « Matrix » = PAM30 ; « Opengap » ou « Existence » = 9 ; « Word size » = 2. Le paramètre « Gap Costs : Opengap (Existence) » correspond à la pénalité de création d'indels que nous avons vue dans la fiche 15 (elle vaut 11 dans le cas général). Les « mots » utilisés pour trouver les hits initiaux (paramètre « Word size ») sont maintenant des dipeptides, alors que ce sont des tripeptides dans le cas général. Ce dernier paramètre est réglable en ligne de commande (option −W), mais ne l'est pas *via* l'interface de l'EBI. Ceci fait, vous obtiendrez un nombre considérable de réponses et vous pourrez déduire de la recherche que vos séquences sont incontestablement des protéases à sérine du type trypsine (le motif GDSGGP contient la sérine active).

Autre problème classique : le chevauchement de contigs (un contig est une séquence génomique continue et ordonnée obtenue par assemblage de séquences plus courtes qui se chevauchent). Supposons que vous ayez créé au laboratoire une banque de séquences qui contient tous les contigs que vous avez assemblés. Vous recherchez des chevauchements de contigs pour les étendre. Vous pouvez pour cela comparer avec BLAST chacun des contigs (ou, au moins, leurs extrémités) avec tous ceux que contient votre banque. Si le contig A chevauche le contig B sur 25 nucléotides, vous vous attendez à le voir. BLAST le verra en effet mais ne vous le dira pas, car la E-value associée à ce petit alignement (25 nucléotides) sera supérieure à 10. Vous devrez relancer BLAST en imposant un « Expect threshold » = 1000, au lieu de 10, une longueur de mot (« Word size ») de 7, au lieu de 11, et une matrice (« Match/mismatch scores ») de 1,−3, au lieu de 2,−3.

Différentes variantes de BLAST

Jean-Loup Risler

Vous désirez identifier une séquence nucléotidique en la comparant aux séquences contenues dans les banques généralistes. Question : à quelle banque la comparer ? Trois cas sont possibles :

• **Vous savez que votre séquence n'est pas un gène codant une protéine** (p. ex. ARN ribosomique). Dans ce cas, vous n'avez évidemment pas le choix, vous ne pouvez que comparer votre séquence à une banque de séquences nucléotidiques (EMBL-EBI ou GenBank®) avec BLASTn (cf. *infra*).

• **Vous savez que votre séquence est un gène codant une protéine** (p. ex. ADNc). Dans ce cas, vous pouvez i) comparer votre séquence directement à EMBL-EBI ou GenBank®, ou ii) traduire votre séquence et comparer la protéine résultante à une banque de séquences protéiques avec BLASTp (cf. *infra*). Y a-t-il un meilleur choix ? Oui, clairement : *si vous avez le choix, comparez des séquences protéiques plutôt que des séquences nucléotidiques.* À cela, plusieurs raisons : i) l'alphabet pour les séquences nucléotidiques est de quatre lettres contre vingt pour les séquences protéiques. Dans ces conditions, il est évident que le pourcentage d'identités fortuites est plus élevé entre deux séquences nucléotidiques qu'entre deux séquences protéiques ; ii) la comparaison de deux séquences protéiques met toujours en jeu une matrice de similitude et tient compte, par conséquent, des ressemblances entre acides aminés, d'où un gain en sensibilité que les séquences nucléotidiques ne permettent pas d'obtenir ; iii) nous avons vu que pour les séquences nucléotidiques BLAST (BLASTn en l'occurrence) cherche des mots strictement identiques de longueur 11 entre les séquences, alors que pour les protéines BLAST (BLASTp en l'occurrence) cherche des mots similaires de longueur 3. De ce fait, BLASTp est clairement et incontestablement plus sensible que BLASTn ; iv) le code génétique est dégénéré. Prenez la séquence d'un gène et changez systématiquement la troisième lettre de chaque codon pour le remplacer par un codon synonyme (sauf pour les codons Met et Trp, évidemment) : vous obtenez ainsi deux gènes qui ne présentent plus que 70 % d'identité, alors qu'ils codent deux protéines 100 % identiques. Nous avons fait le test sur le gène codant le cytochrome c1 de la levure : après modification de la séquence du gène comme indiqué ci-dessus,

BLASTn contre la banque nucléotidique nr ne trouve quasiment plus rien — alors que la protéine codée est restée inchangée. On pouvait s'y attendre : comme nous avons changé une lettre sur trois dans la séquence nucléotidique, BLASTn ne peut plus trouver des mots identiques de longueur 11 entre la séquence initiale et la séquence modifiée. Cet exemple, sans doute un peu caricatural, montre bien cependant à quel point les comparaisons de séquences nucléotidiques sont peu sensibles.

• **Vous ne connaissez pas la nature de votre séquence nucléotidique** (gène codant une protéine ou non ?). Dans ce cas, rien ne vous empêche de commencer par comparer votre séquence à une banque de séquences nucléotidiques. S'il apparaît que votre séquence ressemble comme deux gouttes d'eau à des ARN ribosomiques 16S ou au gène codant la malate déshydrogénase de *E. coli*, la cause est entendue. Mais ce ne sera pas toujours le cas. Il faut alors *impérativement* recommencer en comparant votre séquence nucléotidique à des banques de séquences protéiques. Nous allons voir comment dans ce qui suit.

Prenant en compte l'observation que les comparaisons de séquences sont plus sensibles avec des protéines qu'avec des acides nucléiques, les auteurs de BLAST ont décliné leur logiciel en plusieurs versions pour que la tâche des utilisateurs s'en trouve facilitée :

• **BLASTp** permet de comparer une séquence protéique à une banque de séquences protéiques. Sur la page d'accueil de BLAST au NCBI, cela correspond à l'option « protein blast » ;

• **BLASTn** permet de comparer une séquence nucléotidique à une banque de séquences nucléotidiques. Sur la page d'accueil de BLAST au NCBI, cela correspond à l'option « nucleotide blast » ;

• **BLASTx** permet de comparer une séquence nucléotidique à une banque de séquences protéiques. La séquence-requête est traduite suivant les 6 phases et chaque traduction est comparée à la banque. BLASTx est typiquement utilisé pour caractériser une EST nouvellement séquencée ;

• **tBLASTn** permet de comparer une séquence protéique à une banque de séquences nucléotidiques. Pour ce faire, BLAST traduit chaque entrée de la banque suivant les six phases et compare chacune des traductions à votre séquence. Vous pouvez ainsi, par exemple, repérer un pseudo-gène — contenant un ou plusieurs codons STOP — qui codait initialement une protéine voisine de votre séquence requête ; ou mettre en évidence un gène qui n'avait pas été repéré dans une séquence génomique ; ou encore identifier le gène codant cette protéine dans un génome non annoté. Enfin, vous pouvez aussi rechercher dans une banque d'EST quelles sont les EST correspondant à votre protéine. Votre imagination est au pouvoir ;

• **tBLASTx** compare une séquence nucléotidique traduite suivant les 6 phases à une banque de séquences nucléotidiques traduite suivant les 6 phases. Notez que cela revient à effectuer 36 BLASTp : tBLASTx est donc très coûteux en temps de calcul, ce qui explique que le NCBI refuse les tBLASTx contre leur banque nr.

FASTA

Jean-Loup Risler

FASTA est né quatre ans avant BLAST, et même si les auteurs de BLAST ne l'avouent que du bout des lèvres, ils s'en sont largement inspirés. Nous n'entrerons pas dans les détails, mais le principe de base est le même : i) rechercher entre votre séquence et celles d'une banque de courtes régions identiques ; ii) étendre si possible l'alignement à gauche et à droite de ces segments ; iii) « rabouter » les segments étendus de façon à obtenir un alignement plus long. Comme nous allons le voir, les différences entre FASTA et BLAST font que ces deux programmes sont complémentaires. FASTA n'est en aucun cas complètement démodé.

Pour les séquences protéiques

Lors de l'étape initiale, FASTA recherche les dipeptides identiques entre votre séquence et celles de la banque. BLAST, quant à lui, recherche les tripeptides similaires. La différence entre « identique » et « similaire » fait que, sans aucun doute, BLAST est plus sensible que FASTA pour les comparaisons de séquences protéiques. La cause est donc entendue : pour les séquences protéiques, il faut utiliser BLAST.

Pour les séquences nucléotidiques

Ici, FASTA commence par rechercher des segments identiques de longueur 7 nucléotides entre votre séquence et celles de la banque, alors que BLAST cherche des segments identiques de longueur 11 nucléotides. La conclusion est donc immédiate : pour les séquences nucléotidiques, FASTA est plus sensible que BLAST. Cependant, il est clair que FASTA est beaucoup plus lent que BLAST : pour ce dernier, de gros efforts algorithmiques ont été consentis pour optimiser la vitesse d'exécution. Dans le cas de séquences nucléotidiques, une bonne stratégie sera donc la suivante : i) si vous comparez une séquence nucléotidique à une banque de séquences nucléotidiques, commencez par BLASTn, qui est plus rapide. Si vous obtenez des résultats incontestables (petites E-values), alors on peut considérer que la cause est entendue ; ii) si en revanche BLASTn ne trouve pas de ressemblances incontestables, alors il faut relancer la recherche avec FASTA. Ce dernier risque bien de trouver des ressemblances qui ont échappé à BLAST.

Bien entendu, vous pouvez aussi commencer par utiliser BLASTx contre la banque protéique nr ou UniProt : si votre séquence nucléotidique est une séquence codante, vous risquez de trouver des protéines homologues. Mais ce n'est pas obligatoire : chaque espèce possède de nombreux gènes qui ne ressemblent à rien de connu. Si votre séquence n'est pas codante, vous n'avez d'autre choix que d'utiliser BLASTn et/ou FASTA.

Introduction
à l'alignement multiple

Jean-Christophe Aude

Dans les fiches 11 à 18, différentes méthodes ont été présentées pour réaliser l'alignement d'une paire de séquences. Ces méthodes sont très utiles, par exemple, pour déterminer la fonction d'une nouvelle protéine. Imaginons maintenant que plusieurs homologues à toute la séquence, ou seulement à une portion, soient trouvés dans les banques de données publiques. On peut alors se demander comment notre protéine s'aligne avec tous ces homologues. Cet alignement représente une étape préliminaire pour répondre à des questions fondamentales comme la prédiction de structures secondaires, la détermination de la fonction de cette protéine, l'identification de résidus accessibles jouant un rôle clé (fixation à l'ADN, site catalytique, etc.) ou la recherche et la caractérisation de résidus spécifiques. C'est donc naturellement que les bio-informaticiens se sont intéressés au développement de méthodes d'alignement simultané (ou multiple) de plusieurs séquences (trois ou plus).

Un alignement multiple consiste à superposer chaque résidu d'une séquence avec ceux d'une ou plusieurs autres séquences. De plus, pour construire un alignement optimal, on aura souvent besoin d'ajouter des indels. À titre illustratif, considérons une région extraite d'un alignement multiple de six séquences protéiques de cytomegalovirus (CMV) de mammifères, représentée en figure 19.1. La première colonne contient le nom des espèces et le nombre d'acides aminés (AA) alignés (pour la souris, par exemple, on a aligné la séquence de la position 1 à 611). La seconde colonne correspond à la position du premier AA aligné sur la figure (pour la souris, le premier AA de l'alignement, une asparagine (N), correspond à la position 477 dans la protéine). La dernière colonne joue le même rôle, mais cette fois pour le dernier AA de l'alignement. Enfin, chaque colonne de l'alignement correspond à une position de l'alignement final et tend à maximiser la superposition d'AA « similaires » : en position 1 du premier bloc, par exemple, on trouve exclusivement des résidus de N. On notera que les indels sont indiqués par le signe – (cf. l'extrémité C-terminale de l'alignement). Nous observons qu'un consensus est représenté sous la forme d'un histogramme et d'une séquence un peu particulière. Cette séquence est construite en utilisant l'AA majoritaire pour

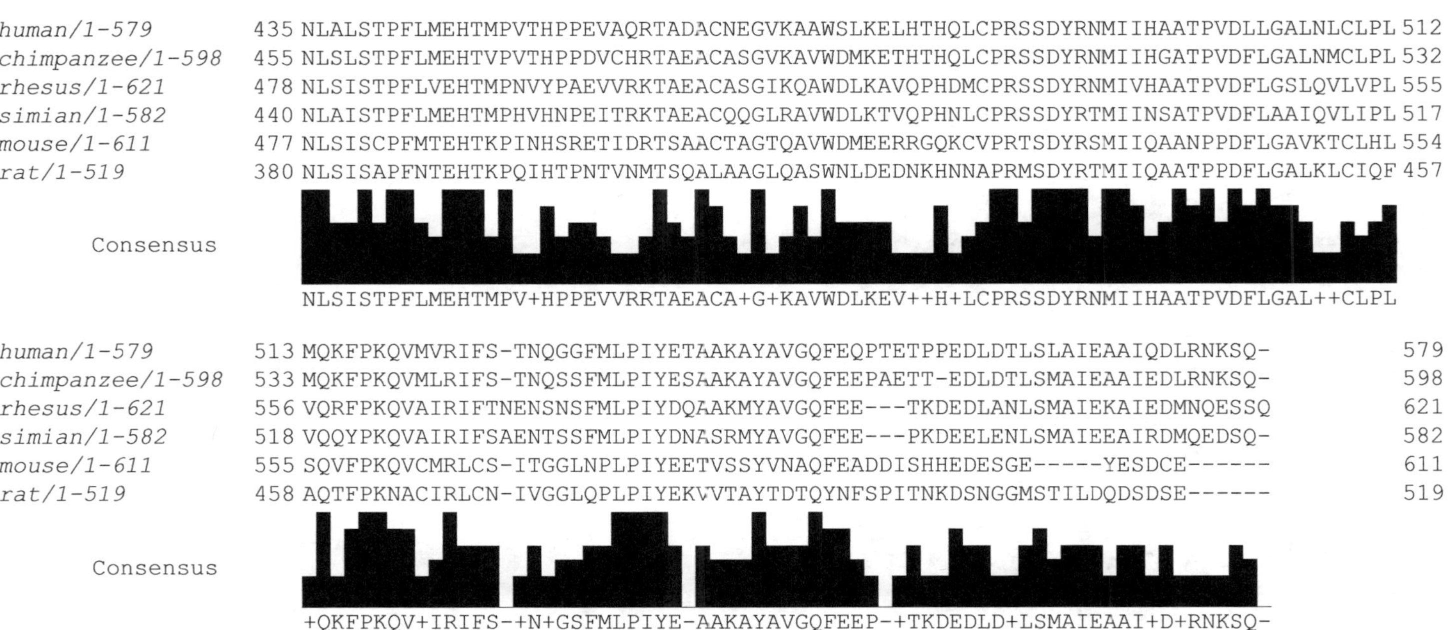

Figure 19.1. **Extrait d'un alignement multiple de protéines de cytomegalovirus** (cet alignement a été calculé avec le logiciel ClustalW et l'image visualisée *via* le logiciel Jalview).

chaque position : N en position 1 du premier bloc, par exemple. Quand il y a une ambiguïté entre plusieurs AA, le signe + est utilisé : en position 9 du second bloc, les AA majoritaires sont la méthionine (M), l'alanine (A) et la cystéine (C). L'histogramme associé au consensus représente la proportion d'occurrences d'AA majoritaires par rapport au nombre total d'AA alignés : au niveau du premier bloc, en position 1 la proportion de l'AA majoritaire est de 6/6, tandis qu'elle est de 3/6 en position 10. L'intérêt d'un tel histogramme est de permettre de repérer rapidement les régions conservées dans l'alignement multiple.

Dans les fiches qui suivent (fiches 20 à 27), nous verrons dans un premier temps les différents types d'algorithmes permettant de calculer des alignements multiples. Puis, nous présenterons plus en détail deux programmes classiques : ClustalW et DIALIGN. Enfin, nous terminerons avec la présentation de différents programmes plus récents correspondant soit à des améliorations significatives des méthodes classiques, soit à la prise en considération d'informations supplémentaires comme les structures tertiaires de protéines, par exemple.

Principales méthodes d'alignement multiple

Jean-Christophe Aude

Il est possible de faire un parallèle entre les méthodes de calcul d'alignement de paires de séquences et les méthodes d'alignement multiple, du moins en considérant la nature des algorithmes mis en œuvre. Ainsi, on peut distinguer les méthodes d'alignement global *versus* local, et les heuristiques (p. ex. BLAST) *versus* les algorithmes dits optimaux (p. ex. Smith-Waterman). Ce dernier cas est intéressant, car il est tout à fait possible de le généraliser sur le papier à n séquences ; mais il est quasiment impossible à mettre en application : en effet, si l'on considère le cas d'un alignement de 10 séquences d'une longueur de 300 pb, l'espace mémoire requis serait de l'ordre de 515 giga-octets ! Par conséquent, les seules méthodes existantes à ce jour sont des heuristiques — c'est-à-dire des algorithmes qui tendent à une solution optimale. Ces méthodes peuvent être classées en deux catégories selon l'approche utilisée, itérative ou progressive.

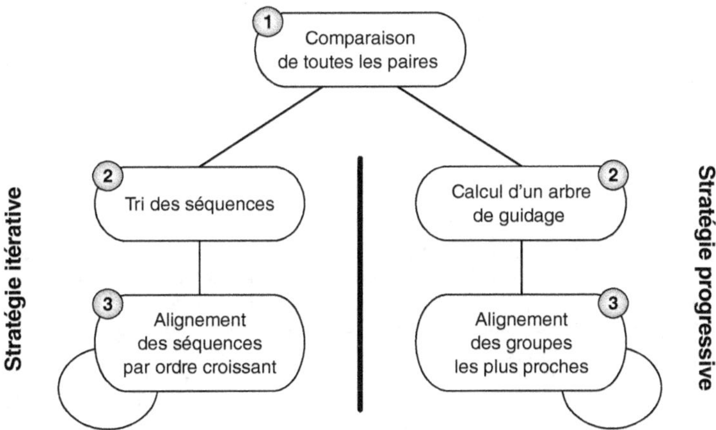

Figure 20.1. **Stratégies d'alignements.**

La stratégie la plus simple pour calculer un alignement multiple, dite itérative, utilise trois étapes (figure 20.1) : 1) dans une première phase, on calcule un score de similarité entre toutes les paires de séquences par comparaisons des séquences deux à deux ; on obtient un ensemble de scores d'alignement qui sont regroupés dans une matrice dite de similarité ; 2) cette matrice est utilisée pour trier les séquences, généralement des plus proches ou similaires aux plus éloignées ; 3) cette liste est parcourue itérativement pour construire l'alignement multiple final, c'est-à-dire que les deux plus proches séquences sont alignées (itération 1). À partir de cet alignement, on calcule un « profil », qui est en quelque sorte une séquence consensus, puis on aligne la troisième séquence avec ce profil (itération 2). Un nouveau profil est calculé avec ces trois séquences, et la quatrième séquence est alignée avec ce profil (itération 3), etc. L'algorithme prend fin quand toutes les séquences ont été alignées. Le programme DIALIGN, décrit plus loin, utilise cette méthode.

Le principe général de construction progressive d'un alignement multiple est d'utiliser au mieux les relations de similarité entre les paires de séquences lors de la construction de celui-ci. Pour ce faire, on utilise comme précédemment une stratégie en trois étapes (figure 20.1), où la première consiste à calculer un score de similarité entre toutes les paires de séquences et une matrice de similarité. Cette matrice est ensuite utilisée lors de la seconde phase pour construire une structure de guidage. Une telle structure met en évidence les relations de proximité de chaque séquence par rapport aux autres. Dans la majorité des cas, elle est représentée à l'aide d'un arbre — tout comme dans les reconstructions phylogénétiques (cf. fiche 29). La figure 20.2 donne un exemple simple d'un arbre de guidage (un dendrogramme) que l'utilisateur ne voit pas, mais qui est

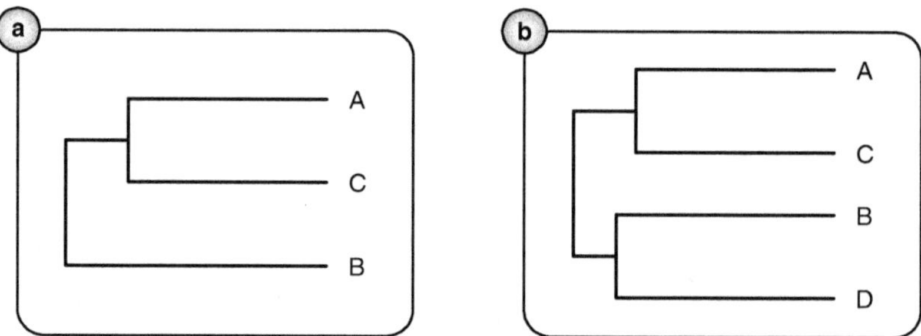

Figure 20.2. **Un arbre de guidage : (a)** les alignements de toutes les paires de séquences (A,B), (A,C) et (B,C) ont été réalisés et les scores d'alignement calculés. On observe que le score $S(A,C)$ pour la paire (A,C) est le plus grand ; les séquences A et C sont donc les plus proches. Si l'on convertit les scores en distances, on obtient l'arbre représenté ici. Ce dernier va guider l'alignement multiple, car il va imposer d'aligner d'abord A et C (les plus proches), puis d'aligner B avec l'alignement (A,C). Pour cela, ClustalW calcule un « profil » à partir de l'alignement (A,C) et aligne B avec ce profil ; **(b)** si l'on a 4 séquences, alors on va réaliser 6 alignements par paires (A,B), (A,C), (A,D), (B,C), etc. À chacun des ces alignements correspond un score. Ces scores sont rassemblés pour former une matrice de distance entre toutes les séquences. À partir de cette matrice on calcule un arbre, lequel va guider l'alignement multiple de la façon suivante : aligner d'abord A avec C, puis aligner B avec D, puis aligner le profil (A,C) avec le profil (B,D).

sauvegardé par ClustalW dans un format spécial au sein d'un fichier d'extension `dnd`. La structure de guidage joue un rôle déterminant dans la construction de l'alignement final. En effet, elle sert de support pour déterminer quelles séquences seront agrégées et dans quel ordre. Le processus mis en œuvre est très simple : i) on choisit la paire la plus proche dans la structure de guidage ; ii) on procède à l'alignement de ces séquences ; iii) dans l'arbre, on remplace la paire de séquences par cet alignement (figure 20.2). Ainsi, au cours du déroulement de l'algorithme, on sera amené à aligner soit des paires de séquences, soit une séquence avec un groupe de séquences déjà alignées (représenté par son consensus ou profil) ou des groupes de séquences entre eux (représentés par leurs profils ; figure 20.2). C'est ainsi que fonctionne ClustalW, le programme d'alignement multiple le plus connu.

Vous aurez noté que les deux algorithmes que nous venons de décrire — alignement progressif et alignement itératif — commencent tous deux par une étape où les séquences sont alignées par paires. Pour cette étape préliminaire, nous aurons donc le choix entre un alignement global et un alignement local. Les algorithmes d'alignement multiple peuvent donc aussi être subdivisés en deux grandes classes : les alignements globaux et les alignements locaux. Schématiquement, une méthode globale sera plus apte à aligner des séquences de longueurs homogènes, tandis qu'une méthode locale sera plus adaptée à l'alignement de séquences de longueurs variables.

Notons ici, comme nous l'avons déjà écrit dans la fiche 17, qu'il vaut mieux aligner — lorsque cela est possible — des séquences protéiques plutôt que des séquences nucléotidiques.

Dans les fiches 21 à 23, nous allons détailler et illustrer l'utilisation de deux méthodes classiques : i) ClustalW, qui implémente un algorithme progressif et global ; ii) DIALIGN, qui implémente un algorithme itératif et local.

Alignement multiple : ClustalW

Jean-Christophe Aude

Principe

ClustalW est une méthode progressive et globale de construction d'alignement multiple. À partir d'un ensemble de séquences nucléotidiques ou protéiques (figure 21.1a), on calcule une matrice de similarité (figure 21.1b) en comparant toutes les séquences par paires. L'algorithme utilisé, de type Needleman-Wunsch, recherche le meilleur alignement global de chaque paire de séquences. Cette matrice est alors utilisée pour construire un arbre de guidage (figure 21.1c). L'arbre de guidage est ensuite parcouru pour déterminer à chaque itération la paire la plus proche. À la première itération, la paire numéro 1, correspondant aux protéines de l'homme et du chimpanzé (figure 21.1c), est sélectionnée et l'alignement correspondant est réalisé (figure 21.1d). À l'itération suivante, c'est la paire numéro 2, correspondant aux protéines du rhésus et du simian, qui est sélectionnée (figure 21.1c et d). Puis, à la troisième itération c'est la paire numéro 3, regroupant les deux paires précédentes, qui doit être alignée. Dans ce cas, on pourra observer l'introduction d'indels au sein d'un groupe, c'est-à-dire que l'on ajoute des indels sur toutes les séquences du groupe à la même position. Dans notre exemple, on constate l'ajout d'un indel dans la région 3′ de la paire numéro 2 (figure 21.1d). L'algorithme prend fin quand l'intégralité des séquences est alignée : on aura alors parcouru l'ensemble des branches de l'arbre.

Prise en main

Les professionnels du clavier utilisent ClustalW dans sa version ligne de commande, qui *grosso modo* est incompréhensible pour un biologiste (a)normalement constitué. La plupart d'entre nous utilisent plutôt ClustalW sur un site distant *via* une interface Web, par exemple à l'EBI, à l'Institut Pasteur, au laboratoire d'informatique de Bordeaux, etc. Nous allons prendre comme exemple le site Web de l'Institut Pasteur de Paris, car il héberge le programme clustalw-multialign, version de ClustalW implémentée dans la très utilisée suite de programmes Mobyle. C'est le même programme à Bordeaux ou à l'EBI, mais avec une interface différente.

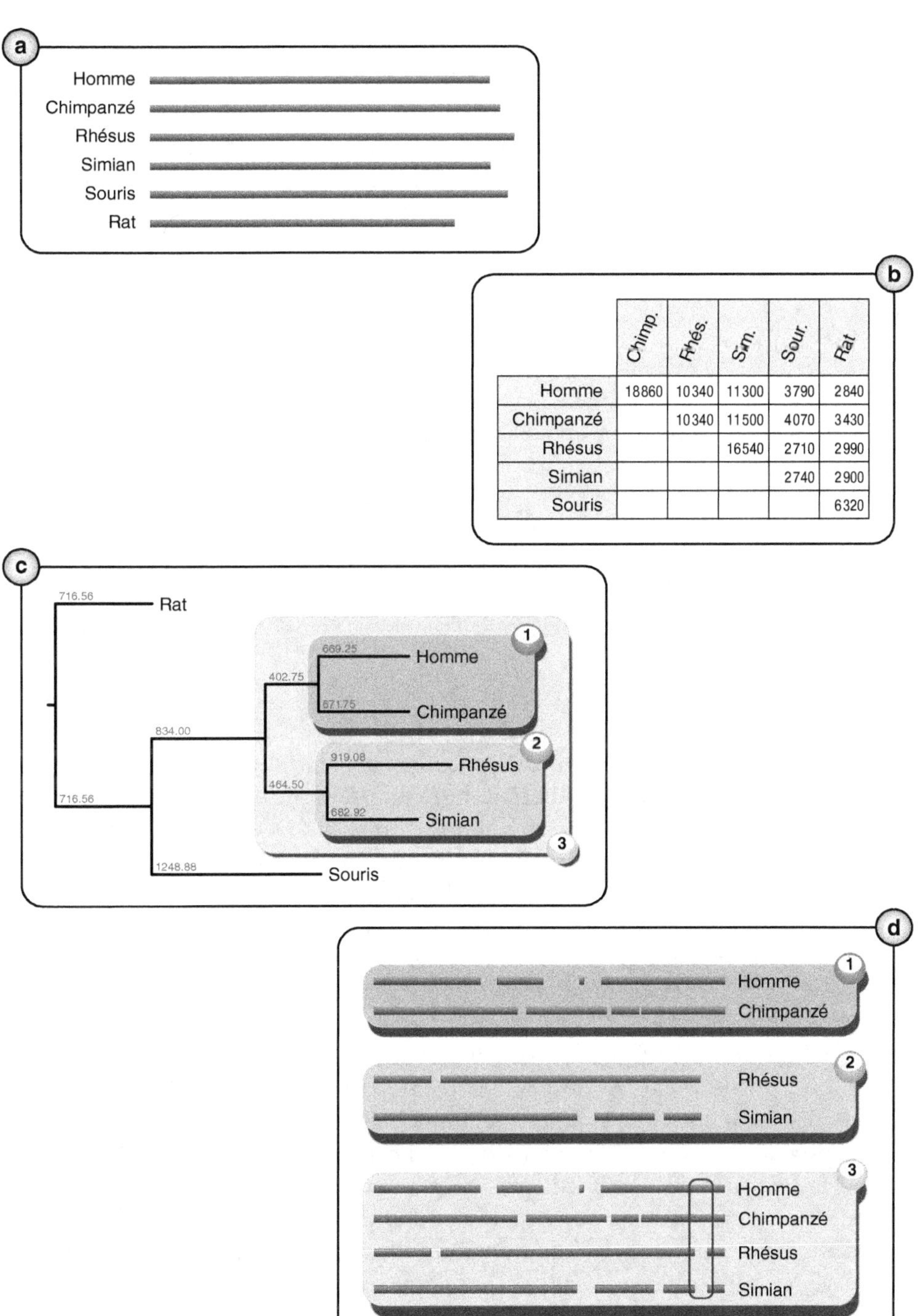

Figure 21.1. **Les différentes étapes de ClustalW : (a)** ensemble des séquences ; **(b)** calcul de la matrice de similarité ; **(c)** construction d'un arbre de guidage ; **(d)** alignement selon la proximité dans l'arbre, étapes 1 à 3.

Mon premier alignement

Si l'on veut rester simple et utiliser ClustalW avec toutes ses options par défaut, il suffit de penser à deux choses élémentaires : comment entrer et comment sortir.

En entrée, donnez le nom d'un fichier (ou faites un copier-coller) qui contient toutes les séquences que vous voulez aligner, à la queue leu leu au format FASTA par exemple. Ce fichier ressemblera à ce qui suit :

```
>première séquence
RTSFCGHKASYI........
>deuxième séquence
QLPMETQRDISNV.......
>troisième séquence
LPIGFKMASTEVSQHNW....
```

ClustalW reconnaîtra tout seul s'il s'agit de protéines ou d'acides nucléiques. Quel format voulez-vous en sortie ? Cette option est située en toute fin de la page Web (« Output format »). En général, vous choisirez le format « CLUSTAL », qui est la sortie standard de ClustalW, facilement lisible et publiable telle quelle. Attention : si vous effectuez un alignement multiple en vue de faire ensuite des reconstructions phylogénétiques avec les programmes de la série PHYLIP, il faut choisir l'option « PHYLIP », ce que l'on oublie souvent. Il existe par ailleurs de nombreux autres formats.

Quelque chose ne tourne pas rond

Vous venez de faire votre premier alignement multiple, vous regardez le résultat… et il ne vous plaît pas du tout. Le fichier de sortie contient des erreurs grossières évidentes ou, pire encore, vous ne voyez aucune région conservée alors qu'il devrait y en avoir, ou encore une des séquences se comporte manifestement de façon bizarre. Pensez à vérifier deux choses :

• qu'une de vos séquences n'appartient pas à la même famille que toutes les autres et, par conséquent, qu'elle ne peut s'aligner avec elles ; par exemple, vous avez introduit par erreur un inhibiteur de trypsine au milieu de trypsines. Supprimez-la et recommencez ;

• qu'une des séquences n'est pas nettement plus courte (ou plus longue) que les autres, même si elle appartient à la même famille (p. ex. ADNc tronqué). Le résultat peut être catastrophique. Comme nous l'avons vu, la première étape de ClustalW consiste à aligner les séquences par paires avec un algorithme global. Si la séquence est nettement plus courte que les autres, parcequ'elle est artificiellement tronquée ou parce qu'elle a subit une importante délétion, son score d'alignement sera anormalement petit et elle sera mal placée dans l'arbre de guidage, ce qui risque de perturber l'ensemble du processus. Éliminez-la et recommencez. Si vous tenez absolument à l'aligner avec les autres, alignez-la plus tard avec l'alignement multiple d'où elle est absente (cf. *infra*).

Qui va piano...

Si votre jeu de séquences comporte n séquences, ClustalW commencera par aligner les $n(n-1)/2$ paires de séquences. Avec 50 séquences à aligner, cela représente 1 225 alignements ! Il n'est donc pas surprenant que ClustalW devienne très lent quand vous lui demandez beaucoup, puisque par défaut les alignements par paire sont réalisés avec l'algorithme de Needleman-Wunsch qui est lent. Ce réglage général — et par défaut — de ClustalW est à juste titre qualifiée de « Slow » (vous pouvez, si vous le voulez, changer les pénalités de création et d'extension de gap et même changer la matrice de similitude pour cette étape). Si vous voulez accélérer cette étape, vous pouvez changer ce réglage en cochant la case « Fast ». Dans ce cas, les premiers alignements par paires sont réalisés par un algorithme complètement différent, fondé sur la recherche de mots communs. Il est beaucoup plus rapide... mais aussi beaucoup moins précis. Si toutes vos séquences se ressemblent beaucoup, pas de problème, comme d'habitude vous pouvez utiliser sereinement le réglage « Fast » et gagner du temps. Dans le cas contraire... le réglage « vite fait mal fait » n'est pas forcément le meilleur. En conséquence, ce réglage général est à manier avec prudence.

Aligner deux alignements ou ajouter une séquence à un alignement

ClustalW vous donne la possibilité, parfois intéressante, d'aligner deux alignements. De quoi s'agit-il ? Supposons que vous vouliez aligner les séquences de protéines appartenant à une même famille (p. ex. des deshydrogénases) et à deux sous-familles (p. ex. des lactates- et des malates deshydrogénases). Il n'est pas toujours évident, au seul examen des séquences, de décider à quelle sous-famille appartient une protéine. Il est des malates deshydrogénases, par exemple, qui ressemblent plus à des lactates- qu'à d'autres malates deshydrogénases. Dans de tels cas, mélanger les séquences des deux sous-familles peut conduire à un arbre de guidage « bizarre » qui va privilégier des alignements interfamilles (lactate avec malate) plutôt qu'intrafamilles (lactate avec lactate ou malate avec malate), conduisant à un alignement multiple douteux. Il est beaucoup plus sûr d'aligner d'abord toutes les lactates deshydrogénases en conservant les fichiers contenant l'alignement multiple (généralement avec l'extension `aln`) et le dendrogramme (l'arbre de guidage, généralement avec l'extension `dnd`), puis d'aligner entre elles toutes les malates deshydrogénases (même remarque) et enfin, lors une troisième étape, d'aligner les deux alignements précédents. Si vous avez aligné, d'une part, des trypsines et, d'autre part, des chymotrypsines, vous pouvez encore aligner les deux alignements, etc. Ce programme est par exemple disponible sur le site de l'Institut Pasteur, et y est intitulé « clustalw-profile ».

Une autre possibilité offerte par ClustalW consiste à ajouter une ou des séquences à un alignement multiple déjà réalisé sans avoir à tout recalculer. Ce sera le cas, par exemple, si l'une de vos séquences est beaucoup plus courte (ou longue) que les autres : vous l'avez éliminée de l'alignement multiple, mais vous voulez quand même l'aligner avec les autres. Ou encore vous avez déjà aligné un grand nombre de séquences et une nouvelle protéine de la même famille apparaît dans les banques : il est beaucoup plus simple de l'aligner avec l'alignement précédent que de tout recommencer ! Dans ce cas, sur le site de l'Institut Pasteur, utiliser le programme « clustalw-sequence ».

Reconstructions phylogénétiques

Sauf dans des cas très particuliers encore rares, les méthodes de reconstructions phylogénétiques fondées sur les séquences requièrent un alignement multiple préalable. Logiquement, ClustalW offre la possibilité de calculer un arbre à partir de l'alignement multiple. Attention : i) l'arbre de guidage obtenu à partir du fichier dnd n'est pas un arbre phylogénétique, et ii) pour que ClustalW effectue une reconstruction phylogénétique, il faut lui donner en entrée un alignement multiple préalablement réalisé. Il faut bien voir, cependant, que ClustalW n'est pas un logiciel destiné à ce genre d'étude. Si vous voulez vraiment effectuer une reconstruction phylogénétique, utilisez ClustalW pour faire l'alignement multiple, mais utilisez ensuite des programmes comme PHYLIP, PAUP ou PhyML.

Conclusion

ClustalW est le premier programme d'alignement multiple à avoir connu un franc succès. Et c'est normal, car il incorpore un grand nombre d'astuces et d'options qui lui permettent d'être efficace. De plus, il s'installe sans problème sur n'importe quelle machine. *A contrario*, le grand nombre d'options rend son usage un peu difficile si l'on sort des sentiers battus (cf. fiche 22). Plus récemment, d'autres programmes fondés sur d'autres algorithmes ou heuristiques ont vu le jour (cf. fiches 23 à 27), et donnent souvent de meilleurs résultats dans les cas difficiles. Si vos séquences sont difficiles à aligner (peu de similarités, longueurs différentes), il est impératif d'essayer d'autres programmes comme DIALIGN, MAFFT ou MUSCLE. N'oubliez pas que ClustalW — et il n'est pas le seul — souffre d'un défaut congénital gravissime : certes il effectue un alignement multiple, mais il le fait à partir de l'alignement des paires de séquences. Autrement dit, quand il aligne la j-ième séquence avec la n-ième séquence pour calculer leur score d'alignement et construire l'arbre de guidage, il ignore « royalement » toute l'information contenue dans les autres séquences. Un court motif commun à deux séquences peut ne pas être repéré, même s'il est commun à toutes les séquences...

Alignement multiple : ClustalW en ligne de commande

Jean-Christophe Aude

Nous l'avons dit, ClustalW comporte tant d'options que beaucoup d'entre elles ne peuvent être choisies qu'au moyen de la ligne de commande, aux dépens d'interfaces Web conviviales. Nous en donnons ci-après quelques exemples, sachant que vous ne les utiliserez qu'après avoir lu la notice et/ou consulté votre « gourou » favori.

Supposons que votre fichier d'entrée contenant vos séquences au format FASTA s'appelle `myseq.fasta`. Vous lancerez ClustalW avec toutes les options par défaut en saississant :

```
%> clustalw -infile=myseq.fasta
```

Si vous avez beaucoup de séquences et que vous voulez utiliser le réglage général « Fast », alors tapez :

```
%> clustalw -infile=myseq.fasta -quicktree
```

Si vous avez plus de 1 000 séquences (!) et que vous voulez aller encore plus vite, votre saisie sera la suivante :

```
%> clustalw -infile=myseq.fasta -quicktree -ktuple=2 -topdiags=3 -window=3
```

Pour imposer l'usage des matrices BLOSUM et fixer les pénalités de création et d'extension de gap, vous taperez la ligne qui suit :

```
%> clustalw -infile=myseq.fasta -pwmatrix=blosum -pwgapopen=7 -pwgapext=0.5
```

Le paramètre `maxdiv` nécessite quelques explications. En effet, à chaque itération la structure de guidage détermine les groupes de séquences à aligner. Cependant, si deux groupes partagent moins de 30 % d'identité, alors l'alignement est reporté (lors de l'exécution du programme, ils sont affichés avec le mot-clé DELAYED). Les alignements reportés sont traités itérativement à la fin de l'algorithme. On peut changer cette valeur de la manière suivante :

```
%> clustalw -infile=myseq.fasta -maxdiv=80
```

Enfin, pour aligner la nouvelle séquence `new.seq` avec l'alignement multiple déjà réalisé et sauvé dans le fichier `myseq.aln` la ligne de commande sera :

```
%> clustalw -infile=myseq.fasta -profile1=new.seq -profile2=myseq.aln
```

Alignement multiple : DIALIGN

Jean-Christophe Aude

Principe

Comme nous l'avons indiqué dans la fiche 20, DIALIGN est un programme d'alignement multiple qui repose sur une méthode très différente de celle employée par ClustalW. Il s'agit ici d'un algorithme itératif utilisant une approche locale pour calculer les alignements. Dans cette même fiche, nous avons vu le principe de fonctionnement d'un algorithme itératif. Dans un premier temps, on compare toutes les paires de séquences. Dans le cas de DIALIGN, cette étape consiste à rechercher tous les fragments pour ne retenir que ceux qui sont compatibles. Un fragment consiste en une suite (la plus grande possible) de résidus (bases, AA) consécutifs, similaires entre deux séquences. Selon cette définition, on constate qu'un fragment ne peut pas contenir d'indels. Ensuite, on ne retient que ceux qui sont compatibles, c'est-à-dire des fragments qui ne se croisent pas.

Sur la figure 23.1, par exemple, les deux séquences **IAVLFA** et **LACVIFG** sont similaires mais de longueurs différentes ; ce ne sont donc pas des fragments au sens de la définition ci-avant. En revanche, **IA/IA** et **VLFA/VIFG** sont des fragments, mais **IA** n'est pas compatible puisqu'à gauche dans un cas et à droite dans l'autre. Notez que les fragments de DIALIGN s'appellent des mots dans d'autres programmes comme BLAST ou FASTA.

Après avoir repéré tous les fragments compatibles, les séquences sont triées en fonction du nombre total de fragments communs entre elles. La dernière étape de l'algorithme consiste à aligner itérativement les séquences, c'est-à-dire de la première à la dernière séquence de la liste. À chaque itération, des insertions sont ajoutées de manière à ce que les différents résidus soient correctement alignés. La figure 23.2 montre le cas d'un alignement de trois séquences protéiques.

Prise en main

Nous allons illustrer l'utilisation du programme DIALIGN en considérant le cas de l'alignement des séquences de tRNA synthétases chez *E. coli*. Plus précisément, nous allons nous intéresser aux séquences suivantes : i) l'isoleucyl-tRNA

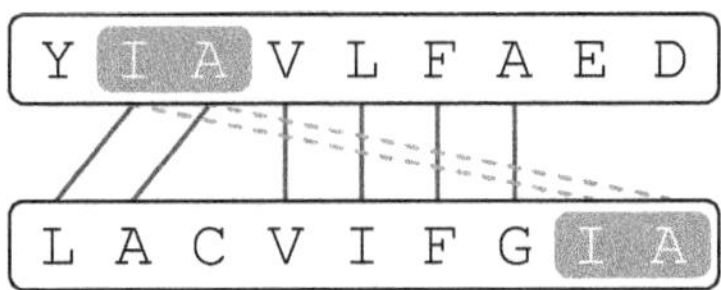

Figure 23.1. **Exemple d'un fragment DIALIGN commun à deux séquences.**

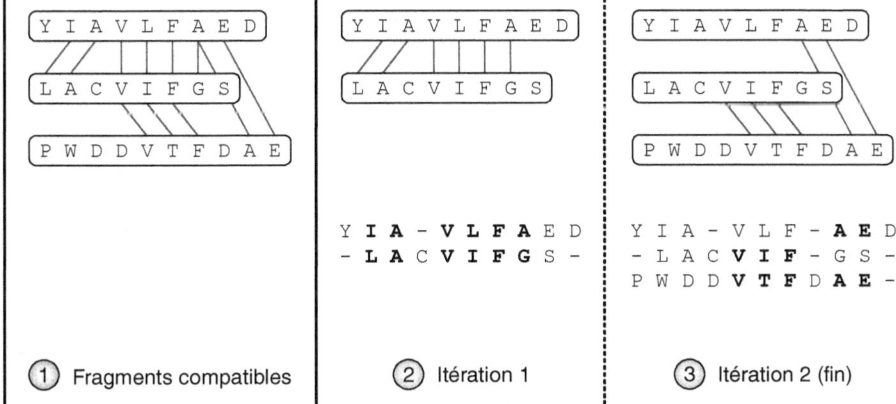

Figure 23.2. **Les trois étapes de la méthode DIALIGN.**

```
SYI_ECOLI/1-938     51   filhdgPPYA NGSIHIGHSV NKILKDIIVK SKGLSGYDSP YVPGWDCHGL
SYL_ECOLI/1-860     42   -------PYP SGRLHMGHVR NYTIGDVIAR YQRMLGKNVL QPIGWDAFGL
SYM_ECOLI/1-677     15   -------PYA NGSIHLGHML EHIQADVWVR YQRMRGHEVN FICADDAHGT
SYV_ECOLI/1-951     41   ------PPNV TGSLHMGHAF QQTIMDTMIR YQRMQGKNTL WQVGTDHAGI
                         0000000555 7999999978 8888888888 8888886665 5555554444

..........

SYI_ECOLI/1-938    589   VLTHGFTVDG QGRKMSKSIG NTVSPQDVMN K--------- ----------
SYL_ECOLI/1-860    617   ---------- -MSKMSKSKN NGIDPQVMVE R--------- ----------
SYM_ECOLI/1-677    331   ---------- -GAKMSKSRG TFIKASTWLN H--------- ----------
SYV_ECOLI/1-951    541   VYMTGLIRDD EGQKMSKSKG NVIDPLDMVD gislpellek rtgnmmqpql
                         1111111111 1224444444 4443333333 2000000000 0000000000
```

Figure 23.3. **Exemple de sortie d'alignement effectué sur le site Web de DIALIGN.**

synthétase (*SYI_ECOLI*) ; ii) la leucyl-tRNA synthétase (*SYL_ECOLI*) ; iii) la valyl-tRNA synthétase (*SYV_ECOLI*) ; iv) la méthionyl-tRNA synthétase (*SYM_ECOLI*). Toutes ces tRNA synthétases sont de type I et ont la particularité d'être globalement similaires, avec cependant la présence de longues insertions pour *SYL_ECOLI*. Par ailleurs, ces séquences sont connues pour posséder deux motifs caractéristiques propres aux tRNA synthétases de type I, **HIGH** et **KMSKS**.

Connectons-nous au site Web de DIALIGN et fournissons au programme les quatre séquences au format FASTA. DIALIGN retourne l'alignement multiple dans un format qui ressemble globalement au format ClustalW, mais qui comporte quelques caractéristiques, comme montré en figure 23.3.

```
SYL_ECOLI/1-860     1 -------------MQEQYRPEEIESKVQLHWDEKRTFEVT--EDESKEKYYCLSMLPYPSGRLHMGHVRNYTIGDV  61
SYV_ECOLI/1-951     1 -------------MEKTYNPQDIEQPLYEHWEKQGYFKPN--GDESQESFCIMIPPPNVTGSLHMGHAFQQTIMDT  61
SYI_ECOLI/1-938     1 MSDYKSTLNLPETGFPMRGDLAKREPGMLARWTDDDLYGIIRAAKKGKKTFILHDGPPYANGSIHIGHSVNKILKDI  77
SYM_ECOLI/1-677     1 ------------------------------------MTQVAKKILVTCALPYANGSIHLGHMLEHIQADV  34

        .........

SYL_ECOLI/1-860   335 VMAVPGHDQRDYEFASKYGLNIKPVILAADGSEPDLSQQALTEKGVLFNSGEFNGLDHEAAFNAIADKLTAMGVGER  411
SYV_ECOLI/1-951   343 AVVAAVDALGLLEEIKPHDLTVPYGDRGGVVIEPMLTDQWYVRADVLAKPAVEAVENGDIQFVPKQYENMYFSWMR-  418
SYI_ECOLI/1-938   382 IVVALLQEKGALLHVEKMQHSYPCCWRHKTPIIFRATPQWFVSMDQKGLRAQSLKEIKGVQWIPDWGQARIESMVAN  458
SYM_ECOLI/1-677   286 STAELYHFIG-KDIVYFHSLFWPAMLEGSN---FRKPSNLFVHGYVTVNGAKMSKSRGTFIKASTWLNHFDADSLR-  357

SYL_ECOLI/1-860   412 KVNYRLRDWGVSRQRYWGAPIPMVTLEDGTVMPTPDD---QLPVILPEDVVMDGITSPIKADPEWAKTTVN---GMP  482
SYV_ECOLI/1-951   419 ----DIQDWCISRQLWWGHRIPAWYDEAGNVYVGRNEDEVRKENNLGADVVLRQDEDVLDTWFSSALWTFS---TLG  488
SYI_ECOLI/1-938   459 -----RPDWCISRQRTWGVPMSLFVHKDTEELH-------PRTLELMEEVAKRVEVDGIQAWWDLDAKEILGDEADQ  523
SYM_ECOLI/1-677   358 --------------YYYTAKLSSRIDDID--------------LNLEDFVQRVNADIVNKVVNLASRNAGFINKRF  405

SYL_ECOLI/1-860   483 ALRETDTFDTFMESSWYYARYTCPQYKEG-------MLDSEAANYWLPVD-IYIGGIEHAIMHLLYFRFFHKLMRD  550
SYV_ECOLI/1-951   489 WPENTDALRQFHPTSVMVSGFDIIFFWIARMIMMTMHFIKDENGKPQVPFHTVYMTGLIRDDEGQKMSKSKGNVIDP  565
SYI_ECOLI/1-938   524 YVKVPDTLDVWFDSGSTHSSVVDVRPEFAG--HAADMYLEGSDQHRGWFMSSLMISTAMGKAPYRQVLTHGFTVDG  598
SYM_ECOLI/1-677   406 DGVLASELADPQLYKTFTDAAEVIG----------------------------------------------------  430

SYL_ECOLI/1-860   551 AGMVNSDEPAKQLLCQG--MVLADAFYYVGENGERNWVS--------------------PVDAIVERDEKGRIVK  603
SYV_ECOLI/1-951   566 LDMVDGISLPELLEKRTGNMMQPQLADKIRKRTEKQFPNGIEPHGTDALRFTLAALASTGRDINWDMKRLEGYRNFC  642
SYI_ECOLI/1-938   599 QGRKMSKSIGNTVSPQD-------VMNKLGADILRLWVASTDYTG---------------EMAVSDEILKRAADSY  652
SYM_ECOLI/1-677   431 ----------------------------------------------------------------EAWESREFGKAVREI  445

SYL_ECOLI/1-860   604 AKDAAGHELVYTGMSKMSKSKNNGI-DPQVMVERYGADTVRLFMMFASPADMTLEWQESG----VEGANRFLKRVWK  675
SYV_ECOLI/1-951   643 NKLWNASRFVLMNTEGQDCGFNGGE-MTLSLADRWILAEFNQTIKAYREALDSFRFDIAAGILYEFTWNQFCDWYLE  718
SYI_ECOLI/1-938   653 RRIRNTARFLLANLNGFDPAKDMVKPEEMVVLDRWAVGCAKAAQEDILKAYEAYDFHEVVQRLMRFCSVEMGSFYLD  729
SYM_ECOLI/1-677   446 MALADLANRYVDEQAPWVVAKQEGRDADLQAICSMGINLFRVLMTYLKPVLPKLTERAEAFLNTELTWDGIQQPLLG  522
```

Figure 23.4. **Alignement effectué par ClustalW montrant le non-alignement du motif KMSKS.**

Plusieurs points : i) les acides aminés en majuscules ont été alignés à partir des fragments similaires détectés par DIALIGN ; ii) les acides aminés en minuscules n'appartiennent pas à des fragments et n'ont pas fait l'objet d'un alignement ; iii) la ligne de chiffres sous l'alignement est un score de qualité variant ici de 0 (région mal ou pas alignée) à 9 (région parfaitement alignée). Nous avons indiqué en gras les motifs caractéristiques, qui ont tous deux été correctement repérés et alignés.

Comparaison avec ClustalW

Si nous réalisons un alignement multiple de ces mêmes séquences avec le programme ClustalW, nous obtenons bien l'alignement de la région **HIGH**, mais pas de la région **KMSKS**, comme le met en évidence la figure 23.4.

On constate donc que si DIALIGN est capable d'aligner correctement ces séquences, ce n'est pas le cas de ClustalW. La raison de cet échec est liée à la difficulté qu'a ClustalW à traiter les longues insertions, la raison en étant que l'algorithme utilisé, en l'occurrence celui de Needleman-Wunsch, engendre des temps de calcul très important dans ces cas de figure. Ce n'est pas le cas avec la stratégie locale de DIALIGN.

Principaux paramètres

Dans DIALIGN, différents paramètres permettent de contrôler la construction de l'alignement. Nous allons les décrire brièvement.

Le premier est « Sequence Mode », en haut à gauche de la page Web. Laissez l'option « none (Protein/DNA) » si vos séquences sont des protéines. Si vos séquences sont des acides nucléiques non codants, choisissez l'option « w/o translation (DNA) ». Si ce sont des séquences codantes, alors choisissez « with translation (DNA) ». Dans ce cas, DIALIGN alignera bien les séquences nucléiques, mais les segments de similarité seront repérés sur les séquences protéiques après traduction (nous avons déjà vu que ce procédé est plus sensible).

Le second paramètre, « threshold T », permet de régler un seuil global dont le but est de filtrer les fragments sélectionnés avant le processus itératif (étape 2). En augmentant cette valeur (T = 1 à 10 par incrément de 1), on ne conservera que les fragments de très haut score dans l'alignement.

Le dernier paramètre, « Regions of maximum similarity », permet simplement de fixer l'échelle des scores de qualité apparaissant sous l'alignement mutiple. La valeur par défaut de 5 signifie donc que les régions considérées comme les mieux alignées — correspondant à des fragments de similarité très robuste — se verront affecter un score de 5 (valeur allant de 0 à 15 par incrément de 1).

Ligne de commande

Comme avec ClustalW, on peut installer DIALIGN localement et le lancer par ligne de commande :

- `%> dialign prot.seq` alignera les séquences protéiques du fichier `prot.seq`;
- `%> dialign -n dna.seq` alignera les séquences nucléotidiques `dna.seq`, sans traduction;
- `%> dialign -nt dna.seq` alignera les séquences nucléotidiques, avec traduction;
- `%> dialign -lgs genomicseq.seq` permettra de traiter de longues séquences génomiques en combinant différents paramètres pour optimiser le traitement.

Conclusion

L'exemple donné plus haut sur les aminoacyl-tRNA synthétases montre clairement que DIALIGN peut réussir là où ClustalW a échoué. Est-il pour autant meilleur? Dans certains cas oui, dans d'autres non. Répétons-le, si vos séquences ne sont pas très proches les unes des autres, il est prudent d'essayer plusieurs programmes.

Nous conseillons d'utiliser DIALIGN dans les cas suivants: i) importantes insertions N-/C-terminales ou internes; ii) protéines multidomaines; iii) faible similarité des séquences; iv) grandes séquences génomiques.

Programmes de nouvelle génération

Dans fiches 21 à 23, nous avons détaillé les deux principaux programmes d'alignement multiple. Ces derniers couvrent la majorité des besoins, c'est pourquoi ils sont si populaires. Dans les fiches 24 à 26, nous allons décrire successivement les programmes T-Coffee, MUSCLE et MAFFT. Ces programmes ont été développés pour répondre soit à de nouvelles questions, comme par exemple aligner des protéines en prenant en compte des informations de structure lors du calcul, soit pour améliorer la sensibilité et réduire la complexité — donc le temps de calcul — des algorithmes de calcul d'alignement multiple. S'il convient de préciser que la liste des programmes que nous allons succinctement découvrir n'est pas exhaustive, elle néanmoins bien représentative des derniers développements dans ce domaine.

Alignement multiple : T-Coffee

Jean-Christophe Aude

T-Coffee est une suite de programmes dont les principaux sont : i) T-Coffee proprement dit, qui calcule un alignement multiple à partir de différents alignements de chaque paire de séquence ; ii) Espresso ou 3Dcoffee, qui permet d'aligner des séquences en incluant des structures au format PDB (Protein Data Bank) ; iii) M-Coffee, qui est une meta-méthode permettant de combiner le résultat de différents programmes (PCMA, POA, MAFFT, MUSCLE, ClustalW, ProbCons, DIALIGN-T et T-Coffee) pour construire un alignement.

Nous n'allons pas passer en revue tous ces programmes, mais nous concentrer sur Espresso, qui présente une particularité très intéressante. En effet, la possibilité de tenir compte de la structure tridimensionnelle des séquences à aligner permet *a priori* d'améliorer significativement un alignement multiple ; du moins tant que les séquences à aligner ne divergent pas trop, auquel cas leurs structures pourraient être trop différentes.

Pour illustrer l'intérêt de cette méthode, nous allons nous intéresser à l'alignement de plusieurs séquences du facteur de transcription TFIIA. Ce facteur est impliqué dans la régulation de la transcription de l'ADN par l'ARN polymérase II. TFIIA est généralement constitué de deux sous-unités, une longue (alpha/beta) et une courte (gamma). Ces deux sous-unités, codées par des gènes distincts, sont présentes chez la plupart des eucaryotes, de l'homme à la levure. Dans cet exemple, nous allons plus précisément étudier le cas de la chaîne « longue » de 31 organismes différents (mammifères, levures, plantes, etc.).

Figure 24.1. **Décomposition structurale de la sous-unité TFIIA.**

La figure 24.1 permet de mieux comprendre la structure de cette unité. On observe qu'elle est composée de deux régions conservées au cours de l'évolution — permettant de se lier à la plus petite sous-unité — aux extrémités N- et C-terminales, encadrant au milieu une région très peu conservée. Sur le plan structural, la partie N-terminale comporte quatre hélices (notées H1 à H4 sur la figure 24.1).

Dans un premier temps, nous allons mettre au défi les programmes ClustalW et MUSCLE de retrouver ces quatre hélices, notamment l'hélice H4 qui pose le plus de problèmes. L'alignement de la figure 24.2, visualisé dans Jalview, a été obtenu avec le programme ClustalW, et on peut constater que la suite d'acides aminés correspondant à l'hélice H4 (indiqué par une boîte) est complètement fragmentée.

En utilisant le programme MUSCLE, nous obtenons un alignement sensiblement différent, mais présentant le même artéfact pour ce qui est de la fragmentation de l'hélice H4, comme indiqué sur la figure 24.3 (visualisation dans Jalview).

On se rend compte que ces deux programmes échouent à reconstituer un alignement correct de l'hélice H4 ; ce qui n'est pas surprenant, car le motif correspondant à cette hélice est très petit (quatre AA) et se trouve en frontière d'une zone très divergente. Ces logiciels, qui cherchent le meilleur alignement en maximisant un critère au niveau de la globalité des séquences, ne peuvent qu'échouer dans ces conditions.

On comprend alors mieux l'intérêt d'utiliser le programme T-Coffee/Espresso, qui permet de tenir compte de contraintes locales liées à la structure des protéines. Naturellement, cela implique qu'une structure 3D ait été déterminée et soit disponible. Nous avons réalisé l'alignement de nos séquences TFIIA[1] en utilisant la structure de TOA1 (*S. cerevisiae*). La figure 24.4 (visualisation dans Jalview) montre l'alignement multiple obtenu. On peut immédiatement constater que la séquence correspondant à l'hélice H4 n'est plus fragmentée, jouant le rôle de pivot dans l'alignement.

T-Coffee est principalement une méthode de consensus. L'objectif est de tirer profit de différentes approches méthodologiques (M-Coffee) ou bien de différentes sources d'informations (Espresso). La force de ce programme réside dans son algorithme, qui permet d'évaluer ces paramètres et d'en faire la meilleure synthèse. Mais tout ceci a un coût : le plus gros reproche que l'on fait généralement à T-Coffee concerne la durée d'exécution qui peut être très importante. Dans certains cas, comme le montre l'exemple précédent, c'est acceptable au regard de la pertinence des résultats produits.

---

[1] En utilisant le site Web de l'auteur du programme, ce dernier permettant d'effectuer une recherche automatique des structures correspondant aux séquences à aligner.

```
                                    60        70        80        90       100       110       120       130       140       150       160
                                    |    |    |    |    |    |    |    |    |    |    |    |    |    |    |    |    |    |    |    |    |
uniprot|P52655|TF2AA_HUMAN/1-376    SRAVDGFHSEEQQLLLQVQQQHQPQQQQHHHHHH--------------------------------------------------HQQAQPQQTVPQQAQTQQVL
uniprot|Q5RCU0|TF2AA_PONPY/1-376    SRAVDGFHSEEQQLLLQVQQQHQPQQQQHHHHHH--------------------------------------------------HQQAQPQQTVPQQAQTQQVL
uniprot|Q99PM3|TF2AA_MOUSE/1-378    SRAVDGFHSEEQQLLLQVQQQHQPQQQQHHHHHHQ-------------------------------------------------HQQAQPQQTVPQQAQTQQVL
uniprot|O08949|TF2AA_RAT/1-377      SRAVDGFHSEEQQLLLQVQQQHQPQQQQHHHHHH--------------------------------------------------HQQAQPQQTVPQQAQTQQVL
uniprot|A1IIE6|A1IIE6_CHICK/1-377   SKAVDGFHSEEQQLLLQVQQQQQQQQQQHHHHHH--------------------------------------------------HTQPQPQQTVQQQTQPQQVL
uniprot|Q6ING6|Q6ING6_XENLA/1-366   SKAVDGFHSEEQQLLLQAQQQQQ------HAQHH--------------------------------------------------HVQQHPQQQQAASHQTQQVL
uniprot|Q6XPY4|Q6XPY4_XENLA/1-367   SKAVDGFHSEEQQLLLQAQQQQQ------HAQHH--------------------------------------------------HVQQHPQQQQAASHQTQQVL
uniprot|Q71N44|Q71N44_XENLA/1-370   SKAVDGFHTEEQQLLLQAQQQQQQQQQ--HSQHH--------------------------------------------------RVQQHPQQQQAASHQTQQVL
uniprot|Q9UNN4|TF2AY_HUMAN/1-478    SKATEDFFRNSIQSPLFTLQLPHSLHQTLQSSTAS------------------------------------------------LVIPAGRTLPSFTTAELGTS
uniprot|Q4R6W0|Q4R6W0_MACFA/1-478   SKATEDFFRNSIQSPLFTLQLPHSLHQTLQSATAS------------------------------------------------LVIPAGRTLPSFTTAELGTS
uniprot|Q3MHN4|Q3MHN4_BOVIN/1-388   SKATEDFFRNSVHSPLFTLQLQHSLHQTLQSSAAS------------------------------------------------FVIPAGRTRPSFTAAELGTS
uniprot|Q8R4I4|TF2AY_MOUSE/1-468    SKATEDFFRNSTQVPLLTLQLPHALPPALQP-EAS------------------------------------------------LLIPAGRTLPSFTPEDLNTA
uniprot|Q28C10|Q28C10_XENTR/1-472   SKATEGFFRD-NSAPQFVLQLPQNLHHSLHS---------------------------------------------------STGNRNVTHFSTGEMGTS
uniprot|Q6XPY5|Q6XPY5_XENLA/1-472   SKATEGFFRD-NSTPQFVLQLPQNLHHSLHT---------------------------------------------------STGNRNVTHFATGEMGTS
uniprot|A3GGJ1|A3GGJ1_PICST/1-249   AQVAKFSWDEDD----------------------------------------------------------------------AADIH
uniprot|Q5AFC5|Q5AFC5_CANAL/1-275   SGVAKFSWDEEEEEEEPVEQ-------------------------------------------------------------VDVDVEVGQSAQQAA
uniprot|P32773|TOA1_YEAST/1-286     TKVTTFSWDNQ                                                                       ENEGNINGVQNDLNF
uniprot|Q6FP29|Q6FP29_CANGA/1-249   TKVTHFSWDPV--------------------------------------------------------------------------TDAVPATNETNQQ--
uniprot|Q6CLS6|Q6CLS6_KLULA/1-229   SKAATFIWDPE----------------------------------------------------------------------------NTT----------
uniprot|Q9USU9|Q9USU9_SCHPO/1-369   TDVATFPWAQAPVGTFPIGQLFDPVSGLRTDSLDVTAPAVANSPILNNIAAIRAVQQMDTFAQQHGNSNYISPPTPSLPQSATNISFDSSAIPNVQSNPNN
uniprot|A1D1U2|A1D1U2_NEOFI/1-409   LGVAHFPWDPAPPQPAPPQTQNQ------------------------------------------------------------ILPPTAPVPSNAPRPAPPQ
uniprot|Q4WRX7|Q4WRX7_ASPFU/1-392   LGVAHFPWDPAPPQPAPPQTQNQ------------------------------------------------------------ILPPTAPVPSNAPRPAPPQ
uniprot|A1CNY5|A1CNY5_ASPCL/1-402   LGVAHFPWDPAPPQPAPPQNQNQ------------------------------------------------------------ILPPTAPVPSNAPRPAPLI
uniprot|Q7SG05|Q7SG05_NEUCR/1-421   LNIAQFPWDPKPE--APPPAQAT-----------------------------------------------------------QNTSSAVNAQAAATQQPTA
uniprot|Q6CCD2|Q6CCD2_YARLI/1-249   LQVAQMPWDSIPE----PEANEQ-----------------------------------------------------------LMYQQPPPVGQSGQHQP--
uniprot|O49349|O49349_ARATH/1-375   AGVLNGPIERSSAQKPTPGGPLT------------------------------------------------------------HDLNVPYEGTEEYET
uniprot|Q93VP4|Q93VP4_ARATH/1-375   AGVLNGPIERSSAQKPTPGGPLT------------------------------------------------------------HDLNVPYEGTEEYET
uniprot|Q5CE25|Q5CE25_CRYHO/1-214   ---------------------------------------------------------------------------------------MRNVNEL
uniprot|Q7YY67|Q7YY67_CRYPV/1-297   NEIIVCDNRINNKRFSEGSLQS--------------------------------------------------------------IPTPIISSKEMRNVNEL
uniprot|P52654|TF2AA_DROME/1-366    SKAVELSPDSGDGSHPPPIVANNPKSHKAAN-----------------------------------------------------AKAKKAAAATAVTSHQHI
uniprot|Q54G80|Q54G80_DICDI/1-310   TGAISNQNDPDETTATTTTTQPQS-----------------------------------------------------------TLSTVEHENVRNTLNSLIQL
```

Figure 24.2. **Alignement effectué par ClustalW montrant une fragmentation de l'hélice H4.**

```
                                          70        80        90        100       110       120       130       140       150       160       170
uniprot|Q5CE25|Q5CE25_CRYHO/1-214   ------------------------------------------------------------------------------------SKKSKLDDSDSKYVGNEDEKDI--
uniprot|Q7YY67|Q7YY67_CRYPV/1-297   RFSEGSLQSIPTPIISSKEMRNVNE---LNIEYDFCK-------------------------MV-----------SKKSKLDDSDSKYVGNEDEKDI--
uniprot|O49349|O49349_ARATH/1-375   GVLNGPIER-SSAQKPTPGGPLTHD---LNVPYEGTE-------------------------EYE----------TPTAEMLFPPTPLQTPLPTPLP-G
uniprot|Q93VP4|Q93VP4_ARATH/1-375   GVLNGPIER-SSAQKPTPGGPLTHD---LNVPYEGTE-------------------------EYE----------TPTAEMLFPPTPLQTPLPTPLP-G
uniprot|Q54G80|Q54G80_DICDI/1-310   GAISNQNDP-DETTATTT---------TTQPQS-----------------------------TLS----------TVEHENVRNTLNSLIQLNNKSQTT
uniprot|P52654|TF2AA_DROME/1-366    KAVELSPDS-GDGSHPPPIVANNPK---SHKAANAKA-------------------------KK-----------AAAATAVTSHQHIGGNSSMSSL-V
uniprot|Q71N44|Q71N44_XENLA/1-370   KAVDGFHTE-EQQLLLQAQQQQQ-----QQQQHSQHH-RVQQHPQQQQAASHQTQQVLIPATHQ-----------AQQQQVLVQESKMIHHMTPXGM-S
uniprot|Q6ING6|Q6ING6_XENLA/1-366   KAVDGFHSE-EQQLLLQAQ--------QQQQHAQHH-HVQQHPQQQQAASHQTQQVLIPATHQ-----------APQQQVLVQESKLIQHMTPQGM-S
uniprot|Q6XPY4|Q6XPY4_XENLA/1-367   KAVDGFHSE-EQQLLLQAQ--------QQQQHAQHH-HVQQHPQQQQAASHQTQQVLIPATHQ-----------APQQQVLVQESKLIQHMTPQGM-S
uniprot|A1IIE6|A1IIE6_CHICK/1-377   KAVDGFHSE-EQQLLLQVQQQQQQQ---QQQQHHHHHHHTQPQPQQTVQQQTQPQQVLIPASQQ-----------APQQQVIVPDSKLIPHMNASGM-S
uniprot|Q99PM3|TF2AA_MOUSE/1-378    RAVDGFHSE-EQQLLLQVQQQHQPQ---QQQHHHHHHQHQQAQPQQTVPQQAQTQQVLIPASQQ-----------ATAPQVIVPDSKLLQHMNASSITS
uniprot|O08949|TF2AA_RAT/1-377      RAVDGFHSE-EQQLLLQVQQQHQPQ---QQQHHHHHH-HQQAQPQQTVPQQAQTQQVLIPASQQ-----------ATAPQVIVPDSKLIQHMNASSITS
uniprot|P52655|TF2AA_HUMAN/1-376    RAVDGFHSE-EQQLLLQVQQQHQPQ---QQQHHHHHH-HQQAQPQQTVPQQAQTQQVLIPASQQ-----------ATAPQVIVPDSKLIQHMNASNM-S
uniprot|Q5RCU0|TF2AA_PONPY/1-376    RAVDGFHSE-EQQLLLQVQQQHQPQ---QQQHHHHHH-HQQAQPQQTVPQQAQTQQVLIPASQQ-----------ATAPQVIVPDSKLIQHMNASNM-S
uniprot|Q28C10|Q28C10_XENTR/1-472   KATEGFFRDNSAPQFV-----------LQLPQNLHH-------------------------SLH----------SSTGN------RNVTHFSTGEM-G
uniprot|Q6XPY5|Q6XPY5_XENLA/1-472   KATEGFFRDNSTPQFV-----------LQLPQNLHH-------------------------SLH----------TSTGN------RNVTHFATGEM-G
uniprot|Q8R4I4|TF2AY_MOUSE/1-468    KATEDFFRN-STQVPLLT---------LQLPHALPP-------------------------ALQ----------PEASLLIPAGRTLPSFTPEDL-N
uniprot|Q3MHN4|Q3MHN4_BOVIN/1-388   KATEDFFRN-SVHSPLFT---------LQLQHSLHQ-------------------------TLQ----------SSAASFVIPAGRTRPSFTAAEL-G
uniprot|Q9UNN4|TF2AY_HUMAN/1-478    KATEDFFRN-SIQSPLFT---------LQLPHSLHQ-------------------------TLQ----------SSTASLVIPAGRTLPSFTTAEL-G
uniprot|Q4R6W0|Q4R6W0_MACFA/1-478   KATEDFFRN-SIQSPLFT---------LQLPHSLHQ-------------------------TLQ----------SATASLVIPAGRTLPSFTTAEL-G
uniprot|Q9USU9|Q9USU9_SCHPO/1-369   DVAT-FPWA-QAPVGTFP---------IGQLFDPVS-------------------------GLR----------TDSLDVTAPAVANSPILNNIAAIR
uniprot|Q6CCD2|Q6CCD2_YARLI/1-249   QVAQ-MPWD----SIPEPEANEQLM---YQQPPPVGQ-----------------------SGQ----------HQPGQVSVPGQQQQQQQQPP---V
uniprot|A1CNY5|A1CNY5_ASPCL/1-402   GVAH-FPWDPAPPQPAPPQNQN------QILPPT-----------------------------------------APVPSNAPRPAPLIQTQQQHVP--
uniprot|A1D1U2|A1D1U2_NEOFI/1-409   GVAH-FPWD-PAPPQPAPPQTQN-----QILPPTAPV-------------------------------------PSNAPRPAPPQQTQQQHVPPQQ-H
uniprot|Q4WRX7|Q4WRX7_ASPFU/1-392   GVAH-FPWD-PAPPQPAPPQTQN-----QILPPTAPV-------------------------------------PSNAPRPAPPQQTQQQHVPPQQ-H
uniprot|Q7SG05|Q7SG05_NEUCR/1-421   NIAQ-FPWD-PKPEAPPPAQATQNTSSAVNAQAAATQQPTANYTQSTLSPQTAAQSPSLPGGQPNGNGVAIKSEPGMANEPTIKQEPGTMQPMMHPAYP-G
uniprot|P32773|TOA1_YEAST/1-286     KVTT-FSWD--------------------------------------------------------------------------NQFNEGNI-N
uniprot|Q6FP29|Q6FP29_CANGA/1-249   KVTH-FSWD-PVTDAVP----------ATNETNQQE--------------------------------------------------------------T
uniprot|Q6CLS6|Q6CLS6_KLULA/1-229   KAAT-FIWD------------------PENTTSAST-------------------------------------VAEPVVKLPNGEFNDNSINHS--G
uniprot|A3GGJ1|A3GGJ1_PICST/1-249   QVAK-FSWD-EDDAAD-----------IHQHPQVSQ-------------------------------------------------------------A
uniprot|Q5AFC5|Q5AFC5_CANAL/1-275   GVAK-FSWD-EEEEEEEPVEQVDVD---VEVGQSAQQ-------------------------A-----------AEQPQAAINDTGATESNTSATTET
```

Figure 24.3. **Alignement effectué par MUSCLE montrant une fragmentation de l'hélice H4.**

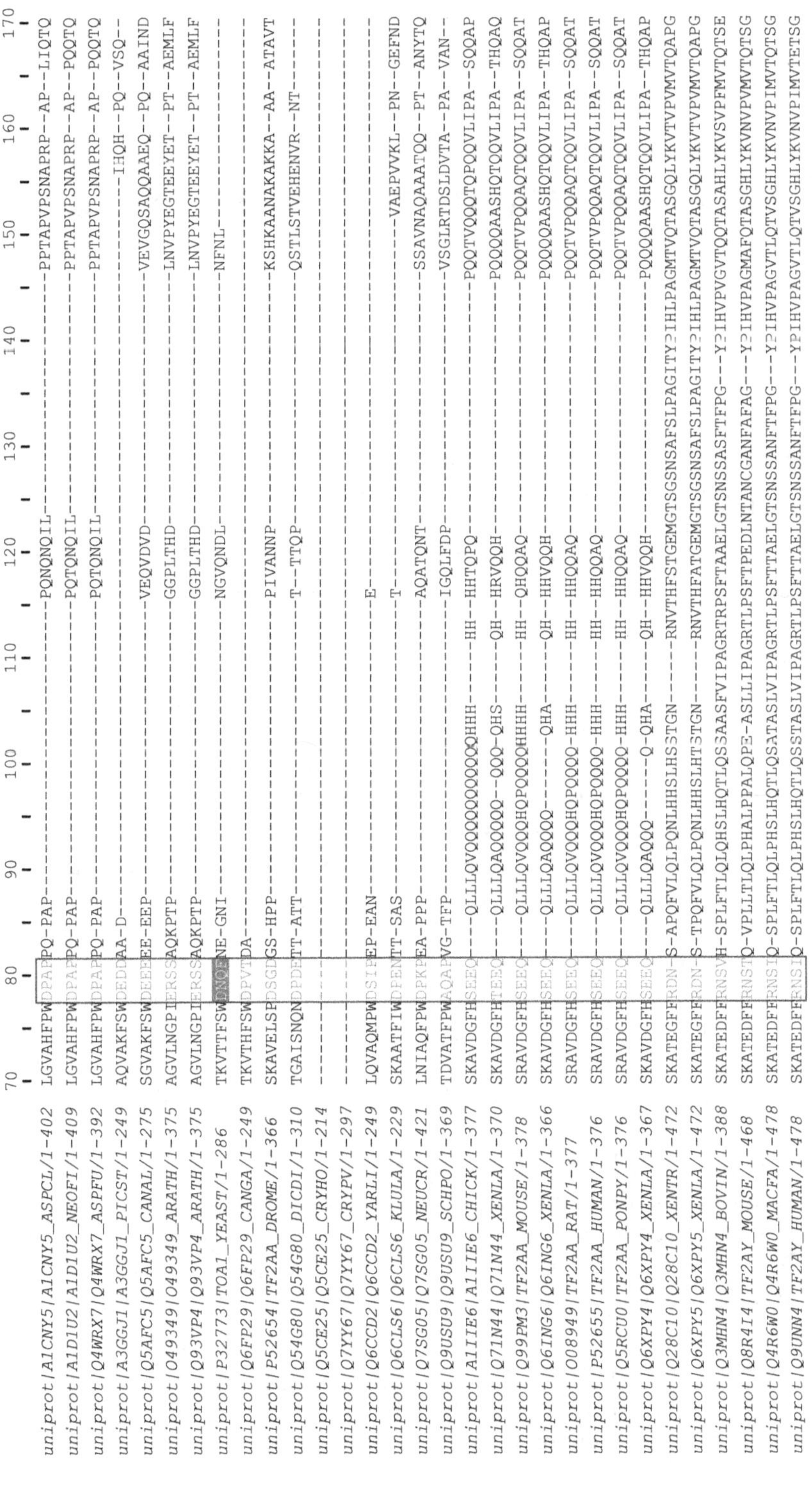

```
                                        70        80        90       100       110       120       130       140       150       160       170
uniprot|A1CNY5|A1CNY5_ASPCL/1-402   LGVAHFPWDPAPPQ-PAP-----------------------PQNQNQIL----------------------PPTAPVPSNAPRP--AP--LIQTQ
uniprot|A1D1U2|A1D1U2_NEOFI/1-409   LGVAHFPWDPAPPQ-PAP-----------------------PQTQNQIL----------------------PPTAPVPSNAPRP--AP--PQQTQ
uniprot|Q4WRX7|Q4WRX7_ASPFU/1-392   LGVAHFPWDPAPPQ-PAP-----------------------PQTQNQIL----------------------PPTAPVPSNAPRP--AP--PQQTQ
uniprot|A3GGJ1|A3GGJ1_PICST/1-249   AQVAKFSWDEDDAA-D--------------------------------------------------------------IHQH--PQ--VSQ--
uniprot|Q5AFC5|Q5AFC5_CANAL/1-275   SGVAKFSWDEEEEE-EEP-----------------------VEQVDVD----------------------VEVGQSAQQAAEQ--PQ--AAIND
uniprot|O49349|O49349_ARATH/1-375   AGVLNGPIERSSAQKPTP-----------------------GGPLTHD----------------------LNVPYEGTEEYET--PT--AEMLF
uniprot|Q93VP4|Q93VP4_ARATH/1-375   AGVLNGPIERSSAQKPTP-----------------------GGPLTHD----------------------LNVPYEGTEEYET--PT--AEMLF
uniprot|P32773|TOA1_YEAST/1-286     TKVTTFSWDNQENE-GNI-----------------------NGVQNDL----------------------NFNL--------------------
uniprot|Q6FP29|Q6FP29_CANGA/1-249   TKVTHFSWDPVTDA--------------------------------------------------------------------------------
uniprot|P52654|TF2AA_DROME/1-366    SKAVELSPDSGDGS-HPP-----------------------PIVANNP----------------------KSHKAANAKAKKA--AA--ATAVT
uniprot|Q54G80|Q54G80_DICDI/1-310   TGAISNQNDPDETT-ATT-----------------------T--TTQP----------------------QSTLSTVEHENVR--NT------
uniprot|Q5CE25|Q5CE25_CRYHO/1-214   ----------------------------------------------------------------------------------------------
uniprot|Q7YY67|Q7YY67_CRYPV/1-297   ----------------------------------------------------------------------------------------------
uniprot|Q6CCD2|Q6CCD2_YARLI/1-249   LQVAQMPWDSIPEP-EAN-----------------------E-----------------------------------------------------
uniprot|Q6CLS6|Q6CLS6_KLULA/1-229   SKAATFIWDPENTT-SAS-----------------------T--------------------------VAEPVVKL--PN--GEFND
uniprot|Q7SG05|Q7SG05_NEUCR/1-421   LNIAQFPWDPKPEA-PPP-----------------------AQATQNT----------------------SSAVNAQAAATQQ--PT--ANYTQ
uniprot|Q9USU9|Q9USU9_SCHPO/1-369   TDVATFPWAQAPVG-TFP-----------------------IGQLFDP----------------------VSGLRTDSLDVTA--PA--VAN--
uniprot|A1IIE6|A1IIE6_CHICK/1-377   SKAVDGFHSEEQ----QLLLQVQQQQQQQQQQQHHH------HH--HHTQPQ------------------PQQTVQQQTQPQQVLIPA--SQQAP
uniprot|Q71N44|Q71N44_XENLA/1-370   SKAVDGFHTEEQ----QLLLQAQQQQQ--QQQ-QHS------QH--HRVQQH------------------PQQQQAASHQTQQVLIPA--THQAQ
uniprot|Q99PM3|TF2AA_MOUSE/1-378    SRAVDGFHSEEQ----QLLLQVQQHQPQQQQHHHH------HH--QHQQAQ------------------PQQTVPQQAQTQQVLIPA--SQQAT
uniprot|Q6ING6|Q6ING6_XENLA/1-366   SKAVDGFHSEEQ----QLLLQAQQQQ------QHA------QH--HHVQQH------------------PQQQQAASHQTQQVLIPA--THQAP
uniprot|O08949|TF2AA_RAT/1-377      SRAVDGFHSEEQ----QLLLQVQQHQPQQQQ-HHH------HH--HHQQAQ------------------PQQTVPQQAQTQQVLIPA--SQQAT
uniprot|P52655|TF2AA_HUMAN/1-376    SRAVDGFHSEEQ----QLLLQVQQHQPQQQQ-HHH------HH--HHQQAQ------------------PQQTVPQQAQTQQVLIPA--SQQAT
uniprot|Q5RCU0|TF2AA_PONPY/1-376    SRAVDGFHSEEQ----QLLLQVQQHQPQQQQ-HHH------HH--HHQQAQ------------------PQQTVPQQAQTQQVLIPA--SQQAT
uniprot|Q6XPY4|Q6XPY4_XENLA/1-367   SKAVDGFHSEEQ----QLLLQAQQQ------Q-QHA------QH--HHVQQH------------------PQQQQAASHQTQQVLIPA--THQAP
uniprot|Q28C10|Q28C10_XENTR/1-472   SKATEGFFRDN-S-APQFVLQLPQNLHHSLHSSTGN------RNVTHFSTGEMGTSGSNSAFSLPAGITYPIHLPAGMTVQTASGQLYKVTVPVMVTQAPG
uniprot|Q6XPY5|Q6XPY5_XENLA/1-472   SKATEGFFRDN-S-TPQFVLQLPQNLHHSLHTSTGN------RNVTHFATGEMGTSGSNSAFSLPAGITYPIHLPAGMTVQTASGQLYKVTVPVMVTQAPG
uniprot|Q3MHN4|Q3MHN4_BOVIN/1-388   SKATEDFFRNSVH-SPLFTLQLQHSLHQTLQSSAASFVIPAGRTRPSFTAAELGTSNSSASFTFPG---YPIHVPVGVTQQTASAHLYKVSVPFMVTQTSE
uniprot|Q8R4I4|TF2AY_MOUSE/1-468    SKATEDFFRNSTQ-VPLLTLQLPHALPPALQPE-ASLLIPAGRTLPSFTPEDLNTANCGANFAFAG---YPIHVPAGMAFQTASGHLYKVNVPVMVTQTSG
uniprot|Q4R6W0|Q4R6W0_MACFA/1-478   SKATEDFFRNSIQ-SPLFTLQLPHSLHQTLQSATASLVIPAGRTLPSFTTAELGTSNSSANFTFPG---YPIHVPAGVTLQTVSGHLYKVNVPIMVTQTSG
uniprot|Q9UNN4|TF2AY_HUMAN/1-478    SKATEDFFRNSIQ-SPLFTLQLPHSLHQTLQSSTASLVIPAGRTLPSFTTAELGTSNSSANFTFPG---YPIHVPAGVTLQTVSGHLYKVNVPIMVTETSG
```

Figure 24.4. **Alignement effectué par T-Coffee montrant une bonne conservation de l'hélice H4.**

Alignement multiple : MUSCLE

Jean-Christophe Aude

Le programme MUSCLE a été développé par Robert C. Edgar, avec comme objectif d'être simplement efficace, c'est-à-dire rapide et précis. En ce sens, il ressemble à MAFFT (cf. fiche 26), bien que les approches soient différentes. MUSCLE est un logiciel qui permet d'obtenir d'excellents résultats, car il utilise de nombreuses astuces à la fois pour être rapide et pour obtenir de bons alignements.

Le programme s'articule autour de trois étapes exécutées successivement. À l'issue de chacune d'elle, on obtient un alignement — ainsi l'utilisateur peut très bien se contenter de la première étape s'il veut privilégier la vitesse d'exécution ou au contraire utiliser l'ensemble du processus pour favoriser la précision. Une description synthétique de chacune de ces étapes est la suivante :

❶ *alignement progressif* : à ce stade, il utilise la même stratégie que ClustalW. On calcule une matrice de similarité entre les séquences. On construit un arbre et finalement l'alignement des séquences selon cet arbre. Cependant, à la différence de ClustalW, les comparaisons de paires de séquences sont réalisées en dénombrant les k-mer (mots identiques de longueur k). Cette approche a l'avantage d'être extrêmement rapide ;

❷ *amélioration progressive* : ici, le principe est d'utiliser l'alignement multiple pour recalculer un arbre. Cet arbre est ensuite comparé à celui utilisé précédemment. S'il y a des différences, alors un nouvel alignement est calculé. Cette étape est répétée tant qu'il existe des différences, à concurrence d'un nombre prédéfini d'itérations ;

❸ *raffinement* : lors de cette étape, on utilise chaque nœud interne de l'arbre recalculé en ❷ pour diviser en deux parties l'alignement. On calcule ensuite un profil pour chaque groupe, puis on aligne les deux groupes uniquement à partir des profils (figure 25.1). Ce nouvel alignement n'est retenu que s'il permet d'obtenir un meilleur score. Comme précédemment, cette étape est répétée, en choisissant un nouveau nœud, tant que l'alignement est amélioré.

Pour résumer, l'étape ❶ apporte clairement un gain en vitesse, tandis que les étapes ❷ et ❸ permettent un gain substantiel en sensibilité. Parmi les autres points forts de ce programme, on peut citer :

Figure 25.1. **Principe du raffinement.**

• le nombre plus restreint de paramètres contrôlant l'algorithme (principalement quatre), surtout si on le compare à ClustalW. Cela devrait contribuer à le rendre plus accessible à des non-spécialistes du domaine ;

• la possibilité de contrôler finement les temps d'exécution et l'occupation mémoire. Cette fonctionnalité est appréciable, notamment pour les longs calculs ou pour tenir compte de contraintes externes (c.-à-d. je ne veux pas passer la nuit au labo en attendant la fin d'un calcul !).

Une utilisation de ce programme est illustrée dans la fiche 26, conjointement avec MAFFT.

Alignement multiple : MAFFT

Jean-Christophe Aude

Principe

Le logiciel MAFFT fait incontestablement partie des programmes de nouvelle génération qui tirent profit d'un certain nombre d'avancées réalisées dans ce domaine. MAFFT a été écrit dans le but explicite d'accélérer considérablement le processus d'alignement multiple, permettant ainsi d'aligner un grand nombre de séquences sans pour autant sacrifier à la qualité de l'alignement.

On peut décomposer le processus en trois grandes étapes :
i) chaque acide aminé est décrit par sa polarité et son volume, et les séquences sont réécrites dans ce système. Chaque suite de lettres (chaque séquence) est donc transformée en une suite de valeurs numériques. Les séquences nucléotidiques sont recodées en utilisant les fréquences locales des quatre bases. Puis les segments de similarité entre chaque paire de séquences sont repérés au moyen d'un algorithme de calcul appelé transformée de Fourier rapide, ou *Fast Fourier Transform* (FFT) en anglais. Les paires de séquences sont ensuite alignées sur la base de ces segments de similarité (cf. DIALIGN, fiche 23). Sauf pour des séquences très divergentes, ce procédé permet d'aligner toutes les paires de séquences environ dix fois plus vite que ClustalW ;
ii) un arbre de guidage (cf. ClustalW, fiche 21, et MUSCLE, fiche 25) est ensuite calculé à partir des alignements précédents. Ici, le calcul des distances entre les séquences est simplifié et accéléré en recodant les séquences protéiques dans un alphabet réduit à six lettres : par exemple, les acides aminés hydrophobes I, L, M et V forment un seul groupe, de même que D, E, N et Q, etc. La distance entre deux séquences est estimée à partir du nombre de mots de six lettres que ces séquences partagent dans ce nouvel alphabet (cf. MUSCLE) ;
iii) les séquences sont ensuite alignées progressivement en suivant l'ordre indiqué par l'arbre de guidage.

Plusieurs programmes sont proposés sur la page de garde du site Web de MAFFT. Ce que nous venons de décrire correspond à l'option FFT-NS-1. Ce nom un peu barbare signifie *Fast Fourier Transform-New Scoring matrix-1 step*.

Contrairement à ClustalW mais comme MUSCLE, MAFFT peut optionnellement procéder à un deuxième passage. Dans ce dernier, l'alignement réalisé précédemment sert à recalculer la distance entre chaque paire de séquence, un nouvel arbre de guidage et un nouvel alignement multiple. Cette option s'appelle FFT-NS-2.

De manière similaire à MUSCLE, MAFFT peut procéder à un raffinement de l'alignement. Dans ce cas, l'arbre de guidage est scindé en deux, puis les deux moitiés sont réalignées. On recommence ainsi tant que la procédure conduit à un gain dans le score d'alignement (cf. fiche 25). On procède alors à un nombre i d'itérations, i étant inconnu *a priori*. Cette option porte le nom de FFT-NS-i. On peut, sur la page de garde de MAFFT, limiter à deux le nombre d'itérations (« two cycles only »).

Il faut par ailleurs noter que le site de MAFFT propose des programmes fondés non pas sur la transformée de Fourier rapide, mais sur l'algorithme de programmation dynamique (cf. fiche 11). Ainsi le programme nommé G-INS-i aligne les paires de séquences suivant l'algorithme global de Needleman-Wunsch, comme ClustalW, calcule un arbre de guidage, aligne toutes les séquences suivant cet arbre et procède enfin à un raffinement de l'alignement comme décrit ci-avant. Les programmes L-INS-i et E-INS-i procèdent de la même façon, mais avec l'algorithme d'alignement local de Smith-Waterman. Bien entendu, ces programmes, nettement plus lents, ne conviennent pas pour un grand nombre de séquences.

Enfin, le programme Q-INS-i est spécifiquement dédié à l'alignement de séquences d'ARN (cf. *infra*).

Prise en main

Choix du programme

Comme d'habitude, vous donnerez à MAFFT un jeu de séquences dans le format FASTA. Le programme à utiliser préférentiellement dépend du nombre de séquences à aligner. Suivant les auteurs de MAFFT, les meilleurs choix sont les suivants :
- utiliser FFT-NS-2 si vous alignez plus de 200 séquences ;
- utiliser FFT-NS-i (nombre illimité d'itérations) si votre jeu comporte moins de 200 séquences. Si ces séquences sont notoirement divergentes, il peut valoir la peine d'essayer G-INS-i, L-INS-i ou E-INS-i, car dans ce cas la FFT n'est pas efficace.

Incorporation d'informations structurales

Nous l'avons vu avec MUSCLE, la connaissance de structures de protéines permet de réaliser des alignements fiables. Votre famille de protéines comporte peut-être des membres dont la structure est connue, et vous avez réalisé un alignement multiple de quelques-unes d'entre elles grâce à ces structures. L'option « Use structural alignment(s) » permet à MAFFT d'utiliser cette information.

Incorporation de séquences proches supplémentaires

L'option « Mafft-homologs » peut se révéler intéressante. Dans ce cas, MAFFT va chercher avec BLAST des séquences homologues aux vôtres dans Swiss-Prot, avec une E-value maximale de 10^{-18}. Ces séquences sont ajoutées à votre jeu et alignées avec les vôtres — mais sont enlevées de la sortie finale. Intuitivement, on sent bien que cela permet de renforcer le poids des parties conservées.

Cas pratique : MUSCLE et MAFFT

Nous allons maintenant concrètement montrer l'utilisation des programmes MAFFT et MUSCLE dans une situation réelle. Considérons le problème de phylogénie suivant : *calculer l'arbre phylogénétique de la branche des Crenotrichaceae (bactéries de la lignée des sphingobactéries)*. Un moyen pour construire un tel arbre consiste à utiliser les ARNs ribosomiques, car on sait qu'ils sont présents dans tous les organismes vivants. Nous pouvons donc récupérer, par exemple, toutes les séquences d'ARN 16S et calculer un alignement multiple qui servira à la reconstruction de l'arbre phylogénétique. Un moyen rapide de récupérer ce type de séquences est d'utiliser la base de données du Ribosomal Database Project[1]. Dans notre exemple, nous avons ainsi pu extraire 35 séquences (la plus longue contient 1 532 bp) dans un fichier nommé `rna16S.fa`. Il convient maintenant d'utiliser le couple méthode/paramètres le plus approprié. Considérant la nature des séquences à aligner, nous pouvons opter pour une première approche rapide afin d'évaluer la nature de l'alignement : est-ce que les séquences divergent beaucoup, pas plus que d'habitude ou pas du tout ?

Calcul rapide d'un premier alignement avec MUSCLE

Pour ce faire, nous allons utiliser le programme MUSCLE, avec les paramètres permettant de maximiser la vitesse, car il est le plus rapide des programmes exposés dans ces fiches concernant l'alignement multiple.

Après huit secondes de traitement — avec un classique ordinateur de bureau —, on obtient un résultat. La lecture de l'alignement produit met en évidence i) que les séquences sont très conservées, ce qui est attendu vu les organismes étudiés et ii) que les zones de grandes variations sont situées aux extrémités.

Amélioration de l'alignement, toujours avec MUSCLE

Nous pouvons maintenant lancer une seconde analyse, plus fine, toujours avec MUSCLE pour affiner cette première estimation.

---

[1] http://rdp.cme.msu.edu/ (consulté le 27.09.2010).

Après une minute de calcul et 5 itérations, on obtient un nouvel alignement. Une première remarque concerne le nombre d'itérations qui est moindre que la valeur par défaut (16). Par conséquent, il est inutile d'exécuter le programme en augmentant le nombre d'itérations, ce que nous aurions envisagé si ce nombre avait atteint la valeur limite de 16.

Analyse du second alignement

Nous obtenons alors un alignement dont un fragment, intéressant, est représenté en figure 26.1 (visualisation dans Jalview).

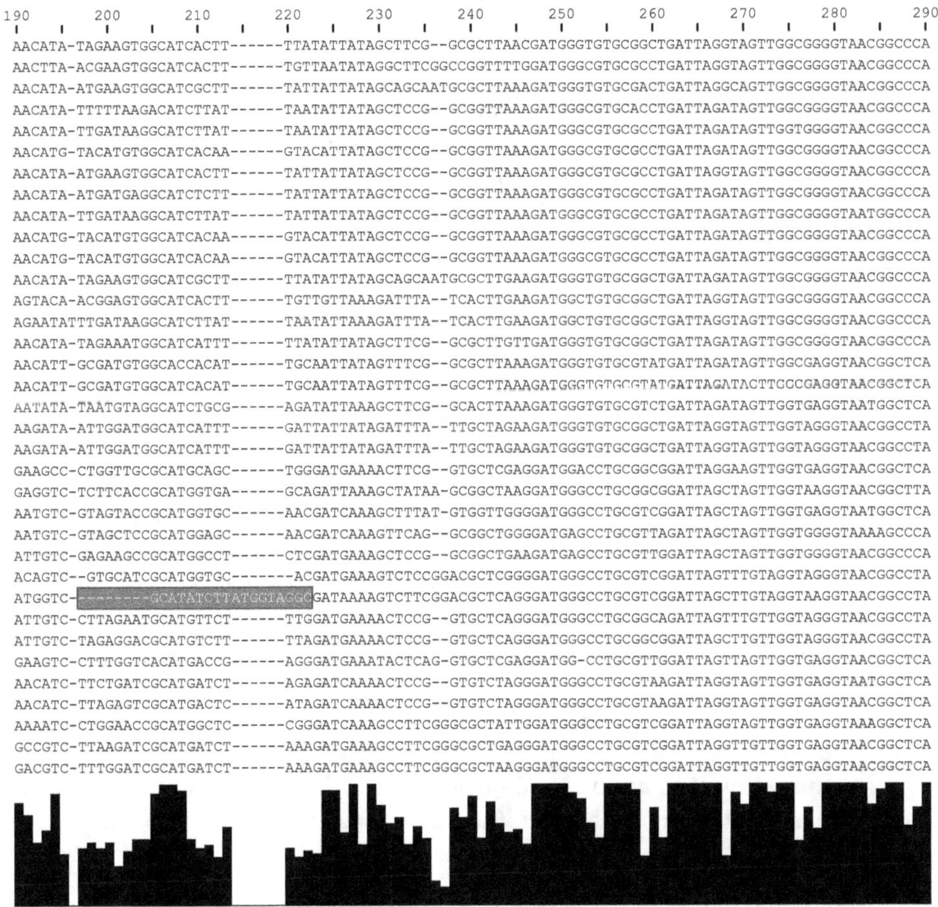

Figure 26.1. **Alignement effectué par MUSCLE.**

Pour simplifier notre propos, nous allons volontairement ignorer les noms des ARNs et nous consacrer uniquement aux régions d'intérêt. En regardant cette portion dans sa globalité, on peut noter une forte conservation. D'ailleurs, le consensus et l'histogramme associés renforcent cette observation. On retrouve ce niveau de conservation sur l'ensemble de l'alignement. Cela pourrait malencontreusement amener le lecteur à une confiance quasi aveugle dans le résultat produit. Or une lecture plus attentive met en évidence une singularité. Le consensus débutant en position 197 est TTGATGTGGCACATT. Pour un des ARNs, surligné en gris, on constate que la sous-séquence GCATATCTTATGGTAGG n'est pas alignée avec le reste des séquences, ce qui a pour conséquence l'introduction d'une grande insertion artéfactuelle. C'est un point crucial : un alignement est produit par un algorithme qui cherche souvent à optimiser un critère global. Dans la majorité des cas et globalement, cela fonctionne très bien. Cependant, il peut subsister localement des petites incohérences, même dans un alignement de séquences très conservées comme ici.

Alignement utilisant les structures secondaires des ARNs avec MAFFT

Il est parfois intéressant de tester une méthode alternative, surtout quand elle est plus spécifiquement dédiée au problème rencontré. Ainsi les scripts Q-INS-i ou L-INS-i de MAFFT, spécifiquement conçu pour l'alignement de molécule d'ARN semblent un choix pertinent. Après 1 h 30 de calculs [2], le script Q-INS-i produit l'alignement de la figure 26.2 (visualisation dans Jalview).

On constate immédiatement l'absence de l'insertion produite par le programme MUSCLE. Il convient alors d'analyser précisément ce nouvel alignement. Dans le cas précédent, la séquence GCAT (position 205) était conservée dans pratiquement l'intégralité des séquences. Ce motif constituait alors une sorte de pivot. Qui plus est, sa longueur de 4 pb a dû jouer en faveur de l'ancrage du motif GCAT de la séquence incorrectement alignée par MUSCLE. En revanche, le programme Q-INS-i a recours aux structures secondaires pour contraindre l'alignement. Ainsi, sur la figure 26.3a, nous avons représenté la prédiction de structures secondaires pour une des séquences et à droite pour la séquence mal alignée par MUSCLE. On remarque sur la figure 26.3a que le motif GCAT identifié comme point d'ancrage (GCAU dans le consensus écrit en gris) correspond à une boucle. Sur la figure 26.3b, une boucle similaire est décrite par le motif TTAT (UUAU dans le consensus écrit en gris). Q-INS-i, tenant compte de ces structures pour contraindre l'alignement, a permis l'alignement de ce motif avec le motif GCAT des autres séquences. En comparaison, MUSCLE, dont la fonction de score repose uniquement sur l'alignement des séquences primaires, a préféré une conservation du motif GCAT. On voit bien que, dans ce cas, c'est la présence de la séquence GCAT en amont de la boucle [3] qui a conduit MUSCLE à cette erreur. Seule la connaissance de la structure secondaire a permis à Q-INS-i d'éviter le piège.

---

[2] En utilisant l'interface Web des auteurs.

[3] D'un point de vue évolutif, on peut se poser des questions sur cet événement, car il était statistiquement inattendu.

```
        190      200       210       220       230       240       250       260       270       280       290
         |    |    |    |    |    |    |    |    |    |    |    |    |    |    |    |    |    |    |    |    |
CCCGTAAGATA-ATTGGATGGCATCATTTGATTATTATA-GA--TTTA---TTGCTAGAAGATGGGTGTGCGGCTGATTAGGTAGTTGGTAGGGTAACGGC
CCCGTAAGATA-ATTGGATGGCATCATTTGATTATTATA-GA--TTTA---TTGCTAGAAGATGGGTGTGCGGCTGATTAGGTAGTTGGTAGGGTAACGGC
CCCATAGTACA-ACGGAGTGGCATCACTTTGTTGTTAAA-GA--TTTA---TCACTTGAAGATGGCTGTGCGGCTGATTAGGTAGTTGGCGGGGTAACGGC
CCCATAATATA-TAATGTAGGCATCTGCGAGATATTAAA-GC--TTCG---GCACTTAAAGATGGGTGTGCGTCTGATTAGATAGTTGGTGAGGTAATGGC
CCCGTAACATT-GCGATGTGGCACCACATTGCAATTATA-GT--TTCG---GCGCTTAAAGATGGGTGTGCGTATGATTAGATAGTTGGCGAGGTAACGGC
CCCGTAACATT-GCGATGTGGCATCACATTGCAATTATA-GT--TTCG---GCGCTTAAAGATGGGTGTGCGTATGATTAGATAGTTGGCGAGGTAACGGC
CCCGTAACATA-TAGAAATGGCATCATTTTTATATTATA-GC--TTCG---GCGCTTGTTGATGGGTGTGCGGCTGATTAGATAGTTGGCGGGGTAACGGC
TCCGTAACATA-TTTTTAAGACATCTTATTAATATTATA-GC--TCCG---GCGGTTAAAGATGGGCGTGCACCTGATTAGATAGTTGGCGGGGTAACGGC
TCCGTAACATA-ATGAAGTGGCATCACTTTATTATTATA-GC--TCCG---GCGGTTAAAGATGGGCGTGCGCCTGATTAGGTAGTTGGCGGGGTAACGGC
TCCGTAACATG-TACATGTGGCATCACAAGTACATTATA-GC--TCCG---GCGGTTAAAGATGGGCGTGCGCCTGATTAGATAGTTGGCGGGGTAACGGC
TCCGTAACATG-TACATGTGGCATCACAAGTACATTATA-GC--TCCG---GCGGTTAAAGATGGGCGTGCGCCTGATTAGATAGTTGGCGGGGTAACGGC
TCCGTAACATG-TACATGTGGCATCACAAGTACATTATA-GC--TCCG---GCGGTTAAAGATGGGCGTGCGCCTGATTAGATAGTTGGCGGGGTAACGGC
TCCGTAACATA-TTGATAAGGCATCTTATTATTATTATA-GC--TCCG---GCGGTTAAAGATGGGCGTGCGCCTGATTAGATAGTTGGCGGGGTAATGGC
TCCGTAACATA-TTGATAAGGCATCTTATTAATATTATA-GC--TCCG---GCGGTTAAAGATGGGCGTGCGCCTGATTAGATAGTTGGTGGGGTAACGGC
TCCGTAACATA-ATGATGAGGCATCTCTTTATTATTATA-GC--TCCC      GCGGTTAAAGATGGGCGTGCGCCTGATTAGATAGTTGGCGGGGTAACGGC
CCCGTAACATA-TAGAAGTGGCATCGCTTTTATATTATA-GC--AGCA-AT GCGCTTGAAGATGGGTGTGCGGCTGATTAGATAGTTGGCGGGGTAACGGC
CCCGTAACATA-ATGAAGTGGCATCGCTTTATTATTATA-GC--AGCAAT- GCGCTTAAAGATGGGTGTGCGACTGATTAGGCAGTTGGCGGGGTAACGGC
CCCATAGAATATTTGATAAGGCATCTTATTAATATTAAA-GA--TTTA---TCACTTGAAGATGGCTGTGCGGCTGATTAGGTAGTTGGCGGGGTAACGGC
CCCGTAACATA-TAGAAGTGGCATCACTTTTATATTATA-GC--TTCG---GCGCTTAACGATGGGTGTGCGGCTGATTAGGTAGTTGGCGGGGTAACGGC
ACCGTAACTTA-ACGAAGTGGCATCACTTTGTTAATATA-GGCTTCGG---CCGGTTTTGGATGGGCGTGCGCCTGATTAGGTAGTTGGCGGGGTAACGGC
CGCATGAAGTC-CTTTGGTCACATGACCGAGGGATGAAATAC--TCAG---GTGCTCGAGGAT-GGCCTGCGTTGGATTAGTTAGTTGGTGAGGTAACGGC
CGAATAACATC-TTCTGATCGCATGATCTAGAGATCAAA-AC--TCCG---GTGTCTAGGGATGGGCCTGCGTAAGATTAGGTAGTTGGTGAGGTAATGGC
CGAATAACATC-TTAGAGTCGCATGACTCATAGATCAAA-AC--TCCG---GTGTCTAGGGATGGGCCTGCGTAAGATTAGGTAGTTGGTGAGGTAACGGC
CGCATAAAATC-CTGGAACCGCATGGCTCCGGGATCAAA-GCCTTCGG---GCGCTATTGGATGGGCCTGCGTCGGATTAGGTAGTTGGTGAGGTAAAGGC
CGTATGCCGTC-TTAAGATCGCATGATCTAAAGATGAAA-GCCTTCGG---GCGCTGAGGGATGGGCCTGCGTCGGATTAGGTTGTTGGTGAGGTAACGGC
CGTATGACGTC-TTTGGATCGCATGATCTAAAGATGAAA-GCCTTCGG---GCGCTAAGGGATGGGCCTGCGTCGGATTAGGTTGTTGGTGAGGTAACGGC
CGCATATTGTC-CTTAGAATGCATGTTCTTTGGATGAAA-AC--TCCG---GTGCTCAGGGATGGGCCTGCGGCAGATTAGTTTGTTGGTAGGGTAACGGC
CGCATATTGTC-TAGAGGACGCATGTCTTTTAGATGAAA-AC--TCCG---GTGCTCAGGGATGGGCCTGCGGCGGATTAGCTTGTTGGTAGGGTAACGGC
CGCATATTGTC-GAGAAGCCGCATGGCCTCTCGATGAAA-GC--TCCG---GCGGCTGAAGATGAGCCTGCGTTGGATTAGCTAGTTGGTGGGGTAACGGC
CCTATAATGTC-GTAGCTCCGCATGGAGCAACGATCAAA-GT--TCAG---GCGGCTGGGGATGAGCCTGCGTTAGATTAGCTAGTTGGTGGGGTAAAAGC
CGCATACAGTC-GT-GCATCGCATGGTGC-ACGATGAAA-GTCTCCGG---ACGCTCGGGGATGGGCCTGCGTCGGATTAGTTTGTAGGTAGGGTAACGGC
CGCATATGGTC-GCAT-ATCTTATGGTAG-GCGATAAAA-GTCTTCGG---ACGCTCAGGGATGGGCCTGCGTCGGATTAGCTTGTAGGTAAGGTAACGGC
CGCATGAGGTC-TCTTCACCGCATGGTGAGCAGATTAAA-GC-TATAA---GCGGCTAAGGATGGGCCTGCGGCGGATTAGCTAGTTGGTAAGGTAACGGC
CGCATAATGTC-GTAGTACCGCATGGTGCAACGATCAAA-GC-TTTAT   GTGGTTGGGGATGGGCCTGCGTCGGATTAGCTAGTTGGTGAGGTAATGGC
CGCATGAAGCC-CTGGTTGCGCATGCAGCTGGGATGAAA-AC--TTCG---GTGCTCGAGGATGGACCTGCGGCGGATTAGGAAGTTGGTGAGGTAACGGC

CCCATAACAT+-TTGAT+TGGCATCACTTTAA+ATTAAA-GCCTTCCG---GCGCTTAAAGATGGGCGTGCGTCTGATTAGGTAGTTGGTGGGGTAACGGC
```

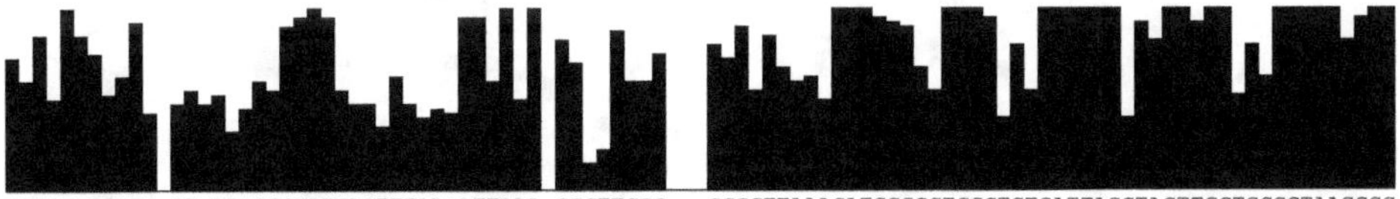

Figure 26.2. **Alignement effectué en utilisant le script Q-NSI-i de MAFFT.**

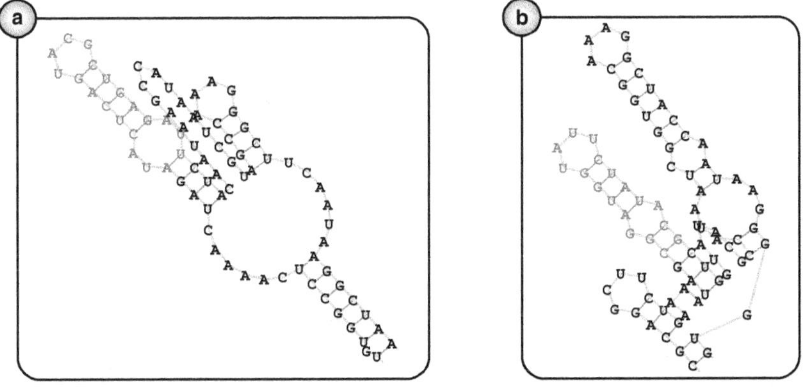

Figure 26.3. **Extrait des structures secondaires des ARN 16S : (a)** pour l'ARN composé du motif TTAGAGTCGCATGACTCATA et **(b)** pour la séquence composé du motif GCATATCTTATGGTAGGC.

Conclusion

Avant de conclure, revenons un instant sur les aspects temps de calcul. En regardant uniquement les chiffres, on voit l'avantage manifeste de MUSCLE pour l'alignement de ces séquences. Cela nous permettrait même d'envisager son utilisation sur des problèmes de taille beaucoup plus importante. À l'opposé, Q-INS-i permet de résoudre des situations complexes comme celle exposée précédemment. Attention, l'alignement produit par MUSCLE est globalement aussi bon que celui produit par MAFFT. On retrouve ici une situation classique en informatique : l'arbitrage entre temps d'exécution et précision. Bien souvent, ce sont les capacités de calcul et/ou la taille des problèmes qui arbitrent en faveur de l'une ou l'autre des approches.

Dans ce cas pratique, nous avons mis en évidence plusieurs aspects importants dans la réalisation d'alignements multiples. Dans un premier temps, nous avons réalisé un alignement grossier au moyen d'un algorithme rapide et polyvalent comme le propose MUSCLE. Puis nous avons affiné le résultat avec une méthode plus spécifique du problème traité. Cela a permis d'obtenir un meilleur résultat, au détriment d'un temps de calcul très important. Si on envisage de réaliser cette analyse de manière systématique sur de nombreux jeux de données, il est probable que l'on sera amené à remettre en cause ce choix. Pour terminer, nous ne pouvons qu'insister sur le fait de relire et le cas échéant modifier manuellement les alignements produits. À titre d'illustration, dans l'exemple avec Q-INS-i, il reste des aberrations. En effet, aux positions 238-240, on peut superposer les deux motifs AT (surlignés en gris) et supprimer une insertion inutile.

Choix d'un logiciel d'alignement multiple

Jean-Christophe Aude

Pour conclure sur l'alignement multiple, nous délivrons dans les deux tableaux qui suivent différentes recommandations quant à l'utilisation des logiciels permettant le calcul d'alignements multiples.

Tableau 27.1. Avantages et précautions d'emploi de chaque logiciel.

Programme	Avantages	Précautions
ClustalW	Utilise moins de mémoire que les autres logiciels	Moins précis que tous les logiciels modernes, difficulté pour les « grands » jeux de séquences
DIALIGN	Tente de différencier les régions alignables des régions non alignables	Moins précis que ClustalW lors des tests d'alignements globaux
MAFFT, MUSCLE	• Plus rapides et précis que ClustalW • Bon équilibre entre vitesse de calcul et précision • Options permettant de réduire les temps de calcul, avec une baisse de la précision moyenne pour les applications à haut-débits	Pour les « grands » jeux de séquences (disons plus de 1000), utiliser les options d'optimisation du temps de calcul et de la consommation d'espace mémoire
ProbCons	Le plus précis pour la majorité des tests	Forte complexité en temps de calcul et d'utilisation de l'espace mémoire. Cela le rend inutilisable quand le nombre de séquences devient important (> 100 séquences)
T-Coffee	Bonne précision et capacité de mélanger des données hétérogènes (p. ex. structures)	Forte complexité en temps de calcul et d'utilisation de l'espace mémoire. Cela le rend inutilisable quand le nombre de séquences devient important (> 100 séquences)

Tableau 27.2. Recommandations sur les logiciels et les paramètres à privilégier.

Cas	Recommandations
2 à 100 séquences protéiques de longueurs typiques (maximum 10 000 résidus) globalement alignables	Utilisez ProbCons, T-Coffee, MUSCLE ou MAFFT, puis comparer les résultats — p. ex. avec AltAVisT. Les régions conservées sont probablement correctes. Pour les séquences avec un faible pourcentage d'identité, ProbCons est généralement le plus précis. Avec T-Coffee/Espresso, l'utilisation d'informations sur les structures (si elles existent) permet aussi d'obtenir des résultats satisfaisants
100 à 500 séquences globalement alignables	Utilisez MUSCLE ou MAFFT avec les options par défaut. La comparaison des alignements est possible, mais souvent difficile en raison du nombre important de séquences
> 500 séquences globalement alignables	Utilisez MUSCLE avec une option de calcul rapide (p. ex. « maxiters-2 ») ou un des scripts rapides de MAFFT (p. ex. FFT-NS-2)
Très grand nombre de séquences ; *high-throughput pipeline*	Utilisez MUSCLE avec une option de calcul rapide (p. ex. « maxiters-1 » ou « maxiters-2 ») ou un des scripts rapides de MAFFT (p. ex. FFT-NS-1 ou FFT-NS-2)
2 à 200 séquences ARN de petites longueurs (maximum 1 000 résidus)	Utilisez le script Q-INS-i de MAFFT. Bien que très lent, celui-ci permet de tenir compte de la structure secondaire des ARN dans la construction de l'alignement
2 à 100 séquences, avec un « cœur » conservé flanqué de régions de tailles variables qui ne sont pas nécessairement alignables	Utilisez DIALIGN
Un petit nombre de séquences de longueurs inhabituellement longues (> 20 000 résidus)	Utilisez ClustalW. Les autres programmes risquent de s'interrompre faute de mémoire

Cette liste n'est pas exhaustive et ne doit pas servir de règle absolue. Seule l'expérience permet à chacun de trouver la solution qui convient le mieux pour un problème donné. Pour rappel, voici une liste de bonnes pratiques qui permettent d'utiliser efficacement ces programmes :

• réaliser un premier alignement avec une approche rapide, surtout si le nombre de séquences à aligner est important ;

• affiner les résultats en fonction des caractéristiques de l'alignement : similarités globales ; insertions longues ; régions flanquantes variables ; nature des séquences ; disponibilité d'informations complémentaires (structures, etc.) ;

• relire, valider et le cas échéant modifier l'alignement final. Des outils comme Jalview sont parfaitement adéquats pour réaliser ces différentes opérations.

Pour en savoir plus...

Littérature scientifique

Clamp M., Cuff J., Searle S. M., Barton G. J., 2004. The Jalview Java alignment editor. *Bioinformatics*, 20 : 426–427.

Cole J. R., Cardenas E., Fish J., Chai B., Farris R. J., Kulam-Syed-Mohideen A. S., McGarrell D. M., Marsh T., Edgar R. C., 2004. MUSCLE: multiple sequence alignment with high accuracy and high throughput. *Nucleic Acids Research*, 32 (5) : 1792–1797.

Cole J. R., Chai B., Farris R. J., Wang Q., Kulam-Syed-Mohideen A. S., McGarrell D. M., Bandela A. M., Cardenas E., Garrity G. M., Tiedje J. M., 2007. The ribosomal database project (RDP-II): introducing myRDP space and quality controlled public data. *Nucleic Acids Research*, 35 : D169–D172.

Edgar R., Batzoglou S., 2006. Multiple sequence alignment. *Current Opinion in Structural Biology*, 16 (3) : 368–373.

Garrity G. M., Tiedje J. M., 2009. The Ribosomal Database Project: improved alignments and new tools for rRNA analysis. *Nucleic Acids Research*, 37 : D141–D145.

Katoh K., Misawa K., Kuma K., Miyata T., 2002. MAFFT: a novel method for rapid multiple sequence alignment based on fast Fourier transform. *Nucleic Acids Research*, 30 (14) : 3059–3066.

Larkin M. A., Blackshields G., Brown N. P., Chenna R., McGettigan P. A., McWilliam H., Valentin F., Wallace I. M., Wilm A., Lopez R., Thompson J. D., Gibson T. J., Higgins D. G., 2007. ClustalW and ClustalX version 2.0. *Bioinformatics*, 23 (21) : 2947–2948.

Morgenstern B., 1999. DIALIGN 2: improvement of the segment-to-segment approach to multiple sequence alignment. *Bioinformatics*, 15 (3) : 211–218.

Morgenstern B., 2004. DIALIGN: multiple DNA and protein sequence alignment at BiBiServ. *Nucleic Acids Research*, 32 : W33–W36.

Morgenstern B., Goel S., Sczyrba A., Dress A., 2003. AltAVisT: a www tool for comparison of alternative multiple alignments. *Bioinformatics*, 19 (3) : 425–426.

Needleman S., Wunsch C., 1970. A general method applicable to the search for similarities in the amino acid sequence of two proteins. *Journal of Molecular Biology*, 48 (3) : 443–453.

Notredame C., 2002. Recent progress in multiple sequence alignment: a survey. *Pharmacogenomics*, 3 (1) : 131–144.

Notredame C., Higgins D. G., Heringa J., 2000. T-Coffee: a novel method for fast and accurate multiple sequence alignment. *Journal of Molecular Biology*, 302 (1) : 205–217.

Smith T. F., Waterman M. S., 1981. Identification of common molecular subsequences. *Journal of Molecular Biology*, 147 (1) : 195–197.

Thompson J., Higgins D., Gibson T., 1994. ClustalW: improving the sensitivity of progressive multiple sequence alignment through sequence weighting, position-specific gap penalties and weight matrix choice. *Nucleic Acids Research*, 22 (22) : 4673–4680.

Waterhouse A. M., Procter J. B., Martin D. M. A, Clamp M., Barton G. J., 2009. Jalview Version 2: a multiple sequence alignment editor and analysis workbench. *Bioinformatics*, 25 (9) : 1189–1191.

Ressources sur Internet

Toutes ces ressources ont été consultées avec succès le 27 septembre 2010.

Téléchargement des logiciels

ClustalW	http://www.clustal.org/download/current/ ftp://ftp.ebi.ac.uk/pub/software/clustalw2/
DIALIGN	http://bibiserv.techfak.uni-bielefeld.de/download/tools/DIALIGN_221.html
T-Coffee	http://www.tcoffee.org/Projects_home_page/t_coffee_home_page.html
MUSCLE	http://www.drive5.com/muscle/downloads.htm
MAFFT	http://mafft.cbrc.jp/alignment/software/
Jalview	http://www.jalview.org/download.html

Utilisation des logiciels *via* Internet

AltAVisT	http://bibiserv.techfak.uni-bielefeld.de/altavist/
BLAST	http://blast.ncbi.nlm.nih.gov/Blast.cgi
ClustalW	http://www.ebi.ac.uk/Tools/clustalw2/ http://bioweb2.pasteur.fr/alignment/ http://www.cbib.u-bordeaux2.fr/pise/emma.html#input
DIALIGN	http://bibiserv.techfak.uni-bielefeld.de/dialign/submission.html
T-Coffee	http://www.tcoffee.org/ http://www.ebi.ac.uk/Tools/t-coffee/
LALIGN	http://www.ch.embnet.org/software/LALIGN_form.html
MUSCLE	http://www.ebi.ac.uk/Tools/muscle/
MAFFT	http://mafft.cbrc.jp/alignment/server/ http://www.ebi.ac.uk/Tools/mafft/

Domaines protéiques

Domaines, modules ou motifs protéiques et leurs bases de données

Sophie Pasek

Introduction et définitions

Le terme « domaine » est utilisé pour désigner différentes entités protéiques. Les structuralistes définissent souvent le domaine comme une unité structurale capable de se replier indépendamment du reste de la protéine (régions ayant un cœur hydrophobe et peu d'interactions avec le reste de la protéine). En biochimie, les domaines sont décrits comme des régions protéiques dont la fonction a été expérimentalement caractérisée (indépendamment de la structure). En génomique comparative, les domaines sont considérés comme des séquences homologues que l'on peut rencontrer dans des contextes moléculaires différents. En général, ces trois définitions sont compatibles et s'accordent sur ce que l'on peut considérer comme étant un domaine. Le domaine peut donc être à la fois une unité structurale, une unité fonctionnelle ou une unité d'évolution. Dans tous les cas, il peut constituer à lui seul une protéine monodomaine ou s'associer avec d'autres domaines au sein d'une protéine multidomaine.

L'intérêt des domaines protéiques est multiple. Sur le plan structural, ils font l'objet d'études de repliements en relation avec des fonctions précises (fixation d'un ligand ou d'un substrat, régulation, etc.). Sur le plan fonctionnel, ils permettent d'enrichir les annotations des protéines en mettant en relation des régions fonctionnelles identiques qui interviennent dans des contextes moléculaires différents (p. ex. liaison au calcium). Sur le plan évolutif, ils permettent de traiter les relations d'homologie à une échelle plus petite que celle du gène (« homologie par morceaux »).

Pour désigner un domaine, on rencontre parfois d'autres terminologies plus ou moins équivalentes, pour lesquelles les définitions divergent suivant le contexte ou les personnes qui les utilisent. On parle en effet aussi de « motif », de « module » ou encore de « site actif », etc. Le motif contient des résidus essentiels à une fonction conservée, mais ces résidus ne sont pas nécessairement consécutifs. Par exemple, on peut caractériser certains motifs de type « doigt de zinc » par quatre cystéines distantes. Le motif diffère principalement du domaine, parce qu'il n'a pas de repliement propre. La notion de module est quant à elle surtout employée dans un contexte évolutif, et peut être considérée équivalente à la notion de domaine dans ce contexte. Notons que la notion de site actif utilisée pour les enzymes correspond plutôt à un cas particulier du motif.

Il existe de nombreuses bases de données qui répertorient les domaines ainsi que les protéines qui les contiennent. Elles diffèrent entre elles pour chacun des critères suivants :
- la définition de domaine ;
- le type de description formelle du domaine ;
- le protocole d'alimentation de la base de données (automatique, manuelle, hybride) ;
- la documentation, les services disponibles ;
- la couverture en nombre de séquences.

Concernant les différents types de description formelle du domaine, les bases utilisent des descriptions consensus qui peuvent être des motifs ou des profils et qui constituent une « expression » plus ou moins « floue » de la séquence « type » relative à chaque famille de domaines. Le profil est une sorte de matrice pondérée obtenue à partir d'un alignement multiple (probabilité de trouver tel résidu à telle position), alors que le motif ne tient compte que des résidus très conservés. Dans le cas de ProDom, la représentation du domaine est une séquence consensus ; pour PROSITE, il s'agit d'un motif représenté sous la forme d'une expression régulière (cf. § PROSITE, p. 126), alors que Protein families (Pfam) ou Structural Classification of Proteins (SCOP) représentent ce concessus à l'aide d'un profil *Hidden Markov Model* (HMM ; modèle probabiliste pour générer les profils) déduit d'un alignement multiple. Concernant les définitions, SCOP a une vision structurale du domaine et calcule ses profils HMM à partir de séquences protéiques dont la structure est connue.

Pour le protocole d'alimentation, ProDom est entièrement automatique, alors que Pfam et PROSITE sont des approches hybrides. Dans le cas de Pfam, une phase manuelle de validation de l'alignement multiple, servant de « graine » à l'établissement du profil HMM, est suivie d'une phase automatique de recherche de l'alignement « complet » permettant d'assurer une mise à jour automatique des données. Notons qu'il existe une multitude de bases de données de domaines et que le but de cette fiche n'est pas de les répertorier toutes. Dans la suite, on distinguera les bases de données de domaines structuraux et leurs outils des autres bases de données de domaines.

Bases de données de domaines structuraux et leurs outils

Les deux classifications de domaines structuraux les plus connues et utilisées sont SCOP et Class Architecture Topology Homology (CATH).

SCOP

SCOP est une classification hiérarchique qui utilise la définition structurale de domaine (unité structurale capable de se replier indépendamment du reste de la protéine ou régions ayant un cœur hydrophobe et peu d'interactions avec le reste de la protéine). Les outils automatiques que propose SCOP ne sont utilisés que pour aider au découpage des protéines en domaines et à leur classification par inspection visuelle. Cette classification s'effectue d'après des informations structurales et des connaissances plus générales sur chaque protéine. La classification présente quatre niveaux, du plus général au plus précis :

• le niveau « class » regroupe des protéines dont la structure secondaire est similaire et s'organise en différents groupes possibles : toute hélice α, tout feuillet β, hélices α et feuillets β mêlés, hélices α et feuillets β organisés en deux régions séparées, protéines membranaires ou de surface, etc.) ;

• le niveau « fold » regroupe des protéines dont la composition en structures secondaires, l'arrangement spatial et les connexions sont similaires. Les protéines regroupées au sein d'un même groupe fold ne partagent pas forcément une origine évolutive commune, mais présentent des similarités structurales importantes : même composition en structures secondaires, arrangement spatial et connexions de ces structures identiques ;

• le niveau « superfamily » regroupe des structures protéiques qui peuvent partager une identité de séquence faible, mais dont les structures et les fonctions suggèrent une origine évolutive commune ;

• le niveau « family » regroupe des structures protéiques partageant très clairement une origine évolutive commune. Elles ont en commun au moins 30 % d'identité de séquence pour la plupart, ou bien possèdent des fonctions et des structures très similaires.

Chaque superfamille correspond à un alignement multiple et à un profil HMM. La dernière version de SCOP (v. 1.75 de février 2009) répertorie 38 221 entrées de la Protein Data Bank (PDB), 110 800 domaines, 1 195 membres de la classe fold, 1 962 de la classe superfamily et 3 902 de la classe familly. Le site de SCOP permet de parcourir la classification, de la consulter par mot-clé et par organisme. On peut également soumettre au serveur ses propres séquences au format FASTA, qui classifie automatiquement les différentes régions de la séquence soumise en superfamille, par exemple sur le site Web de Superfamily. Si l'on soumet la séquence de la protéine de biosynthèse du tryptophane TRPC_ECOLI, on obtient les résultats suivants : sur cette protéine de 452 acides aminés, SCOP identifie deux domaines appartenant tous les deux à la superfamille Ribulosephoshate binding barrel. Le premier dans la région 11-257 et le deuxième dans la région 255-452. Le tableau 28.1 reprend les résultats tels que SCOP les résume, où les E-values indiquent la confiance que l'on peut avoir pour chaque classe prédite.

On peut ensuite consulter les informations sur la famille des Tryptophan biosynthesis enzymes, visualiser l'alignement avec le domaine structural le plus proche dans la base, consulter la distribution phylogénétique de ce domaine et les différentes combinaisons dans lesquelles ce domaine est impliqué. Ainsi, on peut observer que ce domaine est impliqué dans douze structures protéiques distinctes chez les eubactéries, avec un total de huit autres domaines partenaires distincts (PRTase-like, SIS, Tryptophan synthase beta, etc.). Pour chacune des douze structures, on peut visualiser les effectifs et les séquences protéiques relatives.

Tableau 28.1. Résultats de SCOP :
la E-value indique la confiance de chaque classe prédite.

Sequence	TRPC_ECOLI	
Domain Number 1	Region : 11-257	
Classification Level	**Classification**	**E-value**
Superfamily	Ribulose-phoshate binding barrel	3.20e–88
Family	Tryptophan biosynthesis enzymes	5.98e–10

Sequence	TRPC_ECOLI	
Domain Number 2	Region : 255-452	
Classification Level	**Classification**	**E-value**
Superfamily	Ribulose-phoshate binding barrel	3.20e–65
Family	Tryptophan biosynthesis enzymes	4.48e–09

CATH

CATH est une classification hiérarchique. Elle est subdivisée en sept niveaux. On retrouve pratiquement les mêmes niveaux que chez SCOP, avec les termes « class », « architecture », « topology » et « homologous superfamily », « sequence family levels ». CATH ajoute trois autres niveaux de classification : les niveaux S, L et I, qui sont imbriqués et regroupent les structures ayant une identité de séquence respectivement > 35 %, > 95 % et de 100 % (ce dernier niveau regroupe des structures résolues plusieurs fois par exemple avec ou sans ligand). L'alimentation de cette base est hybride (automatique et manuelle). Les structures sont découpées en domaines structuraux par trois méthodes indépendantes (DETECTIVE, PUU et DOMAK), selon les consensus trouvés. Lorsque les trois méthodes s'accordent sur le nombre de domaines et que 85 % des résidus des domaines des consensus obtenus sont les mêmes, alors le découpage de DETECTIVE est conservé. Sinon ou si les structures ont plus de 30 résidus hors domaines, alors le découpage est fait manuellement (47 % des cas). La version 3.3 de CATH, mise à jour en juillet 2009, contient 128 688 domaines et référence 97 625 entrées de la PDB. Le site Web de CATH permet de parcourir la hiérarchie, de comparer deux structures protéiques, de consulter le dictionnaire d'annotations des superfamilles homologues, de soumettre l'analyse de sa séquence personnelle, etc.

Autres bases de données de domaines et leurs outils

ProDom

ProDom est une collection de domaines des séquences protéiques d'UniProt générée de manière entièrement automatique. ProDom utilise mkdom pour la détection de domaines et xdom pour la représentation graphique des arrangements de domaines. Ces deux outils peuvent également être utilisés sur des séquences personnelles *via* les logiciels mkdom2/xdom, téléchargeables sur le site Web de ProDom. On peut aussi comparer les mêmes séquences à celles contenues dans la base à partir de l'interface du site de ProDom. mkdom construit les familles de domaines en utilisant PSI-BLAST (cf. fiche 43) à partir d'une séquence de référence (p. ex. Q7VR01_CANBF a servi à construire la famille PD001436). Cet outil est basé sur l'idée que c'est la plus petite séquence d'acides aminés qui est représentative du domaine et qui doit servir de référence pour faire tourner PSI-BLAST contre UniProt (ou une banque personnelle). Le résultat de cette stratégie est que ProDom trouve fréquemment plus de domaines et des domaines plus petits que ceux des autres bases. Par exemple, TRPC_ECOLI est découpé par ProDom en cinq domaines (PD001511, PD551789, PD089350, PD536140 et PD001436) dont les bornes sont visualisables à l'aide d'une échelle. Pour chacun de ces domaines on dispose d'un commentaire automatique (p. ex. ISOMERASE BIOSYNTHESIS TRYPTOPHAN PRAI N-5'-PHOSPHORIBOSYLANTHRANILATE SYNTHASE PHOSPHATE INDOLE-3-GLYCEROL INCLUDES : IGPS pour PD001436). Pour chaque domaine, on peut visualiser l'alignement multiple et le consensus (figure 28.1).

Sequence ID	start	end	weight	10 20 30 40 50
18 ⊞ TRPC_LISIN	.	.	22.21	.MI DGVIA S SGLKTAS VAMLQ-EA FD VLIG G RSEQPEKALI....
24 ⊞ TRPC_STRMU	.	.	28.29	SKI KDKIVIS SG NTPE IKYLR-SL IBGILIG SF RADNIAEKIKEFAI
29 ⊞ TRPC_PHYPR	.	.	30.61	SMV EDTILCALSG SSPE VEKYK-KE VNGIL GEA RAKDVKEFIKELI.
105 ⊞ **TRPC_RHOCA**	.	.	86.77	SLI KDRIIIS SG YTHE IRRLQ-KP VNGFLIGSS RQEDVEKALRELIL
60 ⊞ TRPC_ACIAD	.	.	41.99	SMI QDRLV T SG LTPA VELMR-SH VH FLVG AF RAPDPGEELKEFI.
37 ⊞ **TRPC_BACCR**	.	.	31.58	SLV KGILI S SGLYTPE LSRVK-QA AN VLVG S KQEDPEKALKKLI.
5 ⊞ TRPC_CAUCR	.	.	7.72	..I KDCLI S SG YTYD VKRMK-AA AK ILVG S RQDDQTK.......
26 ⊞ TRPC_LEIXX	.	.	37.11	.MI DDVVK A SGVRGPE LKRYA-SA AD VLVG A VTAGDPGALLRALV.
15 ⊞ **TRPC_THEMA**	.	.	22.66	..I DNLVK A SG STPE LKTLA-RKYAD ALIGTS KAEDPREALREFVI
11 ⊞ **TRPC_HALSA**	.	.	18.00	..I ADHLI S SGMNTPD VRRMM-KA AD ILIGSAI KNPNVYEKTKEFVL
3 ⊞ Q3DXU2_CHLAU	.	.	5.74	SLV GGHLL S SG HTPEHVAWVE-DH AD ILVG SCVTSPDVGAKVRELL.
3 ⊞ Q3XHA2_MOOTH	.	.	3.40	SMI PECIV S SG QTRA ISRLE-EL VD VLVG A TASVDIAAKMRELL.
336		Consensus	336.08	SMI KDVII S SG HTPE VKRLR-SA VD FLVG S RSEDPGEALRELII

Figure 28.1. **L'alignement multiple et le consensus de la famille PD551789** © Inra/CNRS.

Les données sont liées aux annotations d'autres bases (Pfam, InterPro, GO, PDB). ProDom-CG et ProDom-SG sont des variantes dédiées pour la première aux génomes complets et pour la seconde aux structures.

Pfam

Pfam est une collection d'alignements multiples et de modèles HMM recouvrant la quasi-totalité des domaines protéiques connus. Pour chaque famille de domaines, Pfam met à disposition :
- les alignements multiples pour ce domaine ;
- les architectures de domaines des protéines contenant ce domaine ;
- la distribution phylogénétique du domaine ;
- les conformations structurales connues de protéines contenant ce domaine ;
- des liens vers d'autres bases de données.

Pfam est une base de données alimentée de manière semi-automatique. Elle est divisée en deux parties : les PfamA et les PfamB. En octobre 2009, la version 24.0 de la base contenait 11 912 familles de domaines PfamA. Pour chaque famille de domaines PfamA, un alignement « graine » représentatif d'un ensemble de séquences contenant ce domaine est calculé et vérifié manuellement. Puis un profil HMM est construit à partir de cet alignement « graine » et est utilisé afin de générer automatiquement un alignement « complet » parmi les séquences protéiques disponibles dans UniProt. Les domaines PfamB sont, pour leur part, générés de manière entièrement automatique à l'aide d'alignements multiples correspondant aux domaines ProDom qui ne recouvrent pas des domaines PfamA. La distinction entre alignement « graine » et alignement « complet » facilite la mise à jour de la base de données puisque l'alignement « graine » et le profil HMM sont stables tandis que seul l'alignement complet est mis à jour au fur et à mesure des mises à jour des bases de séquences protéiques.

Dans la version courante de Pfam version 24.0 d'octobre 2009), 74 % des séquences protéiques contiennent au moins un domaine PfamA, et parmi celles qui n'en contiennent pas, 13 % d'entre elles contiennent au moins un PfamB. Le site Web de Pfam est très convivial. On peut interroger par numéro d'accession de domaine, de protéine (avec les identifiants UniProt), par mot-clé. Par exemple (figure 28.2), TRPC_ECOLI contient deux domaines PfamA : le domaine IGPS (PF00218) des résidus 4 à 252 et le domaine PRAI (PF00697) des résidus 257 à 448 (les bornes sont légèrement différentes de celles trouvées par SCOP).

On peut ensuite consulter, par exemple, la fiche du domaine annoté PRAI ou N-(5'phosphoribosyl)anthranilate (PRA) isomerase qui porte le numéro d'accession PF00697 ; puis visualiser sept architectures représentatives de ce domaine (la « graine ») ou bien toutes les 469 protéines qui contiennent ce domaine. On peut aussi visualiser les alignements, le logo du profil HMM du domaine et la distribution phylogénétique de ce domaine. Certains domaines tels que le domaine qui a pour numéro d'accession PF01657 ont un rôle inconnu. Ces

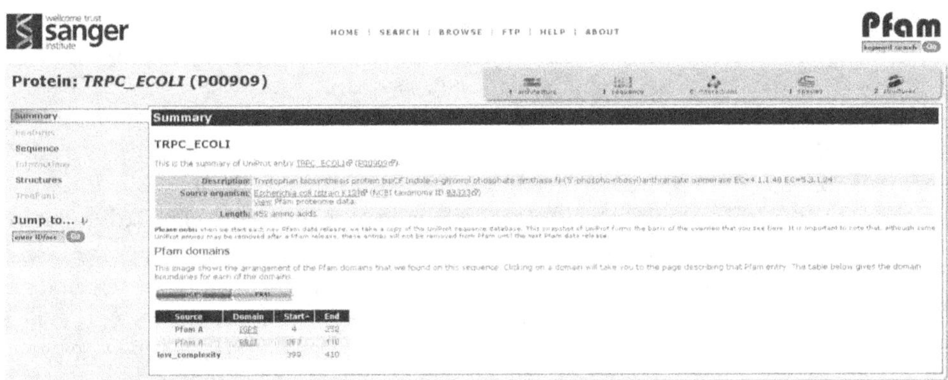

Figure 28.2. **La fiche Pfam de la protéine TRPC_ECOLI** © Wellcome Trust Sanger Institute, 7/2010.

domaines sont annotés Domain of Unknown Function (DUF). DUF26 pour PF01657. Pour des séquences non répertoriées dans UniProt, on peut soit comparer sa séquence avec celles contenues dans Pfam (*via* l'interface Web) ou utiliser le logiciel libre HMMER pour rechercher les profils répertoriés par Pfam. Les différentes familles de domaines Pfam sont aussi regroupées en clans lorsqu'elles ont une origine évolutive commune.

InterPro

Integrated resource of Protein Families, Domains and Sites (InterPro) est une intégration de différentes bases de données de domaines (PROSITE, Pfam, PRINTS, ProDom, SMART, PANTHER, SCOP, etc.) qui en unifie les nomenclatures. Ainsi, TRPC_ECOLI[1] y est découpé en cinq domaines InterPro : IPR001240 (domaine Pfam PF00697), IPR001468 (domaine PROSITE PS00614), IPR011060 (Superfamily SCOP SSF51366), IPR013785 (Homologous Superfamily CATH G3DSA:3.20.20.70), IPR013798 (domaine Pfam PF00218), respectivement aux positions 257 à 447, 50 à 68, 1 à 254/255 à 452, 1 à 261 et 4 à 251. Bien entendu, ces différents domaines peuvent se chevaucher. Certains apprécieront le côté quasi exhaustif des informations d'InterPro, au risque de se sentir « noyés » sous trop d'informations.

PROSITE

Avec PROSITE, on est un peu à la limite de la définition de domaine. En effet, même si certains considèrent qu'il s'agit d'une base de données de domaines, c'est plutôt une base de données de profils, motifs et sites fonctionnels protéiques. Par exemple, en lançant une requête sur TRPC_ECOLI, PROSITE identifie la signature Indole-3-glycerol phosphate synthase (IGPS), qui porte le numéro d'accession

---

[1] http://www.ebi.ac.uk/interpro/ISearch?query=trpc_ecoli (consulté le 27.09.2010).

PS00614. Cette signature est retrouvée des positions 50 à 68, avec la séquence `FIlECKKASPSkgvirddF`, qui correspond au motif dont la description consensus sous forme d'expression régulière est la suivante : `[LIVMFY]` - `[LIVMC]` - `x` - `E` - `[LIVMFYC]` - `K` - `[KRSPQV]` - `[STAHKRYC]` - `S` - `P` - `[STRK]` - `x(3,7)` - `[LIVMFYST]`. Les crochets sont des classes d'équivalence : en position 1 de ce motif, on peut trouver soit `L`, soit `I` soit `V`, soit `M`, etc. Les `x` représentent des acides aminés quelconques et les chiffres indiquent un nombre de positions (1 quand il n'est pas précisé). Ainsi, `x(3,7)` signifie de 3 à 7 acides aminés quelconques. Cette signature couvre une très petite partie de la protéine (ici 19 acides aminés sur un total de 452), contrairement à ce que l'on peut attendre d'un domaine, mais elle reflète bien la fonction de l'enzyme. On peut interroger PROSITE par identifiant UniProt, par description des motifs et profils (ProRules), par mots-clés ou selon la distribution taxonomique. On peut aussi balayer sa propre séquence (copiée-collée au format FASTA) contre tous les motifs et profils de la base.

Conclusion

Il y a presque autant de découpages en domaines possibles qu'il existe de bases de données. Les principales différences sont liées aux différentes définitions adoptées pour caractériser un domaine ainsi qu'aux méthodes employées pour les détecter. L'exemple choisi illustre bien cette diversité puisque SCOP identifie deux domaines structuraux identiques chez TRPC_ECOLI, alors que Pfam découpe cette protéine en deux domaines distincts mais à peu près aux mêmes bornes que SCOP. Quant à ProDom, il découpe cette protéine en cinq domaines. Il faut donc bien choisir sa base en fonction de ce que l'on veut faire. Lorsque l'on n'a pas d'idée *a priori* sur ce que l'on cherche, le mieux est peut-être d'utiliser InterPro.

Pour en savoir plus...

Littérature scientifique

Bru C., Courcelle E., Carrère S., Beausse Y., Dalmar S., Kahn D., 2005. The ProDom database of protein domain families: more emphasis on 3D. *Nucleic Acids Research*, 33 : D212–D215.

Finn R. D., Mistry J., Schuster-Bockler B., Griffiths-Jones S., Hollich V., Lassmann T., Moxon S., Marshall M., Khanna A., Durbin R., Eddy S. R., Sonnhammer E. L., Bateman A., 2006. Pfam: clans, web tools and services. *Nucleic Acids Research*, 34 : D247–D251.

Finn R. D., Mistry J., Tate J., Coggill P., Heger A., Pollington J. E., Gavin O. L., Gunesekaran P., Ceric G., Forslund K., Holm L., Sonnhammer E. L., Eddy S. R., Bateman A., 2010. The Pfam protein families database. *Nucleic Acids Research*, 38 : D211–D222.

Gough J., Karplus K., Hughey R, Chothia C., 2001. Assignment of homology to genome sequences using a library of hidden Markov models that represent all proteins of known structure. *Journal of Molecular Biology*, 313 (4) : 903–919.

Gouzy J., Corpet F., Kahn D., 1996. Graphical interface for ProDom domain families. *TIBS*, 21 : 493.

Gouzy J., Corpet F., Kahn D., 1999. Whole genome protein domain analysis using a new method for domain clustering. *Computers and Chemistry*, 23 : 333–340.

Henikoff S, Henikoff J. G., 1994. Protein family classification based on searching a database of blocks. *Genomics*, 19 (1) : 97–107.

Hulo N., Bairoch A., Bulliard V., Cerutti L., De Castro E., Langendijk-Genevaux P. S., Pagni M., Sigrist C. J., 2006. The PROSITE database. *Nucleic Acids Research*, 34 : D227–D230.

Murzin A. G., Brenner S. E., Hubbard T., Chothia C., 1995. SCOP: a structural classification of proteins database for the investigation of sequences and structures. *Journal of Molecular Biology*, 247 (4) : 536–540.

Orengo C. A., Michie A. D., Jones S., Jones T., Jones J. D., Swindells M. B., Thornton J. M., 1997. CATH: a hierarchic classification of protein domain structures. *Structure*, 5 :1093–1108.

Orengo C. A., Thornton J. M., 2005. Protein families and their evolution: a structural perspective. *Annual Review of Biochemistry*, 74 : 867–900.

Servant F., Bru C., Carrère S., Courcelle E., Gouzy J., Peyruc D., Kahn D., 2002. ProDom: automated clustering of homologous domains. *Briefings in Bioinformatics*, 3 (3) : 246–251.

Sonnhammer E. L., Eddy S. R., Durbin R., 1997. Pfam: a comprehensive database of protein families based on seed alignments. *Proteins*, 28 : 405–420.

Ressources sur Internet

Toutes ces ressources ont été consultées avec succès le 27 septembre 2010.

CATH	http://www.cathdb.info/
HMMER	http://hmmer.janelia.org/
InterPro	http://www.ebi.ac.uk/interpro/
Pfam	http://pfam.sanger.ac.uk/
ProDom	http://prodom.prabi.fr/prodom/xdom/ (*via* logiciels mkdom2/xdom, téléchargeables sur le site)
	http://prodom.prabi.fr/prodom/current/html/form.php (*via* interface Web ProDom)
PROSITE	http://www.expasy.org/prosite/
SCOP	http://scop.mrc-lmb.cam.ac.uk/scop/
Superfamily	http://supfam.org/SUPERFAMILY/hmm.html

Reconstruction phylogénétique

Introduction

Olivier Plantard

Lors de l'inspection visuelle d'un alignement multiple de séquences, on comprend intuitivement que plus il y a de lettres identiques situées sur une même colonne — correspondant aux positions considérées comme homologues à l'issue de l'alignement —, plus les séquences sont proches. La construction d'un arbre phylogénétique a pour objectif de représenter à travers un graphique la plus ou moins grande proximité entre les séquences d'un alignement. Cependant, même si cet objectif apparaît simple, cette formalisation des données présente de nombreuses difficultés qu'une multitude de méthodes et logiciels proposent de résoudre (plus de 300 sont listés sur le site Web de Joe Felsenstein, *Phylogeny Programs*). En plus de constituer une représentation graphique commode, un arbre phylogénétique peut aussi s'interpréter comme reflétant un processus qui s'est déroulé au cours du temps, retraçant ainsi l'évolution de ces séquences. L'interprétation d'un arbre phylogénétique s'avère alors conceptuellement très riche et au cœur de nombreuses approches relevant de la biologie évolutive. Ce type d'analyses est donc de plus en plus incontournable lors de l'analyse de séquences nucléotidiques.

Afin de ne pas se perdre dans la jungle de ces méthodes, nous vous proposons tout d'abord quelques clés pour savoir lire et comprendre un arbre phylogénétique, avant d'aborder la présentation des trois grands groupes de méthodes de reconstruction phylogénétique.

Représentation graphique des arbres phylogénétiques : comment lire un arbre ?

Il existe différentes façons de représenter graphiquement un arbre phylogénétique. Par convention, on place généralement la racine de l'arbre à gauche du graphique et ses branches sont horizontales (figure 29.1a).

L'enracinement d'un arbre peut être soit arbitraire — comme par exemple dans la méthode du *mid-point rooting*, qui consiste à établir la racine au milieu de la plus grande branche interne de l'arbre —, soit basée sur des considérations biologiques. Dans ce cas, on peut déclarer *a priori* une séquence, ou un groupe de séquences, comme constituant la racine — par exemple en utilisant un *outgroup*, ou groupe extérieur (cf. le ouistiti sur la figure 29.1) ; que l'on oppose à l'*ingroup*, ou roupe d'intérêt (la famille des hominidés dans cet exemple). On peut aussi utiliser des arbres non enracinés (figure 29.1b), qui sont particulièrement recommandés lorsque la racine n'est pas connue avec certitude. On parle de branches terminales pour les branches se terminant par l'identificateur de la séquence et de branches internes pour les autres. Les intersections entre les segments verticaux et horizontaux d'un arbre sont appelées les nœuds. C'est à leur niveau que l'on place parfois des chiffres (valeurs de *bootstrap*, etc.) exprimant la robustesse, à savoir le niveau de confiance que l'on peut attribuer au regroupement que traduit ce nœud (cf. fiche 33). L'ensemble des séquences qui se trouvent en aval (à droite) d'un nœud constitue un groupe monophylétique (p. ex. le groupe [chimpanzé + homme] ou [chimpanzé + homme + gorille]) : il contient toutes les séquences descendant d'un même ancêtre commun, situé au niveau du nœud. Si on forme un groupe n'incluant pas toutes les séquences en aval d'un nœud, on constitue alors un groupe paraphylétique (p. ex. le groupe [homme + gorille]). Enfin, si on construit un groupe avec des séquences qui ne partagent pas un ancêtre commun proche, on forme un groupe polyphylétique (p. ex. le groupe [homme + ouistiti]). Les groupes monophylétiques sont à la fois ceux qui ont biologiquement le plus de sens et dont l'identification est la plus informative pour comprendre et retracer l'évolution des espèces ou des gènes.

On oppose parfois deux types d'arbres. Les dendrogrammes — ou cladogrammes s'ils ont été construits à l'aide de la méthode de parcimonie — ne représentent que la topologie de l'arbre — c'est-à-dire uniquement les relations de parentés : qui est plus proche de qui ? — et les longueurs des branches, internes ou terminales, sont identiques. Les identificateurs des séquences sont alors comme « alignés » verticalement (figure 29.1a). Au contraire, dans les phylogrammes (figure 29.1c), les branches sont de longueurs variables et proportionnelles au nombre de mutations estimées. Par exemple, sur la figure 29.1c, la distance entre le gorille et le chimpanzé correspond à la somme des longueurs de trois branches horizontales (épaissies sur la figure 29.1c) : celle conduisant au gorille, celle conduisant au chimpanzé ainsi que la branche interne entre les deux nœuds internes (en gris sur la figure 29.1c) correspondant à l'ancêtre commun [gorille + homme + chimpanzé] et [homme + chimpanzé]. En revanche, l'axe vertical d'un arbre phylogénétique n'a aucune signification biologique ; il n'y a pas d'échelle pour établir les longueurs des branches verticales sur la figure 29.1c (elles sont arbitraires).

Il faut noter qu'en faisant « tourner » les branches autour d'un nœud donné, on génère des arbres dont la représentation graphique est différente (p. ex. ordre « vertical » des séquences d'un cladogramme), alors qu'ils traduisent pourtant la même information sur les relations de parentés. Ainsi, les topologies des arbres de la figure 29.1c et d sont strictement les mêmes : on peut indifféremment tourner les branches autour d'un nœud.

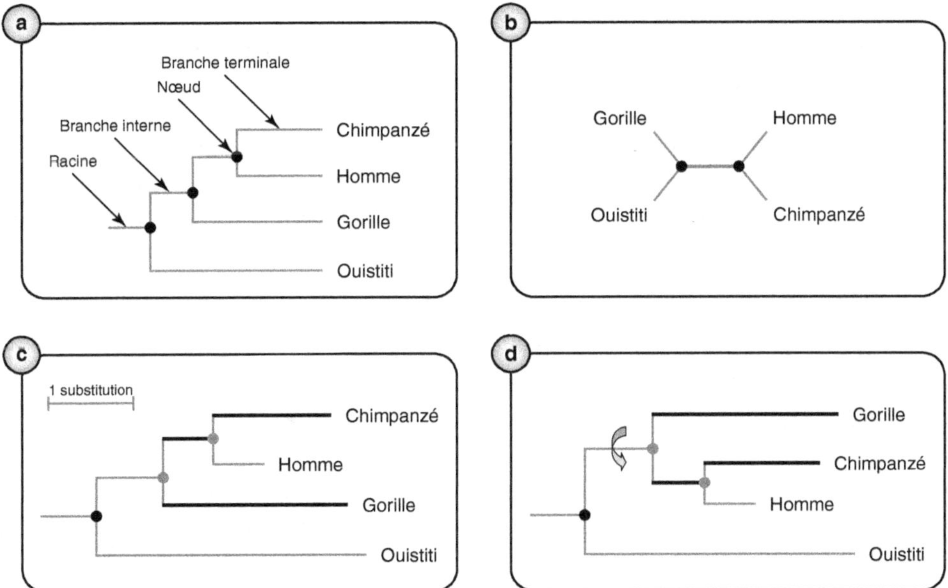

Figure 29.1. **Arbres phylogénétiques de quelques espèces de primates : (a)** dendrogramme ; **(b)** arbre non enraciné ; **(c)** et **(d)** deux phylogrammes équivalents.

Un arbre phylogénétique retrace l'évolution des séquences au cours du temps

La lecture de l'arbre de gauche à droite — depuis sa racine vers les branches terminales — renforce l'impression qu'un arbre phylogénétique retrace l'évolution des séquences au cours du temps, et permet donc de reconstruire leur passé, comme à travers un arbre généalogique. Cet arbre peut par conséquent représenter les relations phylogénétiques entre les espèces, en faisant l'hypothèse que l'arbre des gènes reflète l'arbre des espèces. Ce n'est cependant pas nécessairement le cas ; ainsi deux arbres construits à partir de deux gènes différents pris chez les mêmes espèces peuvent indiquer une « histoire » différente : par exemple, un de ces gènes peut avoir connu des phénomènes de transferts horizontaux, entre deux espèces phylogénétiquement distantes (cf. fiches 41 et 49). Par ailleurs, on sait maintenant que les phénomènes de duplication de gènes constituent un processus majeur de l'évolution des génomes. Les deux copies d'un même gène, issues d'une duplication, au sein d'une même espèce sont alors appelés paralogues. Si l'on considère la même copie chez deux espèces différentes, on parle de gènes orthologues (cf. fiches 41 et 50).

Un arbre retraçant les relations phylogénétiques entre l'ensemble de ces gènes va donc plutôt traduire l'histoire de ce gène ou de cette famille multigénique, qui peut être différente de l'histoire des espèces qui portent ces gènes dans leur génome. Enfin, la structure dichotomique d'un arbre phylogénétique est forcément une simplification abusive de l'histoire des séquences biologiques. On fait ainsi l'hypothèse qu'une séquence génère deux séquences filles — ou plus dans le cas d'un arbre montrant une irrésolution, ou polytomie, ou encore multifurcation —, et que les branches ne se croisent ou ne se rejoignent jamais. En particulier, on ne considère pas la possibilité de recombinaison entre séquences, mécanisme pourtant fréquent. De tels processus peuvent cependant être pris en compte à travers d'autres approches qui sortent du cadre de cet ouvrage (construction de réseaux retraçant une évolution réticulée plutôt que des arbres dichotomiques).

De l'importance d'un bon alignement pour une bonne reconstruction phylogénétique

Le point de départ de toute reconstruction phylogénétique est de disposer d'un alignement de séquences. Sa qualité est donc cruciale car, quels que soient la qualité et le soin apportés aux méthodes de reconstruction phylogénétique employées, son résultat sera faux si la « matière première » sur laquelle portent les analyses est erronée. Malgré cette grande dépendance entre ces deux étapes — soulignée aussi par le fait que les méthodes d'alignement déterminent souvent l'ordre de comparaison des séquences deux à deux à partir d'un arbre (cf. fiche 20) —, il existe malheureusement peu d'allers et retours entre alignement et reconstruction phylogénétique. Lorsqu'un alignement conduit à générer des insertions-délétions, ou indels, il génère aussi une difficulté supplémentaire pour la reconstruction phylogénétique. En effet, les biologistes ont accumulé un grand nombre de connaissances sur les facteurs influençant la fréquence des substitutions dans les séquences nucléotidiques, permettant ainsi d'établir des modèles d'évolution de plus en plus pertinents et proches de la réalité. Par contre, nous sommes pour l'instant bien désarmés pour identifier les facteurs qui déterminent l'apparition ou la disparition d'une indel, et donc de les prendre en compte dans des modèles d'évolution moléculaire (cf. fiche 11). Seules les méthodes basées sur la parcimonie permettent d'intégrer explicitement ces indels dans l'analyse — qui peuvent parfois se révéler phylogénétiquement très informatives —, avec, en contrepartie, de nouvelles hypothèses difficiles à tester : quel poids donner à une indel par rapport à une substitution ? Pour les autres méthodes, on peut soit purement et simplement supprimer tous les sites correspondant aux indels (*complete deletion*), soit utiliser ces sites uniquement dans les comparaisons où les deux séquences concernées ne présentent pas d'indels (*pairwise deletion*). Dans tous les cas, le traitement de ces « données manquantes » n'est pas non plus sans poser des problèmes d'interprétation, de validation et de représentativité des analyses.

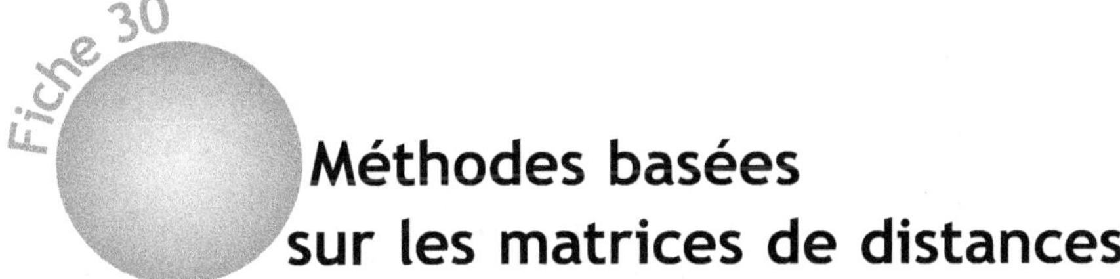

Méthodes basées sur les matrices de distances

Olivier Plantard

Historiquement, les premières méthodes de reconstruction phylogénétique sont celles basées sur des matrices de distances. Elles consistent tout d'abord à calculer à partir d'un alignement multiple (figure 30.1a) les distances entre séquences prises deux à deux. On peut par exemple considérer chaque distance comme étant égale au nombre de différences entre les deux séquences comparées (figure 30.1b) divisé par la longueur totale de la séquence, la *p-distance*; figure 30.1c.) À partir de cette matrice triangulaire, on peut utiliser différentes méthodes de regroupement, ou *clustering*, qui permettent de dessiner un arbre à partir de ces distances.

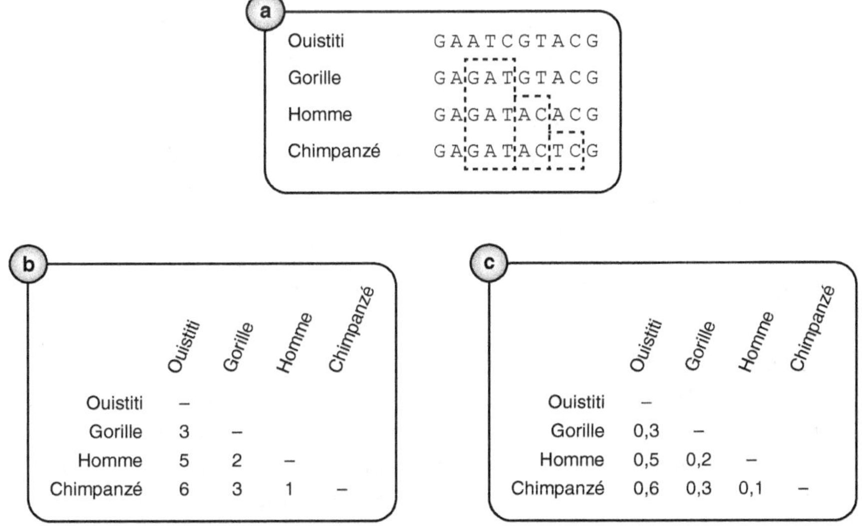

Figure 30.1. **Alignement de 4 séquences de primates de 10 nucléotides (a) et les matrices de distances correspondantes [nombre de substitutions (b) et *p-distances* (c)].**

UPGMA

La première méthode utilisée a été l'*Unweighted Pair Group Method with Arithmetic mean* (UPGMA). Pour cela, il faut chercher dans la matrice la distance la plus faible (soit 0,1 pour la distance homme-chimpanzé dans la matrice de la figure 30.1c), puis établir un premier nœud qui regroupe ces deux premières séquences, avec pour longueur de branche la moitié de la distance entre ces deux premières séquences (soit 0,05 dans l'exemple de la figure 30.1). Ensuite, il faut recalculer une nouvelle matrice de distances en remplaçant les deux lignes et les deux colonnes correspondant aux deux premières séquences regroupées par une nouvelle ligne et une nouvelle colonne correspondant au nouveau groupe ainsi formé (figure 30.2).

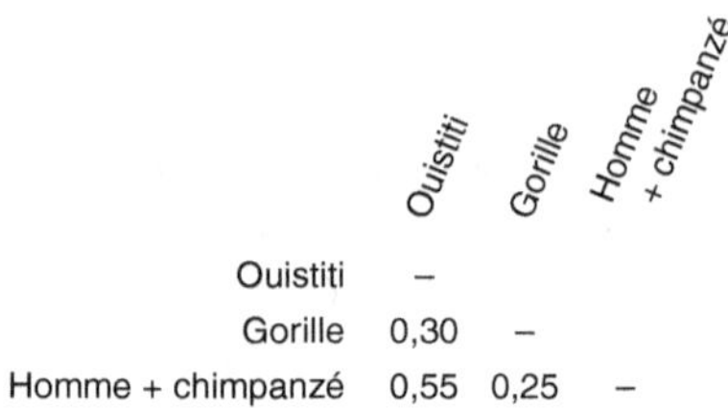

Figure 30.2. **Matrice de distances entre le ouistiti, le gorille et le groupe [homme +chimpanzé].**

La distance entre ce nouveau groupe [homme + chimpanzé] et chacune des séquences restantes est calculée comme étant égale à la moyenne des distances entre les deux séquences regroupées et la séquence considérée. Par exemple, sur la figure 30.2, entre le ouistiti et le groupe homme + chimpanzé, la nouvelle distance est égale à $(0,5 + 0,6)/2 = 0,55$. On cherche alors la valeur la plus faible dans cette nouvelle matrice, ce qui permet de faire le deuxième regroupement, et on répète cette opération jusqu'à avoir entièrement raccordé entre elles l'ensemble des séquences. L'arbre ainsi obtenu est représenté en figure 29.1.

Malheureusement, cette méthode exige que les séquences évoluent selon le principe d'une horloge moléculaire stricte, c'est-à-dire que depuis leur divergence de leur ancêtre commun, les mutations se sont accumulées exactement au même rythme sur les deux branches. Or on sait maintenant que ce principe est fréquemment violé dans la réalité des séquences biologiques. Par exemple, dans l'arbre phylogénétique de l'ensemble des animaux pluricellulaires, ou métazoaires, *Caenorhabditis elegans*, souvent utilisé comme représentant du groupe des nématodes, a vu s'accumuler depuis sa divergence d'avec les autres animaux un grand nombre de mutations — possiblement parce que cet animal a un temps de génération de l'ordre de 2,5 jours, soit un temps beaucoup plus court que les autres animaux de cet arbre. Le « tic-tac » de l'horloge moléculaire peut donc battre parfois plus ou moins vite suivant les groupes ou les branches considérés. Par définition, l'UPGMA ne permet pas de rendre compte de cette hétérogénéité. Il convient par conséquent d'éviter d'utiliser cette méthode de *clustering* pour la reconstruction phylogénétique.

Neighbor-joining

Heureusement, une autre méthode, le *neighbor-joining* (NJ), a été développée par la suite. Elle permet, au moins dans une certaine limite, de s'affranchir de cette contrainte. Suivant cette méthode, toujours basée sur une matrice de distances, les distances entre les groupes successivement formés sont calculées cette fois-ci en les pondérant par la somme des distances d'une même ligne de la matrice. Cet algorithme équivaut en fait à rechercher l'arbre dont la somme des longueurs des branches est la plus faible. Contrairement à un arbre construit par UPGMA, les longueurs de branches terminales d'un groupe de deux séquences, par exemple, ne sont pas nécessairement égales (comme sur la figure 29.1c), traduisant ainsi l'hétérogénéité du nombre de mutations qui se sont accumulées depuis la divergence entre deux séquences.

Méthodes de correction des distances

En toute rigueur, l'utilisation de la distance la plus simple, la *p-distance* (cf. le début de la présente fiche), à laquelle correspond le modèle d'évolution appelé Jukes-Cantor (JC), ne devrait s'appliquer qu'à des alignements dont les substitutions accumulées par les séquences se seraient produites suivant des modalités théoriques très particulières : mutations s'étant produites exactement au même rythme, quelle que soit la composition en base des séquences, que les mutations correspondent à des transitions ou des transversions, etc. On sait maintenant que ces taux théoriques sont très éloignés de ceux observés pour des séquences réelles. Afin d'améliorer la qualité de la reconstruction phylogénétique, on peut utiliser des méthodes dites « de correction de distances », qui prennent en compte certaines des particularités des modalités de substitutions chez les séquences nucléotidiques. Ainsi, le modèle Jukes-Cantor implique un taux unique de substitutions entre chacun des quatre nucléotides. Cependant, on sait aujourd'hui que les substitutions du type transition — entre purines ou entre pyrimidines — ou transversion —entre une purine et une pyrimidine ou inversement — ne se produisent pas aux fréquences attendues théoriquement : il existe en effet un biais observé en faveur des transitions, plus fréquentes que les transversions.

Pour prendre en compte ce biais, il faut donc estimer deux paramètres, le taux de transition et le taux de transversion. Cette méthode de correction de distance est appelée Kimura à 2 paramètres (K2P). On peut aussi prendre en compte les biais dus à une inégalité de fréquences des bases. En effet, le modèle Jukes-Cantor fait l'hypothèse que chacune des quatre bases est présente à la même fréquence (25 %). Or on observe fréquemment des écarts à ce chiffre théorique ; pour prendre en compte ce biais, on peut estimer la fréquence de chacun des nucléotides à partir du jeu de données étudiées, ce qui implique l'estimation de trois paramètres, et non quatre, car la somme des fréquences des nucléotides est nécessairement égale à un. Cette méthode de correction de distances est appelée Felsenstein-81 (F81). On peut aussi prendre en compte ces deux types de biais (ratio transition/transversion et fréquences inégales des quatre types de nucléotides) à travers une distance corrigée appelée HKY, nécessitant donc l'estimation de 2 + 3 = 5 paramètres. On peut encore affiner ce modèle en considérant non pas un taux unique pour les substitutions symétriques (p. ex. de A vers T et de T vers A), mais un taux pour chacune des substitutions (modèle *General Time Reversible*, ou GTR). L'ensemble de ces modèles de substitutions nucléotidiques fait l'hypothèse que les mutations ont lieu de façon équiprobable sur tous les sites, le long de la séquence. Là encore, de nombreuses évidences basées sur l'analyse de séquences réelles montrent qu'il n'en est rien. Pour prendre en compte cette hétérogénéité, on peut considérer que les taux de substitutions sont variables entre sites et décrivent une distribution du type gamma — que l'on peut définir par un paramètre appelé alpha; modèle + alpha. Ainsi, pour une valeur alpha = 0,1, il existe une majorité de sites avec des taux de substitution faibles et quelques rares sites avec des taux de mutation élevés. Enfin, on peut aussi considérer qu'il existe dans les séquences une proportion de sites invariables, pour lesquels le taux de substitution est nul (modèle + I).

Toutes ces méthodes permettent ainsi de recalculer une nouvelle matrice de distance « corrigées », basées sur un modèle théorique de changement d'état de caractère entre chacun des nucléotides (matrice de 4 × 4) qui prend en compte les connaissances que l'on a des modalités d'évolutions des séquences nucléotidiques (figure 30.3).

	A	C	G	T
A		β	α	β
C	β		β	α
G	α	β		β
T	β	α	β	

Figure 30.3. **Matrice de changement d'état de caractère entre les quatre nucléotides A, C, G et T.** Dans le modèle illustré, correspondant au modèle de Kimura à 2 paramètres (K2P), il y a un taux pour les transitions (α) un taux pour les transversions (β).

On peut aussi travailler sur des séquences d'acides aminés, ce qui divise par trois le nombre de sites étudiés, sans compter les mutations synonymes qui, par définition, ne vont pas changer la nature des acides aminés, et ainsi diminuer le nombre de sites variables dans une séquence. Il existe alors d'autres méthodes similaires qui sont elles aussi basées sur des modèles théoriques de passage d'un acide aminé à l'autre (matrice de 20 × 20). Le développement de ces méthodes d'analyse des séquences d'acides aminés sort du cadre de cet ouvrage.

L'ensemble de ces méthodes présente l'avantage d'être extrêmement rapide et de générer des arbres en quelques secondes. De nombreux logiciels, y compris gratuits et souvent très conviviaux, comme MEGA, sont disponibles pour calculer des arbres en *neighbor-joining*, et proposent de nombreuses méthodes de corrections de distances (cf. en fiche 32 l'intérêt du logiciel Modeltest pour choisir une de ces méthodes sur la base de critères objectifs et statistiques).

En revanche, comme ces méthodes passent nécessairement par le calcul d'une matrice de distances, on peut regretter une inévitable perte d'information. Ainsi, à partir d'un alignement de 10 000 pb, par exemple, toute l'information utilisée pour comparer deux séquences se résume à une valeur unique, celle de la distance calculée entre séquences prises deux à deux. Par ailleurs, un arbre unique est retenu, correspondant à celui dont la somme des longueurs des branches est la plus faible. Il n'y a aucun moyen d'estimer dans quelle mesure un autre arbre à la topologie très proche par exemple est vraiment moins bon que l'arbre retenu.

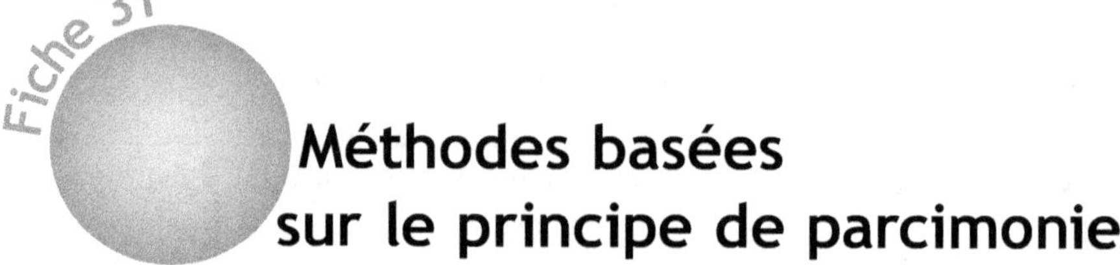

Méthodes basées sur le principe de parcimonie

Olivier Plantard

Ces méthodes ne passent pas par l'estimation d'une matrice de distances. Elles utilisent chaque site de l'alignement successivement pour construire l'arbre. L'information qui correspond aux différents états de caractère, c'est-à-dire les quatre nucléotides possibles, que prend chacun des sites le long de la séquence — ainsi que les états de caractère des sites au niveau de tous les nœuds de l'arbre — est prise en compte tout au long de l'analyse. En revanche, certains sites, appelés sites non informatifs en parcimonie — par exemple, tous les sites non variables, ou ceux où seulement une séquence présente ce nucléotide (ces sites sont appelés singletons) —, ne permettent pas de faire des regroupements et ne sont pas utilisés pour reconstruire l'arbre. Le principe de cette méthode (figure 31.1) est de comparer pour chaque site l'ensemble des différentes topologies possibles, de « projeter » sur chaque arbre tous les états de caractères qu'il implique — y compris au niveau des nœuds correspondant aux états de caractères des ancêtres communs aux séquences —, de comptabiliser l'ensemble des substitutions qu'implique chaque topologie et de privilégier la topologie qui minimise le nombre de substitutions dans l'arbre (principe de parcimonie).

Pour choisir l'arbre le plus parcimonieux à partir de cet alignement de 4 séquences et 4 caractères (figure 31.1a), il faut comparer les 3 arbres non enracinés possibles (figure 31.1b) et projeter à l'extrémité de chacune des branches terminales les états de caractère observés dans le jeu de données et les différents états de caractères possibles au niveau des nœuds internes de l'arbre (figure 31.1c ; illustration ici seulement pour le premier caractère de la topologie 1). Parmi les 16 scénarios possibles (figure 31.1c), le plus parcimonieux est celui entouré, car il ne nécessite qu'une seule substitution, contre 2 à 5 pour tous les autres. On calcule ensuite pour chaque topologie (1, 2 et 3) la somme de toutes les substitutions correspondant à tous les caractères afin de retenir celle qui implique le total le plus faible.

On peut aussi intégrer dans cette méthode des modèles d'évolution nucléotidique complexes, comme ceux évoqués dans la fiche 30, pour la correction des distances. Prendre en compte le biais en faveur des transitions en considérant un poids inférieur à ce type de substitution par rapport aux transversions est ainsi

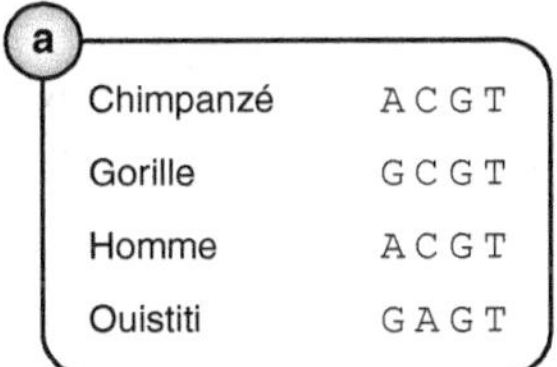

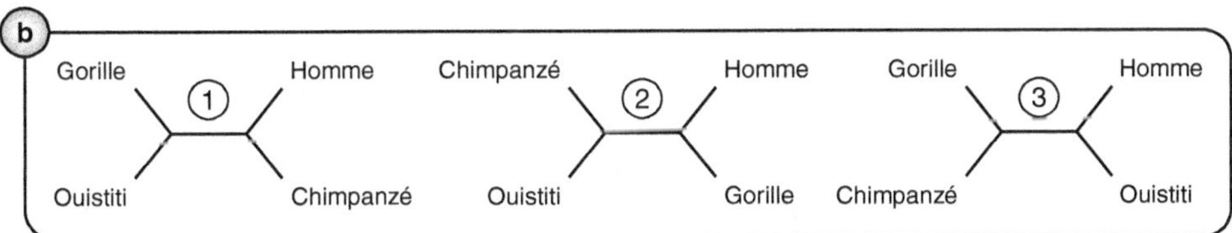

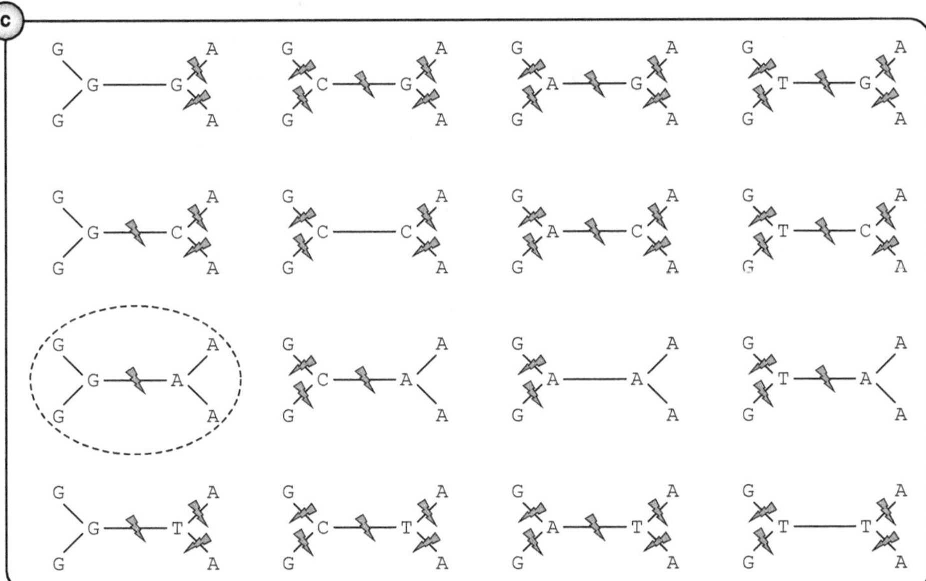

Figure 31.1. **Illustration du principe de parcimonie.** À partir de l'alignement de 4 séquences chez 4 espèces **(a)**, il existe 3 arbres non enracinés possibles **(b)**. Si on considère uniquement le premier site nucléotidique et uniquement la topologie 1, il existe 16 arbres possibles lorsque l'on considère les différents états de caractères que peuvent prendre les 2 nœuds internes de cet arbre **(c)**. Les substitutions le long des branches qui impliquent un changement d'état de caractère sont représentées par des éclairs.

possible. Pour un arbre non enraciné à 4 séquences, il existe 3 topologies possibles (figure 31.1b). Cependant, le nombre de topologies différentes à évaluer augmente très rapidement avec le nombre de séquences : 105 pour 5 séquences, plus de 34 millions pour 10, plus de 13 milliards pour 12, etc. Dès lors, au-delà d'une dizaine de séquences, il devient matériellement impossible de comparer tous les arbres ; cela nécessiterait trop de temps de calcul. Pour contourner cette difficulté, des heuristiques ont été développées, qui permettent de n'explorer qu'une partie de l'univers des arbres possibles. Mais ces méthodes, qui correspondent à des approximations, font courir le risque de « passer à côté » de l'arbre le plus court.

Parmi les avantages de cette méthode, il faut mentionner que c'est la seule à pouvoir prendre en compte les indels que génèrent parfois les alignements et qui peuvent parfois contenir une riche information phylogénétique. Parmi ses inconvénients, il faut évoquer le temps de calcul, qui peut parfois être extrêmement long. Par ailleurs, cette méthode est considérée comme sensible au phénomène d'« attractions des longues branches », qui tend à regrouper artefactuellement les branches très longues d'un arbre. En effet, lorsque l'on compare des espèces ayant divergé depuis très longtemps — donc portées par des branches très longues —, il est probable que certains de leurs nucléotides soient identiques ; non pas parce qu'elles les ont héritées d'un ancêtre commun (homologie), mais parce que depuis un si long temps de divergence les mutations ont pu s'accumuler pour au final aboutir au même état (homoplasie due à une convergence). Or la méthode de reconstruction phylogénétique par parcimonie ne permet pas de prendre en compte l'existence de telles convergences. Afin de lutter contre cet artefact, l'idéal est d'essayer de « casser » ces longues branches en rajoutant de nouvelles séquences qui pourraient se placer entre elles.

Le logiciel de prédilection pour pratiquer la parcimonie est PAUP. Il est disponible pour différents systèmes d'exploitation. La version pour Mac est la plus conviviale, car toutes les options y sont accessibles *via* des fenêtres et des menus déroulants, alors que pour les autres plateformes tout s'effectue par saisie de lignes de commandes.

Méthodes basées
sur le maximum de vraisemblance

Olivier Plantard

Ces méthodes sont les dernières à avoir été développées. Par contre, elles l'ont été pour traiter spécifiquement de la reconstruction phylogénétique à partir des séquences nucléotidiques. Dès lors, elles ont pu intégrer au maximum les connaissances acquises sur les particularités des substitutions nucléotidiques, d'autant qu'elles sont basées sur l'utilisation de modèles qui décrivent précisément la fréquence des différents types de substitution en fonction de différents paramètres : ratio transition/transversion, fréquences des différents nucléotides, etc. Leur principe est de rechercher, parmi l'univers des arbres possibles celui qui maximise la vraisemblance de l'arbre en fonction du modèle de substitution nucléotidique choisi et du jeu de données analysé. La vraisemblance correspond à la probabilité d'obtenir les données observées suivant le modèle que l'on a spécifié. Ainsi, pour un jeu de 4 séquences, il existe 3 arbres non enracinés possibles (figure 31.1b). Pour un site donné et pour chacun de ces arbres, si on cherche à savoir quel était le nucléotide le plus probable au niveau des deux nœuds de cet arbre, il existe 16 configurations possibles (figure 31.1c). On peut alors calculer la probabilité de chacun de ces 16 arbres en fonction du modèle de substitution choisi. La vraisemblance de l'arbre pour ce site sera égale à la somme de ces 16 probabilités. La vraisemblance de l'ensemble de la séquence est égale au produit de l'ensemble des vraisemblances à chacun des sites. On retient alors parmi les 3 arbres celui qui présente la plus grande valeur de vraisemblance. Un des intérêts de cette méthode est qu'elle permet de déterminer les valeurs que doivent prendre les différents paramètres du modèle choisi — comme par exemple les paramètres α (transition) et β (transversion) de la figure 30.3 — afin qu'elle maximise la vraisemblance de l'arbre retenu en fonction des données observées.

Par le jeu de la combinatoire et du nombre d'arbres à comparer, on comprend aisément que ce type de méthodes est exigeant en temps de calcul. Comme pour les méthodes basées sur la parcimonie, elles utilisent des heuristiques afin de réduire l'espace exploré des arbres possibles. Parmi les logiciels proposant ce type de méthodes de reconstruction phylogénétique, on peut citer les logiciels gratuits PHYLIP et PhyML, et le logiciel payant PAUP. Ils permettent de prendre en compte un grand nombre de paramètres permettant d'utiliser des modèles de plus en plus complets d'évolution nucléotidique : fréquence des différents nucléotides, pourcentage de sites invariables, etc. Néanmoins, avec un jeu de données de taille limité, plus le nombre de paramètres à estimer est grand, plus l'incertitude autour des estimations de ces paramètres est élevée. Il faut alors se poser la question : « Est-il justifié d'incorporer de nouveaux paramètres, ou cette complexification du modèle va-t-elle se faire au détriment de la précision de l'estimation des paramètres ? » Pour y répondre, il est possible d'utiliser des tests de ratio de vraisemblance, qui constituent un critère de choix objectif basé sur des tests statistiques — test hiérarchique ou critère d'information d'Akaike —, afin de déterminer le niveau de complexité « idéal » du modèle. Modeltest, le logiciel sous licence GNU, permet ainsi de déterminer, parmi un panel de 56, le modèle le plus satisfaisant en fonction du jeu de données étudié.

Parmi ces méthodes basées sur le maximum de vraisemblance, il faut enfin évoquer le développement récent des méthodes bayésiennes. Très « gourmandes » en temps de calcul, parce qu'elles nécessitent de longues simulations, elles ont l'avantage de pouvoir intégrer explicitement dans le modèle certaines connaissances que l'on a *a priori*, ou *prior*, sur les modalités d'évolution des séquences ou le jeu de données, permettant dès lors de gagner en précision. Avec cette approche, les valeurs des paramètres du modèle ne sont pas choisies pour maximiser la vraisemblance de l'arbre en fonction des données, mais pour maximiser sa probabilité postérieure (*posterior probability*), qui correspond au produit de la vraisemblance et de la probabilité *a priori* (*prior probability*). Afin d'approximer cette probabilité postérieure qu'il n'est pas possible de calculer analytiquement, des méthodes de simulations basées sur des chaînes de Markov par Monte-Carlo (*Markov Chain Monte Carlo*, MCMC) sont utilisées. Le logiciel MrBayes, développé par John Huelsenbeck *et al.*, est l'un des plus utilisés pour ce type d'analyses.

Estimation de la robustesse

Olivier Plantard

Une fois la topologie de l'arbre retenue, il convient d'estimer la robustesse de ses nœuds. En effet, certains regroupements peuvent être basés sur un nombre très limité de sites, alors que d'autres peuvent l'être sur un grand nombre de nucléotides en commun. La méthode la plus fréquemment utilisée pour rendre compte de la robustesse d'un nœud est la méthode du *bootstrap*. Elle consiste à générer, à partir des données observées, des pseudo-échantillons en procédant à un tirage aléatoire avec remise des différents sites de l'alignement (figure 33.1). Chaque pseudo-échantillon consistera donc en un alignement de la même longueur que le jeu de données original et dans lequel certains sites pourront être représentés plusieurs fois, alors que d'autres ne seront pas représentés du tout.

Puis, la méthode de reconstruction phylogénétique choisie (NJ, parcimonie ou ML) sera appliquée sur chacun de ces pseudo-échantillons afin de retenir un arbre par pseudo-échantillon. Enfin, on calcule un arbre consensus qui reflète les regroupements représentés par le plus grand nombre d'arbres obtenus à partir de ces pseudo-échantillons. Si parmi 10 000 pseudo-échantillons, les séquences A et B sont regroupées dans 9 000 des arbres générés, alors une valeur de *bootstrap* de 90 — correspondant donc à un pourcentage — est attribuée au nœud regroupant les séquences A et B dans l'arbre consensus. Ainsi, pour un nœud donné, plus la valeur de *bootstrap* est élevée, plus il y a de sites dans l'alignement qui conforte l'existence de ce regroupement, ce qui maximise les chances que ces sites se retrouvent dans les pseudo-échantillons. Ces valeurs de *bootstrap* doivent néanmoins être interprétées avec précaution, et les groupes attestés par des valeurs de *bootstrap* fortes (100 %) ne correspondent pas forcément à des groupes biologiques réels ayant une validité biologique (groupe monophylétique partageant un ancêtre commun proche). Une valeur de 100 % pour un nœud qui relie deux séquences n'indique pas que l'on peut être absolument certain que ces deux séquences sont celles qui possèdent l'ancêtre commun le plus proche de tout le jeu de données. Cette valeur indique plutôt qu'il est inutile d'augmenter le jeu de données en rallongeant les séquences — en faisant l'hypothèse que les sites supplémentaires évolueraient selon les mêmes modalités que ceux du jeu de données initial —, car selon le modèle de reconstruction phylogénétique retenu, on obtiendrait alors toujours la même topologie. Par ailleurs, cette valeur de *bootstrap* ne dit rien sur la pertinence du modèle d'évolution des séquences choisi. Si le modèle est incorrect, c'est-à-dire s'il ne traduit pas bien les particularités des mutations qui se sont accumulées dans le groupe étudié, alors on peut très bien avoir des valeurs de *bootstrap* de 100 % pour un nœud, alors qu'il ne correspond pas à un regroupement biologiquement pertinent ou réel.

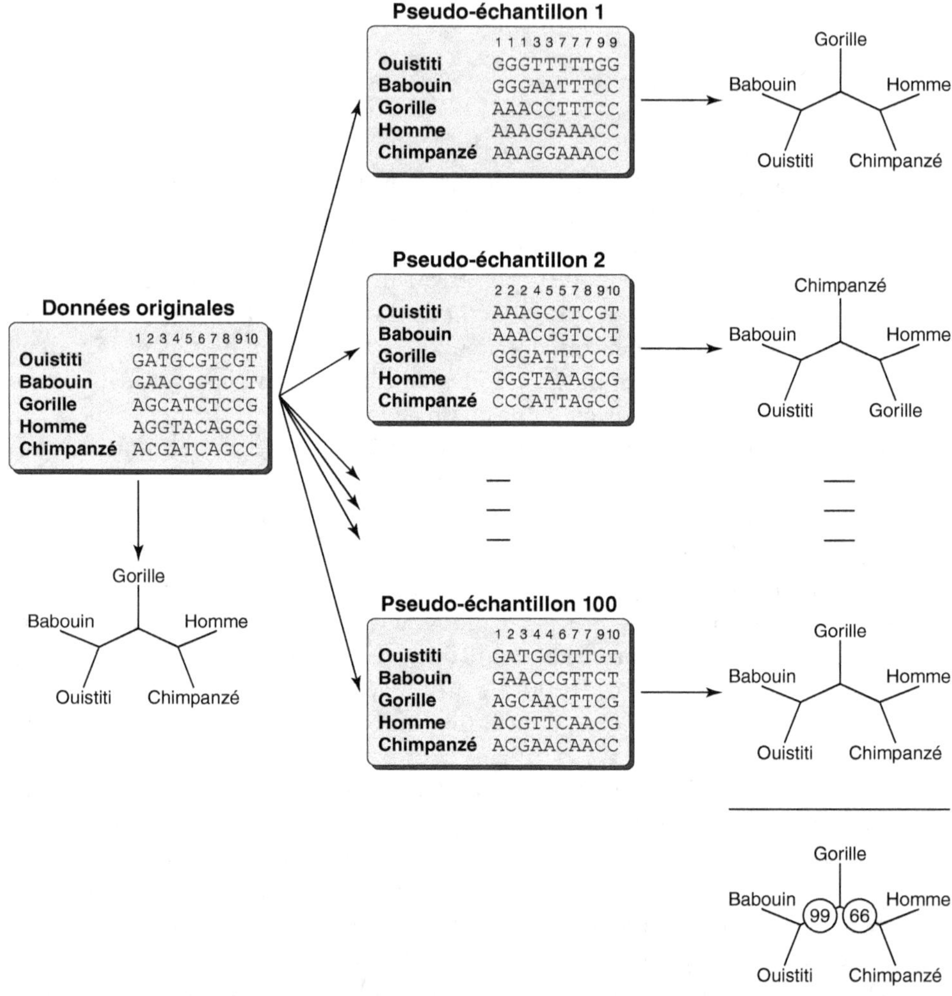

Figure 33.1. **Calcul de valeurs de *bootstrap*.** À partir du jeu de données présenté ici (un alignement composé de dix sites nucléotidiques chez cinq espèces), on peut générer des pseudo-échantillons (correspondant à des jeux de données de même longueur que le jeu de donnée original) en prenant au hasard et avec remise chacun des sites (numérotés de 1 à 10). On peut ainsi calculer un arbre à partir de chacun des pseudo-échantillons. La valeur de *bootstrap* au niveau d'un nœud donné (par exemple 66 pour le nœud regroupant l'homme et le chimpanzé) correspond au pourcentage d'arbres issus des pseudo-échantillons qui présentent ce regroupement [homme + chimpanzé].

Dans le cas des arbres obtenus par la méthode de parcimonie, un autre indice que le *bootstrap* peut être utilisé. Il s'agit de l'indice de Bremer, ou *decay index*. Comme nous l'avons vu, la parcimonie cherche à déterminer l'arbre le plus court en termes de nombre de substitutions qui se sont produits le long des différentes branches de l'arbre. Une valeur de *decay index* de 3 situé au niveau du nœud entre les séquences A et B signifie qu'il faut « descendre » jusqu'à l'arbre — en partant du plus parcimonieux — qui compte 3 substitutions supplémentaires pour trouver une topologie où A et B ne sont pas regroupés. On voit donc que plus ce *decay index* correspond à un nombre élevé, plus le groupe est étayé par un nombre important de caractères en commun.

Enfin, pour les arbres obtenus par les méthodes bayésiennes, la robustesse des nœuds peut être estimée par une probabilité postérieure qui varie de 0 à 1 et dont l'interprétation est proche de celle des valeurs de *bootstrap*. Certaines études suggèrent néanmoins que ces probabilités postérieures conduisent à surestimer la confiance que l'on peut accorder aux nœuds par rapport aux classiques valeurs de *bootstrap*.

Choix d'une méthode

Olivier Plantard

Nous avons vu qu'il existe un grand nombre de méthodes de reconstruction phylogénétique disponibles et qu'elles sont toutes sensibles, à différents biais, aux spécificités d'évolution des séquences, lesquelles peuvent être très différentes suivant les gènes, les groupes taxonomiques, etc. Dès lors, quelle méthode choisir?

Il faut tout d'abord rappeler l'importance de la qualité de l'alignement. Ensuite, il est nécessaire de disposer d'un jeu de données suffisamment riche afin que le « signal phylogénétique » que contiennent les séquences ne soit pas couvert par du « bruit de fond ». Le niveau de variabilité du jeu de données ne doit être ni trop faible — ce qui permettrait de faire peu de regroupements, basés sur un nombre réduit de sites (faibles valeurs de *bootstrap*) — ni trop important — ce qui ferait courir le risque d'avoir dans le jeu de données beaucoup d'homoplasie, c'est-à-dire des nucléotides identiques dans différentes séquences, non parce qu'ils ont été hérités d'un ancêtre commun proche, mais parce qu'ils ont été acquis indépendamment par des événements différents de substitutions. Une fourchette située entre 10 et 20 % de sites variables semble constituer un bon compromis. S'il s'agit de reconstruire une phylogénie d'espèces et que l'on a le choix parmi un panel de gènes que l'on peut séquencer, il est alors préférable de choisir ceux évoluant au rythme adéquat afin d'observer un tel pourcentage de polymorphisme. S'il s'agit de reconstruire l'évolution d'une famille multigénique, il est alors possible d'utiliser différentes méthodes pour ne retenir qu'une partie des sites variables (cf. transversions uniquement, mutations non synonymes uniquement, etc.) et d'éviter ainsi des problèmes d'homoplasie.

Si toutes ces conditions sont remplies, il est probable que toutes les méthodes de reconstruction donnent à peu près le même arbre. Même si l'utilisation de l'UPGMA est à proscrire, les méthodes basées sur les matrices de distance comme le *neighbor-joining* sont extrêmement rapides et donnent des résultats satisfaisants tant que le jeu de données ne s'écarte pas trop des hypothèses qu'implique cette méthode. Par contre, si le jeu de données ne présente pas ces caractéristiques ou présente des hétérogénéités — par exemple, certaines séquences ont une composition en bases très différente des autres, certaines branches sont très longues alors que la majorité des autres sont courtes, etc. —, alors explorer les différents modèles de substitutions possibles pour étudier leur effet sur la topologie vaut la peine. Malgré la diversité de ces modèles, le logiciel Modeltest permet d'en choisir un en se basant sur un critère objectif, même s'il est discutable.

Pour en savoir plus...

Littérature scientifique

Caraux G., Gascuel O., Andrieu G., Levy D., 1995. Méthodes informatiques pour la reconstruction phylogénétique. *Technique et science informatiques*, 14 (2) : 113–139.

Delsuc F., Brinkmann H., Philippe H., 2005. Phylogenomics and the reconstruction of the tree of life. *Nature Reviews Genetics*, 6 : 361–375.

Darlu P., Tassy P., 1993. *La reconstruction phylogénétique. Concepts et méthodes.* Paris, Masson, 264 p., épuisé. Disponible sur : site Web de la Société française de systématique (SFS) : <http://sfs.snv.jussieu.fr/pdf/Darlu_Tassy_online.pdf> (consulté le 27.09.2010).

Felsenstein J., 1981. Evolutionary trees from DNA sequences: a maximum likelihood approach. *Journal of Molecular Evolution*, 17 : 368–376.

Guindon S., Gascuel O., 2003. A simple, fast, and accurate algorithm to estimate large phylogenies by maximum likelihood. *Systematic Biology*, 52 (5) : 696–704.

Hasegawa M., Kishino H., Yano T., 1985. Dating the human-ape splitting by a molecular clock of mitochondrial DNA. *Journal of Molecular Evolution*, 22 : 160–174.

Holder M., Lewis P. O., 2003. Phylogeny estimation: traditional and Bayesian approaches. *Nature Reviews Genetics*, 4 : 275–284.

Jukes T. H., Cantor C. R., 1969. Evolution of protein molecules. *In* Munro H. N. (ed.), *Mammalian protein metabolism*. New York, Academic Press, 21–123.

Kimura M., 1980. A simple method for estimating evolutionary rate of base substitution through comparative studies of nucleotide sequences. *Journal of Molecular Evolution*, 16 : 111–120.

Lecointre G., Le Guyader H., 2006. *Classification phylogénétique du vivant*. Paris, Belin, 559 p., 3ᵉ éd.

Page R. D. M., Holmes E. C., 1998. *Molecular evolution. A phylogenetic approach*. Oxford, UK, Blackwell Science, 352 p.

Posada D., Crandall K. A., 1998. Modeltest: testing the model of DNA substitution. *Bioinformatics*, 14 (9) : 817–818.

Saitou N., Nei. M., 1987. The neighbor-joining method: a new method for reconstructing phylogenetic trees. *Molecular Biology and Evolution*, 4 (4) : 406–425.

Sneath P. H. A., Sokal R. R., 1973. *Numerical Taxonomy: The Principles and Practice of Numerical Classification*. San Francisco, USA, W. H. Freeman and Co, 230–234.

Tavaré S., 1986. Some probabilistic and statistical problems in the analysis of DNA sequences. *American Mathematical Society: Lectures on Mathematics in the Life Sciences*, 17 : 57–86.

Whelan S., Liò P., Goldman N., 2001. Molecular phylogenetics: state-of-the art methods for looking into the past. *Trends in Genetics*, 17 : 262–272.

Swofford D. L., Olsen G. J., Waddell P. J., Hillis D. M, 1996. Phylogenetic inference. *In* Hillis D. M., Moritz C., Mable B. K. (eds.), *Molecular systematic*. Sunderland, MA, USA, Sinaueur Associates, 2nd ed., 407–514.

Ressources sur Internet

Toutes ces ressources ont été consultées avec succès le 27 septembre 2010.

MEGA	http://www.megasoftware.net/
Modeltest	http://darwin.uvigo.es/software/modeltest.html
MrBayes	http://mrbayes.csit.fsu.edu/Index.php
PAUP	http://paup.csit.fsu.edu/
PHYLIP	http://evolution.genetics.washington.edu/phylip.html
Phylogeny Programs	http://evolution.genetics.washington.edu/phylip/software.html
PhyML	http://atgc.lirmm.fr/phyml/

Annotation des génomes

Introduction

Denis Tagu

Du séquençage jusqu'à l'annotation

Avec le développement des techniques de séquençage de génomes entiers, la bio-informatique a été très sollicitée pour aider à l'analyse des informations qui en résultent.

Actuellement, la très grande majorité des génomes est séquencée par la technique dite du *shotgun*, soit séquençage aléatoire. Le *shotgun* consiste à fragmenter aléatoirement la totalité de l'ADN d'un génome en petits fragments (ne dépassant pas 10 kb, par exemple) et à séquencer individuellement chacun de ces fragments. Ces étapes se font très facilement grâce à la robotisation sans précédent du séquençage. Mais les séquences obtenues sont de petites tailles (quelques centaines de paires de bases) par rapport à la taille initiale du génome (plusieurs milliers, millions, voire milliards de bases), et il s'agit de tout remettre en ordre pour reconstruire la séquence du ou de chacun des chromosomes.

Cette reconstruction est basée sur l'alignement de séquences, en espérant que de chevauchement en chevauchement les petits fragments s'assemblent en plus grands, voire très grands (le chromosome) fragments. Ces assemblages forment ce que l'on appelle des contigs, c'est-à-dire des séquences faites de la fusion de petites séquences chevauchantes et contiguës. Cette étape d'assemblage fait donc appel à la bio-informatique. Afin d'augmenter la chance de séquencer au moins une fois chacun des fragments du génome d'origine (fragments générés aléatoirement), on va prendre la précaution de séquencer un nombre total de fragments correspondant à plusieurs fois la taille du génome d'intérêt, chaque fragment provenant de banques différentes : on parle alors de « profondeur de séquencage ».

Dans la pratique, on séquence un génome généralement de 6 à 10 fois (on parle de 6×, 10×). Ainsi, le séquençage d'un génome de 3 000 Mb (mammifère, par exemple) produira en *shotgun* l'équivalent de 3 000 × 6 Mb, voire 3 000 × 10 Mb de séquences, en petits fragments générés aléatoirement et mélangés. Plus la profondeur est grande (le nombre de × élevé), plus l'assemblage sera aisé.

En ce qui concerne les petits fragments, le problème majeur concerne l'assemblage de ceux qui sont riches en séquences répétées. Il peut exister dans un même génome des zones très riches par exemple en bases A et T. Ces zones vont générer des petits fragments riches en A et T, et il sera très difficile de reconstituer ces zones similaires à partir de fragments de séquences quasi identiques. Cependant, bien qu'imparfait, l'assemblage d'un génome est souvent satisfaisant ! C'est pourquoi, lorsque cela est possible, il est très utile de pouvoir s'aider de cartes physiques ou génétiques qui proposent déjà des ordres de grands fragments chromosomiques, afin d'y ancrer l'assemblage provenant du séquençage.

De plus, malgré une grande profondeur de séquençage, il est extrêmement rare que la séquence d'un génome en représente la totalité. Il manque toujours des bouts, souvent des fragments contenant des séquences répétées difficiles à séquencer. Le génome obtenu étant partiel, on parle de brouillon, ou *draft sequence*. Comme il manque des bouts de séquence, il est impossible d'aboutir en fin d'assemblage à un nombre de contigs correspondant au nombre de chromosomes : après un assemblage, dans la plupart des cas, on génère davantage de contigs que de chromosomes.

Annotation

Nous voici à présent avec la séquence assemblée du génome de notre organisme favori, séquence certes imparfaite mais assemblée, et ce, de manière « automatique », c'est-à-dire une collection de contigs, chacun composé de milliers, voire de millions de bases. Il s'agit maintenant de rechercher dans ces successions de nucléotides des informations « pertinentes » : gènes codant des protéines, gènes codant des ARN, séquences répétées, etc. C'est ce que l'on appelle l'annotation. L'annotation se déroule principalement en deux temps : l'annotation automatique et l'annotation manuelle.

L'annotation automatique consiste à développer et faire tourner des algorithmes sur les séquences assemblées afin de reconnaître des « gènes ». Par exemple, reconnaître les débuts et fins de gènes codant des protéines (codon d'initiation, codons stop), vérifier que les environnements proches correspondent à des motifs connus (séquences de fixation d'ARN polymérase, par exemple), etc. Dans le cas des génomes eucaryotes, le problème se complexifie par la recherche des introns et des exons (cf. fiches 36 et 37). À l'issue de cette étape, les bio-informaticiens fournissent aux biologistes des listes des gènes prédits (ou *gene models*), avec leur position sur les contigs génomiques.

Vient alors la seconde étape : l'annotation manuelle. Il s'agit de parcourir un à un ces gènes prédits et de « décider » si l'algorithme a bien prédit (on valide le gène) ou si le programme s'est trompé (on ne valide pas le gène). C'est un travail long et fastidieux qui nécessite la mobilisation d'une communauté de chercheurs (des biologistes) capables de se répartir le travail, et souvent experts pour des groupes de protéines ou des fonctions biologiques (p. ex. « facteurs de transcription » ou « immunité »). Cette étape est rarement achevée, car une annotation peut toujours être améliorée. Ainsi, pour des organismes modèles comme la drosophile, de nouvelles versions de génome sont publiées après avoir mis à jour des nouvelles annotations. Cette annotation manuelle s'appuie, pour chaque gène prédit, sur des éléments tangibles : présence d'un transcrit — *Expressed Sequence Tag* (EST), ADNc — qui s'aligne sur la séquence du gène prédit, présence de séquences similaires chez d'autres organismes, conservation entre espèces proches de l'ordre des gènes (synténie), etc.

Toute une série d'informations parallèles peut être apportée : résultats de *microarray* — indiquant que le gène a été trouvé actif au moins une fois dans une condition donnée —, description de séquences homologues chez d'autres organismes (avec éventuellement une analyse phylogénétique) et tous les outils de l'analyse fonctionnelle impliquant la bibliographie, les éventuelles voies métaboliques ou réseaux, les ontologies, les mutants, etc. Toutes ces données d'annotation fonctionnelle sont alors stockées et affichées dans les bases de données spécifiques à l'organisme.

Prédiction des séquences codantes et chaînes de Markov

Jean-Loup Risler

Introduction

Considérez les deux phrases suivantes :

« J'avais parcouru le Finistère, les landes désolées, les terres nues où ne pousse que l'ajonc. »

« La théorie de la relativité restreinte est intervenue pour rendre compte des phénomènes électromagnétiques. »

Vous est-il difficile de deviner laquelle est de Guy de Maupassant et laquelle a été écrite par Bertrand Russel ? Évidemment non. Pourquoi ? Par exemple parce que vous savez que Guy de Maupassant, historiquement, ne pouvait avoir entendu parler de la relativité restreinte. Or il y a dans la seconde phrase des mots (p. ex. électromagnétique) que Guy de Maupassant ne peut avoir écrits. Il y a aussi, et c'est plus difficile à décrire et à quantifier, une question de style.

Pour ma part, je ne parle ni espagnol ni polonais, et pourtant, si je regarde les deux phrases suivantes :

« En español, todo lo que se escribe se pronuncia. »

« Inwentarze i dokumentacje prac wykopaliskowych cmentarzysk, osad, skarbów, znalezisk luźnych. »

je n'ai vraiment aucun problème pour deviner laquelle est écrite en polonais.

Mais ne connaissant ni l'une ni l'autre des langues, je ne puis parler ici de mots improbables ou de style particulier. Non, ce qui saute aux yeux ici, c'est la fréquence de certaines lettres. La seconde phrase est truffée de w, k, z et autre y. Elle est aussi très riche en doubles consonnes (nw, rz, cj, sk, etc.) que l'on ne s'attend pas à trouver dans une langue latine. Cette composition alphabétique me permet de trancher avec une quasi-certitude.

Supposez maintenant qu'un éditeur facétieux publie un livre — qui ne se vendra pas — dans lequel il aurait mélangé au hasard des pages de Guy de Maupassant (en français), Bertrand Russel (en anglais) et Antoni Slonimski (en polonais). Cet éditeur lance un concours richement doté pour récompenser celui (celle) qui saura repérer et identifier l'auteur de chaque page. Sauriez-vous le faire ? Oui, certainement. Eh bien le problème est exactement le même pour les séquences génomiques. Dans le premier cas, vous identifiez les pages en français, anglais et polonais dans un livre. Dans le second cas, le biologiste identifie les plages exon, intron et intergénique dans une séquence génomique d'eucaryote. Dans le premier cas, vous utilisez les différences visibles entre les langues telles que la fréquence des lettres ou l'utilisation de signaux caractéristiques (par exemple, le tilde est caractéristique de l'espagnol). Dans le second cas, comme nous allons le voir, vous procédez de la même façon. En quelque sorte, vous utilisez les différences de « style » entre les séquences codantes et les séquences non codantes.

Le « style » des séquences

On sait que les protéines, et les enzymes en particulier, ont des structures tri-dimensionnelles précises et que ces structures sont largement imposées par les séquences. Pour qu'une protéine puisse conserver sa fonction de génération en génération, il faut que sa structure soit conservée. Donc sa séquence aussi, et par conséquent la séquence de son gène également. Autrement dit, la séquence d'un gène est fortement contrainte, elle ne peut évoluer *ad libitum*. La situation est différente pour les régions intergéniques ou les introns. Il existe certes des signaux qui doivent rester reconnaissables par les promoteurs ou les facteurs de transcription, par exemple, mais la grande majorité des régions non codantes est beaucoup plus libre de subir des modifications (jusqu'à plus ample informé...). Il en résulte des différences dans les séquences, que l'on doit pouvoir repérer. Considérons par exemple la composition en acides aminés d'une protéine soluble standard. Elle contiendra peu de cystéines et de tryptophanes, qui sont des acides aminés rares. Son gène sera donc pauvre en codons TGT, TGC et TGG. Une région intergénique, par contre, n'a aucune raison d'éviter spécialement les triplets TGT, TGC ou TGG.

On sait depuis longtemps que les différents codons synonymes pour un acide aminé donné ne sont généralement pas utilisés avec la même fréquence. C'est ce qu'on appelle l'« usage des codons ». Chez *E. coli* par exemple, les 3 codons de l'isoleucine ATT, ATC et ATA sont utilisés avec les fréquences respectives de 0,51, 0,42 et 0,07. Le codon ATA est donc un codon rare que l'on trouvera peu fréquemment dans un gène chez *E. coli*. Le triplet ATA, par contre, n'a aucune raison d'être rare en dehors des phases codantes. Il se dessine nettement que l'examen des fréquences des triplets devrait permettre de distinguer ce qui est codant de ce qui ne l'est pas. L'expérience montre qu'une meilleure discrimination est obtenue en utilisant la fréquence des hexanucléotides — donc les paires de codons, donc les dipeptides dans les protéines. C'est logique. Si le trypto-phane W est rare, le dipeptide WW l'est encore plus. Si le codon ATA est rare chez *E. coli*, le doublet ATAATA le sera encore plus. Une région riche en ATA a donc de bonnes chances d'être intergénique. Certains programmes de prédiction de gènes utilisent même des mots de 9 nucléotides. Et on peut imaginer aller plus loin dans la finesse : par exemple, les compositions en acides aminés des protéines solubles et des protéines membranaires étant très différentes, les compositions en codons des gènes correspondants seront aussi différentes. Il est dès lors envisageable, le long du chromosome d'une bactérie, de chercher les plages « codant hydrophile », « codant hydrophobe » et « intergénique ».

Il faut noter que l'usage des codons est propre à chaque espèce. Certaines (comme *E. coli*) ont un usage très biaisé, d'autres nettement moins (les eucaryotes en général), d'autres bactéries ont un biais différent. Autrement dit, chaque espèce possède son propre style. On ne peut utiliser pour une mycobactérie ce qui a été observé chez *B. subtilis*.

Première étape dans la recherche des gènes : l'apprentissage

Le lecteur est convaincu, je l'espère, que l'examen de la composition en tri- ou hexanucléotides le long du chromosome devrait permettre d'identifier des plages codantes ou non codantes. Mais il est clair aussi que si je veux parler polonais, il faut que quelqu'un me l'apprenne. J'ai donc besoin d'une étape d'apprentissage au cours de laquelle je vais dire à mon programme : « Voilà. Je te donne dans ces fichiers toute une série de séquences de gènes et toute une série de séquences dont je sais qu'elles sont intergéniques (une centaine de séquences dans chaque cas, par exemple). Utilise-les pour établir les statistiques de l'usage des codons et/ou des hexanucléotides dans les séquences codantes et non codantes. » Dans une deuxième étape, le programme balaiera la séquence du chromosome et utilisera ces statistiques pour chercher des plages homogènes conformes aux modèles « codant » ou « non codant » qu'il vient de déterminer. Oui mais... Comment puis-je donner « toute une série de séquences codantes » puisque, précisément, je les cherche... La solution diffère suivant l'organisme étudié.

Pour les procaryotes

Toute région du chromosome comprise entre deux codons stop est une phase ouverte de lecture (*Open Reading Frame* : ORF) potentiellement codante. L'idée est ici que si l'ORF est assez longue, alors elle a des chances de contenir un gène. Donc : i) on repère le long du chromosome tous les codons stop possibles, dans les 6 phases de lecture évidemment ; ii) on retient toutes les ORF de plus de 700 bases (par exemple) ; iii) on considère ces ORF comme des gènes qui vont être utilisés dans la phase d'apprentissage. Le danger est ici, bien entendu, de prendre pour des gènes ce qui est du non codant. Les trois codons stop sont TGA, TAA et TAG. Pas de cytosine dans ces codons qui sont riches en A + T. Donc dans les génomes possédant 50 % ou plus de A + T, les codons stop fortuits (hors phase) seront fréquents et les longues ORF seront rares. Ces dernières auront par conséquent de bonnes chances de contenir des gènes. Dans les chromosomes riches en G + C, au contraire, les codons stop seront plus rares, donc les ORF seront plus longues et beaucoup d'entre elles ne seront pas des gènes. L'apprentissage est en conséquence plus difficile chez les bactéries riches en G + C.

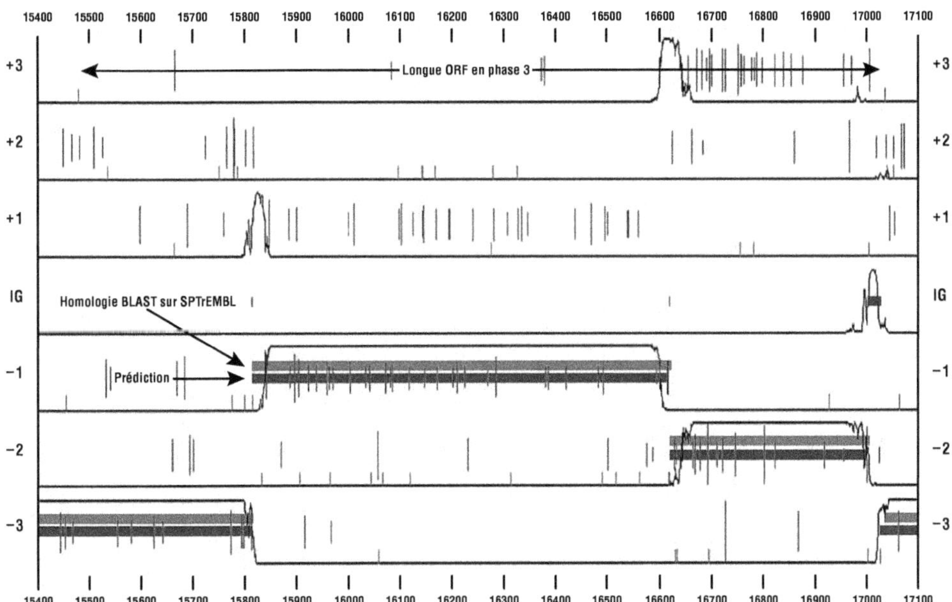

Figure 36.1. **Représentation schématique d'une petite portion du chromosome de *Ralstonia solanacerum* ©** T. Schiex, Inra Toulouse.

La figure 36.1 montre schématiquement une petite portion du chromosome de *Ralstonia solanacerum*, organisme riche en G + C, où les codons stop sont repérés dans les 6 phases par des traits verticaux épais. On voit clairement dans la phase + 3 une longue phase ouverte de lecture (ORF) de plus de 1 500 bases. Et pourtant… cette ORF ne contient aucun gène. Dans cette région, les gènes sont sur le brin complémentaire. Dans les cas difficiles, on extraira toutes les ORF suffisamment longues, on les traduira et on comparera leurs séquences protéiques à celles d'une banque généraliste. Et, bien sûr, on ne retiendra que les ORF dont les produits ressemblent indubitablement à des protéines déjà identifiées dans d'autres organismes.

Pour les eucaryotes

Le problème est évidemment compliqué ici par la présence des introns. Chez les eucaryotes, les ORF au sens strict (phase ouverte de lecture entre deux codons stop) n'ont pas de sens dans les régions contenant un gène, et ce, à cause des introns. Heureusement, il y a les ADNc (issus de transcrits). Il faut dans ce cas disposer, d'une part, de la séquence chromosomique et, d'autre part, des séquences de plusieurs dizaines ou mieux de plusieurs centaines d'ADNc « pleine longueur », c'est-à-dire couvrant la totalité de la partie codante. Avec ces dernières, on repère les gènes correspondants sur le chromosome et on délimite leurs exons et leurs introns. On peut alors fournir au programme de prédiction deux lots d'apprentissage : un pour les exons et un pour les introns.

Deuxième étape : la modélisation de la séquence et du chromosome par des chaînes de Markov

Modélisation de la séquence

Nous disposons donc d'au moins deux modèles de régions chromosomiques, les régions codantes et les régions non codantes, vues par exemple au travers de leur composition en hexanucléotides. Il nous faut maintenant rechercher, sur le chromosome, les plages correspondant à chacun de ces modèles. Pour ce faire, nous avons besoin d'un programme. Le mathématicien/statisticien/informaticien qui va écrire le programme idoine a besoin, quant à lui, d'un formalisme qui lui permettra en quelque sorte de mettre le problème en équation et d'écrire le programme qui va le résoudre. Ce formalisme lui est offert par les chaînes de Markov, qui sont très utilisées en cryptographie mais aussi en traitement du signal, téléphonie mobile, etc. Les chaînes de Markov ne sont pas forcément des chaînes de caractères comme une séquence chromosomique ou un livre ; elles peuvent consister en une suite d'événements (la suite des points gagnés ou perdus par un joueur de tennis au cours d'un match), une succession de couleurs, etc. Une chaîne de Markov est une suite ordonnée d'éléments X où l'élément X_i occupe la position i. Dans une chaîne de Markov d'ordre m, l'élément X_i dépend des m éléments qui le précèdent. Par exemple, les numéros tirés au Loto® le sont de façon parfaitement aléatoire (du moins on l'espère). On peut considérer la succession, l'alternance de ces numéros comme une chaîne de Markov. Or le numéro qui vient d'être tiré n'a aucune influence sur le numéro suivant. La suite des numéros obtenus lors d'un tirage est donc une chaîne de Markov d'ordre 0. Autre exemple : notons les vitesses utilisées par un pilote de Formule 1 au cours d'une course. Nous allons avoir une suite du genre 1232323454… Il démarre en première, passe la seconde et la troisième, puis rétrograde en seconde au premier virage, etc. Chaque vitesse utilisée dépend-elle de la précédente ? Bien sûr. Sauf exception, on passe la troisième après la seconde ou, si on rétrograde, on passe la troisième après la quatrième. Il n'y a aucune raison de passer directement de première en troisième (mais on peut rétrograder directement de cinquième en troisième pour freiner en catastrophe). On peut donc penser que la suite des vitesses utilisées par Schumacher pendant le grand prix de Monaco est une chaîne de Markov d'ordre 1 : la probabilité d'utiliser la vitesse k dépend de la vitesse utilisée précédemment, qui sera en général $(k + 1)$ ou $(k - 1)$. Et la probabilité d'observer 3 après 2 (que les statisticiens appellent la probabilité d'émission) sera plus grande que la probabilité d'observer 3 après 6.

Considérons deux textes, l'un en français et l'autre en anglais. Question : « Comment deviner la langue dans laquelle ils sont écrits ? » Prenons dans chacune des langues des ouvrages de référence (Victor Hugo et Charles Dickens, le Larousse et le Webster…) et comptons simplement les lettres. Les fréquences d'apparition consignées dans le tableau 36.1.

Tableau 36.1. Fréquence d'apparition des lettres (en %).

	E	A	R	...	W	K
Français	17,3	8,4	6,6	...	0,04	0,05
Anglais	11,2	8,5	7,6	...	1,30	1,10

Considérons maintenant les textes comme des suites de caractères où chaque lettre a une probabilité d'apparition indépendante de la lettre qui la précède.

Ce faisant, nous considérons un texte comme une chaîne de Markov d'ordre 0 (la probabilité d'apparition d'un caractère à une position donnée dépend des zéros caractères qui le précèdent). Cette probabilité, c'est celle que nous venons de déterminer en comptant simplement les lettres dans un dictionnaire. Comme on le voit dans le tableau 36.1 (partiel), il y a peu de différence entre les deux langues pour les lettres les plus fréquentes (merci William the Conquer), ce qui signifie que ce critère simple n'est sans doute pas très efficace. Si on considère une séquence génomique comme une chaîne de Markov d'ordre 0, alors la probabilité d'apparition d'une lettre (A, T, G ou C) à une position donnée ne dépend que de la composition globale du chromosome en A, T, G ou C. Si les fréquences des nucléotides sont $p(A)$, $p(T)$, $p(C)$ et $p(G)$, alors la probabilité d'observer la séquence TAATGC est simplement $p(TAATGC) = p(T) \cdot p(A) \cdot p(A) \cdot p(T) \cdot p(G) \cdot p(C)$. Comme en général les séquences codantes et non codantes ont sensiblement la même composition globale (mais pas toujours, il est vrai), cette probabilité sera quasiment la même dans les deux cas. Le modèle n'est donc pas efficace.

Passons alors à une chaîne de Markov d'ordre 1, où la probabilité d'apparition d'un caractère dépend du caractère qui le précède. Cette fois-ci, on ne comptabilise plus les lettres mais les « mots » de deux lettres, ou bigrammes. Les bigrammes les plus fréquents en français sont ES, DE, LE, EN et RE. En anglais ce sont TH, HE, IN, ER, AN et RE. Notons $p(b|a)$ la probabilité d'observer un b après un a (b sachant a ; les mathématiciens/statisticiens parleront de probabilité d'émission). Soit $p(a)$ la probabilité d'observer un a en début de mot. La probabilité d'observer le mot THINNER sera donc $p(THINNER) = p(T) \cdot p(H|T) \cdot p(I|H) \cdot p(N|I) \cdot p(N|N) \cdot p(E|N) \cdot p(R|E)$. Au vu des bigrammes les plus fréquents évoqués plus haut, il est clair que $p(THINNER)_{GB} \gg p(THINNER)_{FR}$. En considérant un texte comme une chaîne de Markov d'ordre 1, j'ai par conséquent de bonnes chances de pouvoir déterminer si un texte est anglais ou français. Dans le cas des séquences nucléotidiques, on déterminera les fréquences de chaque dinucléotide dans les séquences codantes et dans les séquences non codantes (lots d'apprentissage), et on cherchera ensuite à quel modèle (à quel jeu de fréquences) correspond le mieux chaque région chromosomique.

Bien entendu, vous vous en doutez, une chaîne de Markov d'ordre 2 va se révéler bien supérieure. Dans un tel modèle, la probabilité d'apparition d'une lettre dépend des deux lettres qui la précèdent. Autrement dit, ce que l'on considère, ce sont les triplets de lettres ; donc les codons…

En fait, le plus souvent, les programmes de prédiction de gènes utilisent les fréquences des hexanucléotides : ils considèrent donc les séquences chromosomiques comme des chaînes de Markov d'ordre 5. Dire : « Quelle est la probabilité d'observer ATGCAT ? » revient à dire : « Quelle est la probabilité d'apparition de T après ATGCA. » Encore une fois, le statisticien parlera de probabilité d'émission, soit : « Quelle est la probabilité d'émettre un T après ATGCA ? » La cryptographie et les messages codés ne sont pas loin… Certains programmes utilisent même des chaînes de Markov d'ordre 8.

Modélisation du chromosome

Nous l'avons déjà écrit plusieurs fois, nous cherchons dans le chromosome des plages correspondant au modèle codant et au modèle non codant. La succession, l'alternance de ces plages n'est pas aléatoire. Après une plage intergénique, on s'attend à trouver une plage exon. Après une plage exon, on s'attend à trouver une plage intron ou une plage intergénique, avec une certaine probabilité dans chaque cas. Plus il y a d'introns, plus la probabilité $p(\text{intron}|\text{exon})$ augmente. On parle ici de probabilité de transition. Autrement dit, l'alternance des plages le long du chromosome est une chaîne de Markov d'ordre 1. Les plages s'appellent des états. À une position donnée dans un chromosome correspond un état (intergénique, exon, intron, etc.) mais je ne sais pas lequel (c'est précisément ce que je cherche). L'état est dit « caché ». Et le chromosome devient une chaîne de Markov cachée d'ordre 1 (*Hidden Markov Model* : HMM).

Nous considérons donc qu'il y a deux processus : i) un processus observable, qui est la séquence chromosomique que l'on modélise comme une chaîne de Markov d'ordre 2 ou 5 (ou plus) ; ii) un processus non observable, qui est la succession des états le long du chromosome, et que l'on modélise comme une chaîne de Markov cachée d'ordre 1. Ce qui permet au statisticien de trouver les gènes, c'est que le modèle pour générer la séquence (observée) dépend de l'état (caché). Par exemple, comme nous l'avons vu plus haut, $p(\text{A}|\text{TA})$ chez *E. coli* est plus petit dans l'état codant que dans l'état intergénique.

Reprenons notre exemple automobile, mais suivons cette fois la course des 24 heures du Mans. Dans chaque équipe se succèdent plusieurs conducteurs. Disons deux. On nous demande de « deviner » qui pilotait à chaque instant dans l'équipe A. Nous allons donc considérer l'alternance des conducteurs comme une chaîne de Markov cachée d'ordre 1 à deux états (un état = un conducteur). Et nous allons, pendant la course, enregistrer la séquence de tous les changements de vitesse (processus observable). Nous avons par ailleurs procédé à l'établissement du lot d'apprentissage en enregistrant les changements de vitesse de chaque conducteur pendant les séances d'essai (ici aussi chaîne de Markov d'ordre 1, mais non cachée). En regardant ces lots d'apprentissage, on constate que l'un des conducteurs ménage sa monture (jamais de saut de vitesse), alors que l'autre est une brute (passages fréquents $5^e \rightarrow 3^e$, voire $6^e \rightarrow 3^e$). Cette différence de style devrait nous permettre d'identifier les états cachés (les conducteurs) dans la chaîne de Markov non cachée que constitue la séquence des changements de vitesse.

On peut noter que le nombre d'états cachés est laissé à l'initiative du programmeur. Pour un procaryote, le modèle le plus simple comportera trois états : codant brin direct, codant brin complémentaire, intergénique. Pour un eucaryote, on aura des modèles nettement plus compliqués, comme codant premier exon, codant exon interne, codant dernier exon, intron, intergénique.

Conclusion

On l'a bien compris, la recherche des gènes le long des chromosomes, c'est de la statistique. Cela pose-t-il problème ? Oui. Quand ? Lorsque l'on ne peut pas (ou mal) faire des statistiques…

C'est le cas quand les styles des régions codantes et non codantes sont peu différents ; chez les organismes très riches en A + T ou G + C, par exemple. C'est le cas aussi quand les exons ou les introns sont très courts ; ainsi, chez *A. thaliana*, il y a des « mini-exons » de 3 bases. Trois bases ! Comment voulez-vous étudier l'usage des codons dans un exon de trois bases… Ces mini-exons étant totalement non repérables par les méthodes décrites plus haut, il faut ici avoir recours à des séquences d'ADNc.

En fait, on fait ce que l'on peut ! Nous sommes tous reconnaissants à Andrei A. Markov de nous avoir fourni un cadre formel permettant aux statisticiens de nous aider. Néanmoins, il faut bien reconnaître que l'on se trompe un peu de combat. On tente de découper des séquences en une suite d'introns et d'exons par l'étude de leur composition en hexanucléotides (par exemple). Est-ce que la machinerie cellulaire utilise la composition en hexanuclétodides de l'ARN pré-messager pour procéder à son épissage ? Non ! Qu'est-ce qui compte avant tout pour l'épissage ? La structure tridimensionnelle de l'ARN, bien sûr. Voilà ce qu'il faudrait déterminer pour prédire les sites d'épissage ! Que ne le fait-on ? On ne sait pas faire, tout simplement…

Annotation structurale, ou syntaxique

Sébastien Aubourg

Introduction

L'exploitation efficace des séquences des génomes est particulièrement dépendante de leur annotation. L'annotation est la première étape dans le processus de conversion de la séquence en connaissance biologique. Elle consiste à associer de manière plus ou moins automatique de l'information aux séquences, permettant ainsi aux biologistes de repérer les régions du génome susceptibles d'être impliquées dans les processus biologiques qu'ils étudient. L'annotation se divise en deux grandes étapes successives :

• **Annotation structurale, ou syntaxique.** Elle vise à localiser sur la séquence les différents éléments qui définissent les gènes. Un gène peut se définir par son unité transcriptionnelle (limitée par les sites d'initiation et de terminaison de la transcription), qui sera à l'origine du pré-ARNm. Chez les eucaryotes, cette unité transcriptionnelle peut contenir des régions introniques, qui seront éliminées lors de la maturation de l'ARNm. La présence d'introns constitue la différence majeure entre gènes eucaryotes et procaryotes, et explique les différences du processus d'annotation entre les deux règnes. Au-delà du découpage intron-exon de l'unité transcriptionnelle, les gènes à l'origine de protéines se définissent également par une région codante (*CoDing Sequence* : CDS), délimitée en 5′ par le codon initiateur de la traduction et en 3′ par un des trois codons stop. Par définition, la CDS est incluse dans l'unité transcriptionnelle et permet de définir, à ses extrémités, les régions transcrites non traduites (*UnTranslated Region* : UTR). Enfin, un gène est également défini par une région promotrice, en amont du site d'initiation de la transcription (*Transcription Starting Site* : TSS), qui contient une part significative des éléments indispensables à l'expression du gène et à sa régulation. L'objectif de l'annotation syntaxique est donc de détecter et de localiser topologiquement l'ensemble de ces éléments (exons, introns, CDS, promoteur, etc.). De manière concrète et à l'échelle d'un génome complet, le résultat majeur de cette première étape peut se résumer à un nombre de gènes, la répartition de ces derniers sur le génome et au catalogue des séquences protéiques pour lesquels ils codent.

• **Annotation fonctionnelle.** Elle utilise comme point de départ les produits des gènes précédemment définis (principalement les protéines) et vise à leur associer des données fonctionnelles. En d'autres termes, l'annotation fonctionnelle tente de répondre aux questions suivantes : quelles sont les fonctions biochimiques assurées par cette protéine ? Quel(s) rôle(s) biologique(s) est-elle susceptible d'assurer dans la cellule, dans l'organisme ? Comment est-elle régulée ? Avec quels objets biologiques (protéine, ADN, ARN, membrane, etc.) est-elle capable d'interagir ? Apporter des éléments de réponse à ces questions implique de caractériser finement chaque protéine en découpant sa séquence primaire en régions fonctionnelles (motifs, domaines, sites catalytiques, etc.). Les informations pouvant être collectées ou déduites de chacune de ces régions devront ensuite être intégrées et interprétées à l'échelle de la protéine tout entière.

De manière générale, les informations utilisées pour annoter les séquences nucléotidiques ou protéiques peuvent être classées en deux catégories : les informations d'origine expérimentale et les prédictions bio-informatiques. Ces dernières peuvent être considérées comme l'extrapolation de connaissances établies à une situation nouvelle. Pour des raisons évidentes de financement et de temps, les annotations prédites sont aujourd'hui très largement majoritaires. Ce constat impose aux biologistes une lecture attentive et critique des annotations, qui doivent être considérées avant tout comme des hypothèses. Le résultat d'une procédure d'annotation n'est pas définitif et ne doit en aucun cas être interprété comme une réalité biologique. Par contre, il doit permettre de réduire le champ des possibilités et d'orienter une démarche expérimentale qui validera ou infirmera la prédiction.

Annotation syntaxique

La détection des gènes et la caractérisation de leur structure sont basées sur trois approches indépendantes et complémentaires : i) l'exploitation de séquences de transcrits chez les eucaryotes (d'origine expérimentale) ; ii) la recherche *ab initio* de signaux intrinsèques à la séquence génomique cible ; iii) l'exploitation de similarités détectées par comparaison aux autres séquences connues. L'intégration raisonnée des résultats issus de ces méthodes permet de prédire, avec un niveau de confiance acceptable, la structure intron-exon des gènes.

Exploitation des transcrits

Dans le cas des génomes eucaryotes, les séquences de transcrits utilisées pour l'annotation sont essentiellement des séquences d'extrémités de clones d'ADNc sélectionnés aléatoirement. Ces séquences, appelées *Expressed Sequence Tag* (EST), sont relativement courtes (100-800 pb) et ne couvrent pas toujours intégralement le gène dont elles sont originaires. Les progrès technologiques des méthodes de séquençage et la baisse de leur coût permettent actuellement de ne plus se contenter des extrémités et de produire plus souvent les séquences complètes des clones

ADNc dont l'impact est essentiel dans le processus d'annotation. Notons que les ARNm, à l'origine des banques d'ADNc, ont longtemps été purifiés à partir de leur extrémité 3′ polyadénylée. Cette méthode sélectionne des clones très souvent tronqués dans leur extrémité 5′. Aussi les séquences correspondantes permettent-elles rarement de définir la TSS et l'origine des CDS des gènes. Depuis quelques années, de nouvelles méthodes de purification utilisent la coiffe en 5′ des transcrits ; elles aboutissent à un enrichissement important des banques en clones complets dont les séquences contiennent l'intégralité de la CDS.

L'alignement des séquences EST ou d'ADNc (provenant donc d'ARNm mature) contre les séquences génomiques à annoter met en évidence de manière expérimentale le découpage intron-exon des gènes puisque seuls les exons seront concernés dans l'alignement. Les programmes optimisés pour cette étape font ce que l'on appelle de l'alignement épissé. Il s'agit d'alignement global favorisant l'ouverture de trous de grande taille (correspondants aux introns) dont les extrémités sont consensuelles aux sites d'épissage connus.

Malheureusement, la disponibilité de séquences de transcrits, qu'ils soient partiels ou complets, est dépendante du financement de projets complémentaires à l'obtention de la séquence génomique. La ressource est donc parfois limitée, voire inexistante. De plus, la sélection forcément aléatoire des clones ADNc à séquencer interdit l'obtention d'une couverture exhaustive des gènes exprimés. L'approche se heurte inévitablement à des problèmes de redondance et aux difficultés d'accès à des gènes exprimés à un bas niveau et/ou dans des conditions très spécifiques. Par conséquent, d'autres approches ont été développées pour détecter les gènes sans données expérimentales.

Recherche intrinsèque de signaux

Les mécanismes d'expression des gènes que sont la transcription, la maturation et la traduction imposent, sur la séquence génomique, la présence de signaux essentiels à leur réalisation. Ces signaux, sous pression de sélection et donc relativement conservés, sont la cible des logiciels prédicteurs de gènes. Prédire un gène *de novo* implique d'accumuler et d'assembler des indices dispersés sur la séquence génomique (p. ex. signal poly-A ou boîte TATA). Ainsi la détection des promoteurs fait-elle l'objet de nombreuses recherches : examinons plus en détail comment une boîte TATA peut être identifiée assez efficacement. La séquence consensus TATAAT sert en partie de site de reconnaissance pour l'ARN polymérase chez les procaryotes, mais cette séquence est loin d'être totalement conservée comme le montrent les trois boîtes TATA de la figure 37.1, identifiées chez *E. coli*.

À partir d'un assez grand nombre de boîtes TATA expérimentalement validées chez *E. coli*, on peut dénombrer l'occurrence de chaque nucléotide à chacune des 6 positions du motif. La matrice de la figure 37.2 a été obtenue en 1987 par Harley et Reynolds à partir des séquences de 242 promoteurs de *E. coli*.

```
   1  2  3  4  5  6
.. T  A  T  A  A  T ...
.. C  A  T  A  A  T ...
.. T  A  A  A  C  T ...
```

Figure 37.1.

	1	2	3	4	5	6
A	9	214	63	142	118	8
C	22	7	26	31	52	13
G	18	2	29	38	29	5
T	193	19	124	31	43	216

Figure 37.2.

	1	2	3	4	5	6
A	-28	18	1	12	10	-29
C	-15	-31	-12	-10	-2	-22
G	-18	-50	-11	-7	-11	-36
T	17	-17	10	-5	-5	18

Figure 37.3.

On remarque, par exemple, que la 5e position est peu conservée puisque le A majoritaire n'y est présent que dans 49 % des 242 promoteurs. Après transformation simple (on prend le logarithme des fréquences normalisées), on obtient la matrice de la figure 37.3.

Cette matrice attribue un score à chaque lettre pour chaque position : un T en position 1 « vaut » 17, un G en position 3 « vaut » – 11, etc. Il s'agit d'une matrice de positions (*Position Sensitive Matrix* : PSM, ou *Position Sensitive Scoring Matrix* : PSSM). Demandons-nous maintenant si la séquence CTATACTC contient le promoteur cherché. Si on place le C en position 1, le T en position 2, le A en position 3, etc., puis si on somme les scores obtenus, le motif CTATAC obtient le score $S = – 15 – 17 + 1 – 5 + 10 – 22 = – 48$. Faisons maintenant « glisser » la séquence vers la gauche pour placer le T en position 1, le A en position 2, le T en position 3, etc. ; le score du motif TATACT est alors $S = 17 + 18 + 10 + 12 – 2 + 18 = + 73$. Faisons encore glisser la séquence vers la gauche et recommençons ; cette fois-ci, le motif ATACTC obtient le score $S = – 28 – 17 + 1 – 10 – 5 – 22 = – 81$. Vous l'aurez compris, cette matrice de positions sert à attribuer un score à chaque hexanucléotide de la séquence requête. Dans notre cas, le score élevé de l'hexanucléotide TATACT montre qu'il ressemble à l'ensemble des promoteurs recensés chez *E. coli*, et donc qu'il pourrait lui-même être un promoteur. Si en outre la séquence en aval d'un tel motif au score élevé a été prédite chez *E. coli* comme étant une séquence codante, alors les deux prédictions se confortent. Bien entendu, cette méthode est sévèrement limitée : si on séquence le génome d'une bactérie sur laquelle on ne sait rien ou presque, on ne dispose pas des séquences de promoteurs validés, donc on ne pourra pas construire la matrice de positions. De nombreuses recherches sont consacrées à l'identification *a priori* des promoteurs.

Un signal important réside dans la structure même de la CDS. Toute séquence codante est structurée par une succession de codons dont la nature est dépendante de la fréquence d'utilisation des différents acides aminés et de l'usage du code génétique. Une région codante possède par conséquent une texture particulière dans la succession des nucléotides qui la composent. Cette texture de CDS, couramment appelé potentiel codant, sera très contrastée en comparaison de la texture de régions intergéniques ou introniques, qui échappent aux pressions sélectives. Des algorithmes, basés essentiellement sur les chaînes de Markov (cf. fiche 36), sont particulièrement efficaces pour détecter la succession de différentes textures le long d'une séquence anonyme. Parmi les nombreux programmes de prédiction de gènes, on peut citer, de manière non exhaustive, GeneMark™, GENSCAN, Glimmer, SHOW et EuGène.

À cette analyse globale de la séquence se rajoute la recherche de signaux discrets qui permettent de caractériser précisément les bordures des gènes et des exons. Les plus informatifs sont les sites d'épissage présents aux extrémités des introns. En effet, lors de la maturation des pré-ARNm, les introns sont éliminés lors d'un processus d'épissage catalysé par un complexe protéique, le splicéosome. Ce dernier est capable de reconnaître, au nucléotide près, les extrémités des introns, qui sont par conséquent relativement conservées. De manière générale, un intron commence par le dinucléotide GT (site donneur) et se termine en 3′ par le dinucléotide AG (site accepteur). De part et d'autre de ces dinucléotides, un biais significatif dans la fréquence des nucléotides a été constaté. Les matrices de positions (cf. *supra*) réalisées à partir de sites d'épissage connus permettent ensuite aux prédicteurs de rechercher et d'attribuer un score à tous les sites potentiels présents dans une séquence génomique. La prédiction des sites d'initiation de la traduction, basée sur un environnement nucléotidique particulier autour des codons ATG initiateurs, suit le même principe. À titre d'exemple, voici une matrice de positions (en % des occurrences observées) concernant l'environnement de 1 254 sites accepteurs chez l'homme :

```
                         . . . . .  INTRON  |  EXON  . . . . .
Consensus       Y     Y     N   C/Y     A     G     G
Position       -6    -5    -4    -3    -2    -1    +1    +2    +3
A%              6     7    22     4   100     0    25    25    27
G%              6     6    22     0     0   100    52    22    24
C%             44    38    33    74     0     0    13    21    27
T%             44    48    22    21     0     0     9    32    23
Y (C+T)%       88    86    55    95     0     0    22    53    50
```

Calculer un potentiel codant sur une région, ou une probabilité d'utilisation pour un site d'épissage, implique d'avoir une connaissance relativement fine de ce qu'est un CDS ou un intron pour l'espèce considérée. Par conséquent, ces méthodes de prédiction nécessitent au préalable une phase d'apprentissage à partir d'un lot de gènes dont les structures intron-exon sont parfaitement caractérisées et qui va révéler les spécificités de l'espèce cible. De tels jeux d'entraînement sont donc généralement réalisés à partir de séquences d'ADNc complets, unique ressource pour définir sans ambiguïté la structure des gènes chez les eucaryotes.

Conservation de séquences

Avec près de 200 milliards de nucléotides séquencés se répartissant sur plus de 260 000 espèces (cf. site Web du NCBI), les comparaisons de séquences constituent une étape capitale du processus d'annotation. Détecter une similarité entre une région génomique et une autre séquence, quelle que soit son origine, signifie que cette région est sous pression de sélection, et donc très probablement fonctionnelle. En d'autres termes, une région conservée a une grande probabilité d'être exonique. Ces comparaisons de séquences intra- ou interespèces sont principalement effectuées au niveau protéique, pour une plus grande sensibilité, à l'aide de programmes tels que (T)BLASTX ou GeneWise/Wise 2. La diversité des génomes actuellement séquencés assure une efficacité remarquable à cette approche de génomique comparée. Les comparaisons de séquences sont également à la base de l'annotation de certains éléments un peu particuliers tels que les gènes à ARN (ARNr, ARNt, etc.) et les éléments transposables, souvent très conservés.

Intégration et réconciliation

Les résultats issus des trois approches décrites précédemment — lesquelles peuvent être totalement automatisées — doivent être intégrés afin d'exploiter pleinement leur complémentarité et d'arriver à une structure génique définitive (figure 37.4). Pour cela, sont également prises en compte des contraintes imposées par la définition même d'un gène ; par exemple, l'exon initiateur doit contenir un ATG, le dernier exon de la CDS doit contenir un codon stop, les introns peuvent avoir une taille fonctionnelle minimum, dépendante de l'espèce, en dessous de laquelle l'épissage ne pourra pas s'effectuer, les exons doivent s'enchaîner sans introduire de codon stop, etc. La réconciliation de toutes ces informations, parfois conflictuelles, est une étape délicate qui conditionne la qualité du résultat final. Elle peut se faire manuellement à l'aide d'interfaces de visualisation : on parle alors d'annotation semi-automatique. C'est une stratégie longue et coûteuse dont le résultat, souvent de qualité supérieure, est malgré tout dépendant de l'expertise de l'annotateur. Cette réconciliation manuelle est de ce fait souvent limitée à quelques régions génomiques d'intérêt ou à certaines familles multigéniques particulièrement étudiées. En pratique, on lui préfère une réconciliation totalement automatique, rapide et objective. Les logiciels réconciliateurs, cibles de nombreuses recherches ces dernières années, doivent savoir pondérer chaque niveau d'information pour minimiser le risque d'erreur et parvenir à la structure la plus consensuelle possible. La pondération des évidences se fait manuellement ou à l'aide algorithmes explorant le champ des paramètres possibles, toujours par comparaison avec un lot de gènes de référence.

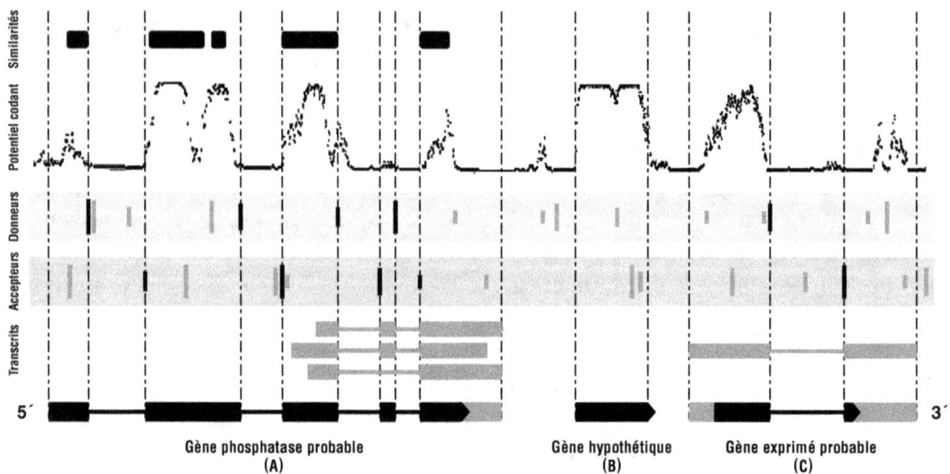

Figure 37.4. **Exemple d'informations utilisées pour l'annotation de trois gènes.**

Les régions génomiques conservées — présentant des similarités jugées significatives avec au moins une autre séquence connue — sont représentées en haut de la figure 37.4. Leur conservation impliquant une pression de sélection, ce sont par conséquent très probablement des régions fonctionnelles ; la prédiction d'exons dans ces régions sera donc largement favorisée. Le potentiel codant, généralement calculé par des chaînes de Markov, est représenté par la courbe noire. Une région avec un potentiel codant élevé indique que l'enchaînement des nucléotides qui la composent est de type codant, donc exonique. Dans ces régions, la prédiction d'exons (CDS) s'en trouvera favorisée. Les signaux d'épissage donneurs et accepteurs sont représentés par les barres verticales noires et grises, la taille de la barre étant proportionnelle au score du site, c'est-à-dire à la proximité de la séquence du site avec la matrice poids-position connue. Les sites donneurs sont attendus en début d'introns et les sites accepteurs à la fin des introns. Les sites finalement sélectionnés après la réconciliation sont représentés en noir. Les alignements épissés de 4 séquences transcrites associées à cette région génomique sont représentés en gris. Les lignes horizontales représentent les trous dans l'alignement, mettant en évidence les introns. L'annotation finale issue de la réconciliation est représentée en bas de la figure, les parties les plus claires symbolisant les régions non codantes (UTR), avant l'ATG initiateur de la traduction en 5′ ou après le codon stop en 3′.

Gène A : la structure de ce gène de 5 exons n'est validée expérimentalement que dans sa partie 3′ grâce à la présence de 3 EST. Ces derniers permettent également de définir une région UTR 3′. Notons que les EST mettent aussi en évidence un épissage alternatif de l'exon 4, cas de figure rarement pris en considération de manière automatique par les prédicteurs. Le découpage de la région 5′ du gène (exons 1 et 2 et début de l'exon 3) reste putatif mais bénéficie de la présence de similarités. La fonction biochimique connue des séquences homologues détectées permet de prédire, par inférence, la fonction « phosphatase » pour cette protéine.

Gène B : ce gène est dit hypothétique, car son annotation est uniquement dépendante de l'approche *ab initio*. Aucun homologue ou transcrit connu ne vient valider son annotation. Par conséquent, le niveau de confiance à accorder à son existence et à sa structure prédite est relativement bas.

Gène C : ce gène est validé expérimentalement par l'alignement d'ADNc complet, qui justifie sa structure intron-exon et ses UTR. Au-delà de sa transcription, aucune information ne permet de proposer une fonction pour ce gène.

Introduction
à l'annotation fonctionnelle

Sébastien Aubourg

Les séquences protéiques directement déduites des CDS issus de l'annotation syntaxique vont servir de point de départ à l'annotation fonctionnelle. Cette deuxième phase s'applique à rechercher par comparaison ou à extraire de la séquence toute information concernant les fonctions biochimiques et physiologiques de la protéine.

L'inférence de fonction par similarité est la méthode de base de l'annotation fonctionnelle. Elle consiste à faire des comparaisons de séquences avec toutes les protéines déjà identifiées et, dans les cas où des similarités significatives sont détectées avec une protéine de fonction connue, cette dernière est alors attribuée à la protéine étudiée. Cette méthode a l'avantage d'être rapide et facilement automatisable. Pour aller plus loin, l'identification de motifs conservés connus permet également de classer les protéines en familles et de bénéficier ainsi des annotations fonctionnelles déjà réalisées sur les protéines homologues. La ressource InterPro fait référence dans ce domaine, en intégrant de nombreuses banques de motifs et de domaines structuraux ou fonctionnels (cf. fiches 7 et 28). À cette étape aussi, les algorithmes de type markovien sont couramment utilisés pour une détection efficace des motifs, en permettant de prendre en compte toute la variabilité existante. L'annotation fonctionnelle est également enrichie par des références croisées à des bases de données spécialisées (voies métaboliques, enzymes, etc.).

Si deux protéines similaires ont très probablement la même fonction biochimique, il n'en est pas forcément de même au niveau biologique. En effet, l'inférence automatique de fonction physiologique est beaucoup plus délicate et nécessite de définir des relations d'orthologie en se basant sur des approches phylogénétiques ou sur une conservation de la synténie des gènes entre plusieurs génomes. Difficilement automatisables en raison de paramètres très variables, ces approches sont en pratique peu utilisées et remplacées par la méthode dite du *Reciprocal Best Hits* (RBH; cf. fiche 51) pour la caractérisation des gènes ou protéines orthologues. Cette méthode s'appuie sur une meilleure conservation de séquences entre gènes orthologues mise en évidence par des comparaisons systématiques entre au moins deux génomes complets.

Comme pour l'annotation syntaxique, ici aussi la recherche de signaux est une approche majeure. Il existe en effet des séquences peptidiques aux caractéristiques conservées qui définissent la localisation de certaines protéines dans la cellule. On peut trouver ainsi en N-terminal des peptides dits d'adressage qui permettent d'aiguiller la protéine vers différents compartiments tels que les mitochondries, le reticulum endoplasmique ou, dans le cas des végétaux, la vacuole ou les plastes. D'autres signaux, tels que les *Nuclear Localization Signal* (NLS), facilitent le transport des protéines qui les contiennent vers le noyau. En se basant sur le catalogue des signaux déjà caractérisés, certains logiciels peuvent en prédire de nouveaux sur des séquences protéiques anonymes. Associée à d'autres données, l'information qui en découle peut permettre de proposer des hypothèses quant à la fonction physiologique des protéines concernées. Il est possible, par exemple, avec un logiciel comme TMMOD, de prédire les segments hydrophobes transmembranaires pouvant ancrer les protéines dans une membrane lipidique. La famille de programmes PSORT, quant à elle, permet de prédire raisonnablement la localisation cellulaire d'une protéine (nucléaire, cytoplasmique, mitochondriale, etc.).

Limites
de l'annotation des génomes

Sébastien Aubourg

Limites

Pour exploiter et interpréter efficacement les annotations de séquences, il est impératif de comprendre comment elles sont obtenues et quels sont les limites et les défauts des logiciels utilisés. En tant que démarche prédictive, l'annotation est une tâche délicate et risquée. En s'appuyant sur des algorithmes informatiques régulièrement améliorés et des connaissances biologiques en rapide évolution, l'annotation d'un génome est un processus dynamique sans cesse remis en cause.

Les approches prédictives se basent sur les informations générales décrites par les jeux d'apprentissage pour reconnaître ensuite des signaux dont les caractéristiques seront inévitablement partagées par la majorité des cas connus. Plus un élément biologique s'écarte de cette majorité, moins il sera détectable. Poussée à l'extrême, cette règle met en avant une limite évidente mais importante à garder en tête : un logiciel de prédiction ne peut rien découvrir de nouveau. Plus concrètement, la structure d'un gène dont l'un des introns contient un site d'épissage atypique ne pourra être prédite correctement. Les sites autres que GT-AG, avec une fréquence de l'ordre de 1 %, constituent ainsi une limite importante aux prédicteurs de gènes. De la même manière, il existe chez les eucaryotes d'autres codons initiateurs de la traduction que le canonique ATG, qui ne sont jamais prédits — pour les procaryotes, les programmes tiennent généralement compte de ce phénomène. On peut également citer les cas de gènes chevauchants (partiellement ou totalement inclus) ou contenant des exons particulièrement courts (jusqu'à quelques nucléotides) qui ne peuvent être modélisés efficacement par les prédicteurs.

Comme nous l'avons vu, les algorithmes markoviens sont capables de discriminer une région codante d'une région non codante, mais ils ont de grandes difficultés à différencier les régions UTR des introns ou des régions intergéniques. Ce constat a de nombreuses retombées négatives sur le résultat d'une annotation automatique, en particulier chez les eucaryotes :

• ne pouvant se faire exclusivement sur la base de prédiction, la définition des régions UTR est par conséquent strictement dépendante des séquences de transcrits disponibles ;

• être dans l'incapacité de prédire *de novo* une région UTR — qui peut être très longue quand elle contient des introns — interdit de pouvoir localiser le *Transcription Starting Site* (TSS), et donc de délimiter précisément la région promotrice des gènes ;

• les extrémités des gènes sont les éléments les plus délicats à prédire puisque rien, en dehors des UTR, ne différencie systématiquement un exon initial ou terminal d'un exon interne. Cette difficulté explique que les fusions ou les cassures illégitimes de gènes sont les erreurs le plus souvent relevées après une annotation automatique. Ces erreurs sont également favorisées dans les génomes ou les régions chromosomiques où la densité des gènes est élevée ;

• jusqu'à présent, les gènes à ARN — dont la région transcrite ne contraste pas avec leur environnement génomique — ne sont pas détectés par des prédicteurs de type markovien. D'autres informations telles que leur structure secondaire et leur conservation de séquences sont nécessaires à leur annotation.

Les pseudogènes peuvent couvrir une fraction importante du génome, et représentent un défi pour les processus d'annotation. En effet, ils ont toujours la texture de gènes codants, mais n'étant plus soumis à une pression sélective, ils ne répondent plus aux contraintes classiques des gènes. La présence fréquente de codons stop et de sauts de phase induit en erreur les prédicteurs qui ont alors tendance à définir plusieurs gènes courts pour chaque pseudogène. Ce biais est également constaté au niveau des éléments transposables, dont l'architecture particulière, souvent tronquée par des délétions, est mal interprétée par les programmes d'annotation automatique.

L'annotation fonctionnelle a, elle aussi, ses limites. L'interprétation automatique des comparaisons de séquences, qui sont à la base de l'inférence de fonction par similarité ou de la recherche de motifs, est dépendante de seuils de confiance parfois inadaptés. Ainsi, des alignements « limites » peuvent être considérés à tort comme significatifs, entraînant un transfert de connaissance totalement injustifié d'une protéine à une autre. Une erreur de ce type se propage alors très vite dans les bases de données par l'effet boule de neige de références itératives. Les fusions erronées de plusieurs gènes au niveau structural amplifient ce phénomène en associant des séquences et des fonctions totalement indépendantes.

Enfin, il faut garder à l'esprit que les résultats des procédures automatiques d'annotation ne sont qu'une fraction de la réalité biologique. Elles concluent généralement l'annotation d'un gène par une unique séquence protéique, nous rappelant un dogme dépassé depuis plusieurs décennies. On sait en effet maintenant que l'expression d'un gène ne se réduit pas forcément à un seul produit chez les eucaryotes. Les phénomènes alternatifs aux niveaux de la synthèse et de la maturation des transcrits comme des protéines conduisent à une diversité de séquences (et donc de fonctions) que l'on estime de plus en plus importante et qui reste pratiquement invisible aux logiciels de prédiction.

Conclusion

Cette fiche dresse une liste des difficultés les plus courantes rencontrées par les programmes d'annotation. La recherche de leur solution est à la base de nombreux projets en bio-informatiques, conduisant à de nouveaux développements. Par exemple, la détection des miRNA est actuellement un sujet de recherche majeur. L'exploration des régions promotrices a également beaucoup progressé ces dernières années : en raison de la taille réduite et de la dégénérescence des motifs régulateurs, l'analyse linéaire des promoteurs, par similarité, est peu concluante. Par contre, la prise en compte de données de transcriptome permettant d'étudier globalement les régions promotrices des gènes corégulés a révolutionné ce domaine de recherche. Des algorithmes statistiques tels que le *Gibbs sampling* permettent en effet d'identifier les motifs nucléotidiques surreprésentés au sein des régions promotrices des gènes partageant les mêmes profils d'expression.

Aujourd'hui, de nouvelles approches moléculaires à haut débit viennent ainsi faciliter et enrichir l'annotation des séquences génomiques. Par exemple, l'exploitation de plus en fréquente des *tiling arrays* — puces à oligonucléotides couvrant l'ensemble d'un génome avec une résolution pouvant aller jusqu'au nucléotide — permet d'accéder aux frontières intron-exon des gènes exprimés et de mettre en évidence des gènes à ARN jusqu'ici insoupçonnés. De même, l'utilisation combinée de ces puces avec des approches d'immuno-précipitation de la chromatine ouvre les perspectives d'une annotation systémique des régions régulatrices. On peut également citer les approches *Rapid Amplification of cDNA-Ends by Polymerase Chain Reaction* (RACE-PCR) à haut débit ou le séquençage massif de courtes séquences d'ARNm, appelées *Massively Parallel Signature Sequencing* (MPSS), qui facilitent de manière remarquable le repérage de nouveaux gènes, qu'ils soient codants ou non.

Introduction à l'annotation fonctionnelle *in silico*

Jean-François Gibrat, Valentin Loux

Attribuer une fonction à une protéine dont n'est connue que la séquence en acides aminés

Depuis une quinzaine d'années, on assiste à un changement d'échelle en biologie, qui résulte d'un développement considérable des techniques expérimentales : techniques de séquençage, d'étude des transcrits (puces à ADN), d'étude des protéines exprimées (gels 2D couplés à la spectroscopie de masse), d'étude des interactions protéines-protéines (expériences de double-hybride), etc.

Cette révolution technique conduit à un changement de perspective en génétique : de plus en plus, les biologistes sont amenés à partir du génome pour aller vers les propriétés biologiques (le phénotype) des organismes. De fait, il devient actuellement assez courant que la première information biologique disponible sur un organisme soit précisément la séquence de son génome. Les biologistes peuvent ainsi adopter une démarche encyclopédique. En effet, après séquençage d'un génome, ils disposent, en théorie, de tous les gènes, de toutes les protéines, de l'ensemble du réseau métabolique, etc. Toute l'information nécessaire pour spécifier les propriétés biologiques d'un organisme se trouve dans son génome. Encore faut-il pouvoir l'en extraire.

Toutes ces techniques expérimentales produisent des données brutes qu'il est nécessaire d'interpréter : Pour ce faire, il faut annoter les données. L'annotation peut être définie, au sens large, comme l'ensemble des techniques permettant d'extraire, à partir des données brutes, des connaissances biologiques sur l'organisme étudié. Le processus consiste à intégrer des résultats provenant d'outils bio-informatiques d'analyse des données génomiques, de données stockées dans des bases de données génériques ou spécifiques, des connaissances biologiques issues de la littérature scientifique et de données et résultats provenant d'expériences à grande échelle réalisées sur l'organisme analysé.

Dans le processus d'annotation on peut identifier deux phases :

• la première phase correspond à une vision statique du génome : on décrit les objets qui le composent. Cela se fait à deux niveaux distincts : i) le premier niveau correspond à la séquence nucléotidique, et il s'agit de localiser principalement les gènes et les signaux associés (terminateurs, promoteurs, etc.) mais également divers signaux d'intérêt le long de la séquence : mots surreprésentés (par exemple le site Chi), signatures caractéristiques d'éléments génétiques mobiles (les phages et les transposons), les répétitions, etc. ; ii) le second niveau correspond à l'analyse des protéines codées par les gènes auxquelles on cherche à attribuer une fonction ;

• dans la seconde phase, on adopte une vue plus dynamique du génome. On cherche à décrire comment les objets précédemment définis interagissent entre eux pour générer les propriétés biologiques de l'organisme, ce que l'on nomme parfois les processus. Avec cette phase, on entre dans le domaine de la biologie des systèmes, qui vise à décrire la cellule comme un système dynamique et à expliciter la façon dont elle est capable de s'adapter efficacement aux conditions changeantes du milieu. Ce domaine de recherche en est toutefois à ses débuts, et on peut penser qu'un certain nombre d'années s'écouleront avant que nous obtenions une telle description dynamique d'une cellule vivante. Quoi qu'il en soit, il est toujours possible d'avoir une vue assez détaillée du réseau d'interaction, même si elle n'est pas dynamique, en décrivant les voies métaboliques ou, plus généralement, les voies fonctionnelles de la cellule, ainsi que les mécanismes de régulations de ces voies.

Nous allons à présent nous focaliser, et ce, jusqu'à la fin de cette partie du livre consacrée à l'annotation, sur un aspect particulier de cette dernière : l'analyse fonctionnelle *in silico*.

Analyse fonctionnelle *in silico*

L'analyse fonctionnelle *in silico* est définie comme l'ensemble des techniques bio-informatiques qui permettent d'obtenir une information sur la fonction d'une protéine quand on ne dispose que de sa séquence en acides aminés.

On utilise communément l'expression « assigner une fonction à une protéine ». En fait, quand on se penche sur cette question, on réalise que le problème est moins simple qu'il n'y paraît. Cela est dû principalement à deux caractéristiques des protéines :

• la première caractéristique a trait à la nature hiérarchique de la notion de fonction. Une protéine a une fonction moléculaire : c'est une enzyme, un transporteur, une protéine structurale, une protéine régulatrice, etc. Une protéine a également une fonction cellulaire ; l'enzyme en question est impliquée dans une voie métabolique particulière ; la protéine structurale est impliquée dans la constitution du cytosquelette, dans celle des fuseaux mitotiques ; la protéine régulatrice joue un rôle dans une cascade de signalisation quelconque, dans l'apoptose, etc. Finalement, une protéine a aussi une fonction phénotypique qui décrit son rôle au niveau de l'organisme entier, par exemple son rôle dans le comportement, la morphologie, la physiologie, le développement, etc. ;

• la seconde caractéristique est le fait que beaucoup de protéines sont constituées de modules, ou domaines (cf. fiche 28). Ces modules, bien souvent, possèdent une fonction moléculaire propre. Il en résulte qu'il n'est pas rare qu'une protéine ait plusieurs fonctions moléculaires distinctes. Récemment, on a mis en évidence le cas de protéines qui ont des fonctions cellulaires différentes (*moonlighting proteins*) comme certaines enzymes qui, dans certaines circonstances, possèdent également une activité régulatrice.

L'évolution, au cours du temps, a souvent créé de nouvelles protéines en procédant à des réarrangements de ces modules (fusions et fissions de gènes). Dans la mesure du possible, lorsque l'on annote une séquence protéique, il est important de tenir compte de son organisation en modules.

Il existe trois classes de méthodes qui permettent d'obtenir des informations, plus ou moins détaillées, sur la fonction des protéines d'un génome. Il s'agit :
• des méthodes de recherche d'homologie ;
• des méthodes utilisant les propriétés intrinsèques des séquences ;
• des méthodes fondées sur le contexte des gènes.

Examinons maintenant les différentes méthodes appartenant à ces trois classes, en insistant plus spécifiquement sur leurs forces et leurs faiblesses.

Annotation fonctionnelle *in silico* par recherche d'homologies

Jean-François Gibrat, Valentin Loux

Recherche d'homologie

Les méthodes de recherche d'homologie constituent la pierre angulaire des techniques d'annotation fonctionnelle *in silico*. La notion d'homologie, bien que centrale en biologie, est souvent mal comprise ou mal utilisée. En conséquence, nous débuterons donc cette fiche par un bref rappel de cette notion.

Notion d'homologie

Rappelons que deux protéines sont homologues quand elles sont le résultat d'un processus de divergence à partir d'un ancêtre commun (cf. fiches 50 et 51). Les protéines homologues possèdent plusieurs propriétés qui résultent de cette origine commune. En effet, l'ancêtre commun était doté d'une séquence en acides aminés, d'une structure tridimensionnelle (3D) et d'une fonction particulières.

Les protéines homologues peuvent avoir conservé, en dépit des mutations, insertions et délétions survenues au cours du temps, des séquences qui ressemblent encore aujourd'hui à celle de leur ancêtre, et donc qui se ressemblent entre elles. Cela est vrai si l'ancêtre commun n'est pas trop ancien ou si la conservation de la fonction impose des contraintes importantes sur la séquence. C'est loin de toujours être le cas, et on connaît beaucoup de paires de protéines dont on sait qu'elles sont homologues et dont les séquences, après alignement, présentent moins de 20 % de résidus conservés.

Les protéines homologues ont des structures 3D très ressemblantes. En effet, la fonction d'une protéine dépend d'une manière cruciale de sa structure 3D, et il est difficile de modifier cette dernière sans perdre également la fonction. La structure 3D est donc la propriété la mieux conservée des protéines homologues.

La dernière propriété, sur laquelle est fondée l'annotation par homologie, concerne la conservation de la fonction de l'ancêtre commun. La question centrale que sont amenés à se poser les annotateurs est la suivante : les protéines homologues ont-elles conservé cette fonction ou bien leurs fonctions ont-elles évolué ?

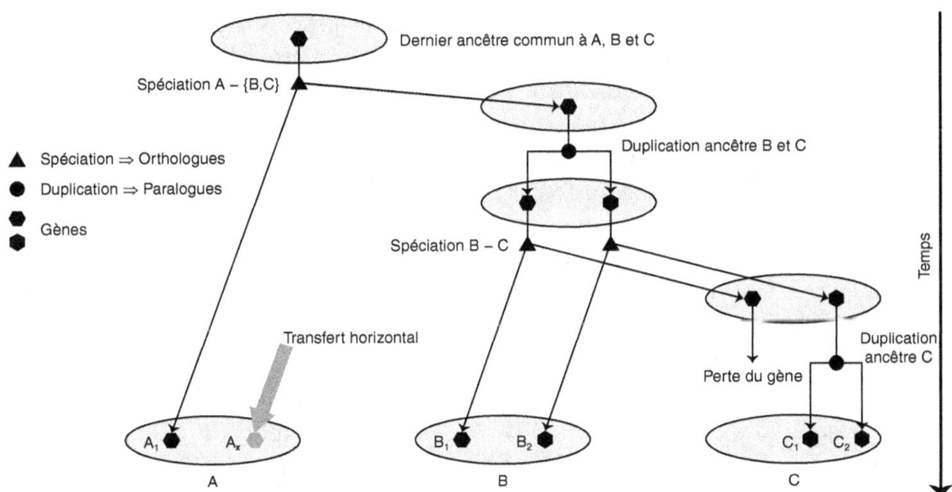

Figure 41.1. Un arbre phylogénétique hypothétique qui retrace l'histoire évolutive d'un gène présent dans le dernier ancêtre commun de trois organismes contemporains notés A, B et C. Les triangles représentent les événements de spéciation. Le premier correspond à la séparation des lignées conduisant, d'une part, à A et, d'autre part, à {B, C}. Le second conduit à la séparation des lignées de B et C. Tous les ancêtres intermédiaires ne sont pas représentés sur la figure. Les cercles représentent des événements de duplication. Par exemple, le cercle le plus « ancien » (le plus haut sur la figure) représente la duplication du gène original chez un ancêtre de B et C. Le second cercle représente la duplication, chez un ancêtre de C, d'un des gènes résultant de la duplication précédente. Le gène original a été perdu dans la lignée conduisant à l'organisme C après l'événement de spéciation conduisant à B et C. Pour déterminer si deux gènes sont orthologues ou paralogues, il suffit de remonter l'arbre phylogénétique à partir de ces gènes jusqu'à la première jonction rencontrée. Si celle-ci correspond à un événement de spéciation, les deux gènes sont orthologues ; s'il s'agit d'un événement de duplication, les deux gènes sont paralogues. Par conséquent, les paralogues ne sont pas limités aux homologues qui se trouvent dans un même organisme. Ainsi les paires B1 et C1 et B1 et C2 sont des paralogues. Par contre, B2 et C1 sont des orthologues, ainsi que la paire B2 et C2. A1 est orthologue à B1, B2, C1 et C2. Ax est un xénologue, c'est-à-dire un gène transféré horizontalement. Si l'histoire évolutive d'un gène comporte beaucoup d'événements de spéciation et de duplications entremêlés, accompagnés de pertes de gènes dans certaines lignées, il peut s'avérer très compliqué de reconstituer cette histoire avec précision.

L'évolution de la fonction peut résulter d'un changement de spécificité ou de stéréo-spécificité — par exemple, la famille des protéases à sérine active comme la trypsine et la chymotrypsine, les deux familles d'aminoacyl-tRNA synthétases, ou encore la lactate- et la malate déshydrogénase —, ou bien d'un changement de fonction biochimique.

Rappelons également que l'on distingue deux types d'homologues : les orthologues — qui résultent d'un processus de spéciation — et les paralogues — qui résultent d'un phénomène de duplication (cf. fiches 50 et 51). On peut ajouter à ces deux types d'homologues les xénologues, qui proviennent d'un processus de transfert horizontal de gènes entre organismes (ces transferts horizontaux sont principalement observés chez les procaryotes). La figure 41.1 exprime combien les phénomènes de duplication et leur corollaire, les pertes de gènes, ainsi que les transferts horizontaux, en se superposant au processus de spéciation, compliquent énormément l'analyse des données génomiques. Il est nécessaire pour les annotateurs de clairement distinguer les orthologues des paralogues dans la liste des homologues fournie par les méthodes de recherche d'homologie. En effet, on suppose que lors d'une duplication de gène l'une des copies conserve la fonction originale et l'autre copie est libre d'adopter une nouvelle fonction. Il est donc important de connaître les relations évolutives entre les homologues afin d'assigner correctement la fonction. Comme nous le verrons dans la suite, on définit les relations évolutives entre homologues en utilisant des techniques de phylogénie.

Le principe fondamental de l'annotation par homologie est donc le suivant : dans un premier temps on cherche à mettre en évidence, en s'aidant des deux premières propriétés — la conservation de la séquence ou la conservation de la structure 3D —, l'existence d'une relation d'homologie entre une protéine du génome à analyser et une protéine des banques de données dont on connaît la fonction.

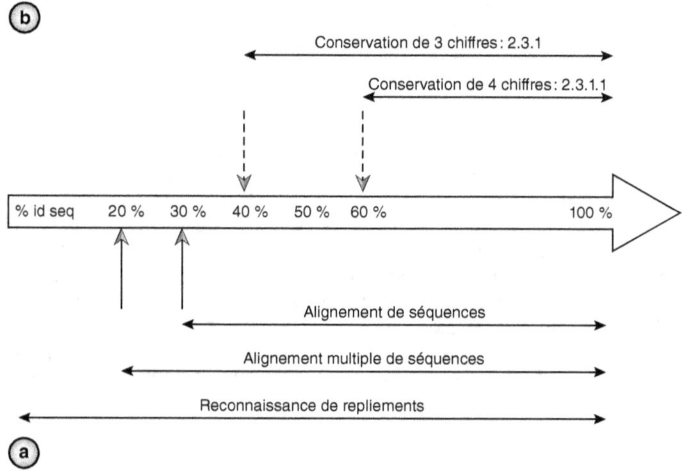

Figure 41.2. **(a) Domaine d'application des différents types de méthodes de recherche d'homologie en fonction de la ressemblance entre la séquence de la protéine requête et celle de la protéine des bases de données.** Les valeurs indiquées correspondent à des valeurs moyennes. Il est par exemple possible, dans certains cas favorables, d'utiliser les alignements de paires de séquences sous le seuil de 30 %. Il faut noter que le pourcentage d'identité de séquence après alignement est un critère assez grossier pour décrire la distance évolutive entre deux séquences. Il ne tient compte ni des indels ni des substitutions favorables. Néanmoins, ce pourcentage fournit une description facile à mémoriser des domaines d'application des méthodes. **(b) Transfert de la fonction pour des enzymes.** La fonction d'une enzyme est décrite par un numéro EC qui comprend 4 chiffres (par exemple 2.3.1.1). La fonction est complètement conservée entre deux enzymes si les 4 chiffres sont conservés. Si seulement 3 chiffres le sont, on perd la spécificité des enzymes. La figure montre les seuils moyens d'identité de séquence pour lesquels il y a 90 % de chance de conserver 3 et 4 chiffres du numéro EC. Par exemple, au-delà de 60 % d'identité de séquence, il est « relativement » sûr de transférer la fonction de la protéine connue à la protéine requête.

Dans un second temps, si on a pu démontrer l'existence d'une relation d'homologie entre les protéines, on étudie s'il est possible de transférer la fonction de la protéine connue à la protéine inconnue — on cherche à savoir si la fonction de l'ancêtre commun a bien été conservée chez ses deux descendants.

Les méthodes permettant de mettre en évidence une relation d'homologie entre deux protéines sont de deux types : celles qui s'appuient sur la conservation de la séquence en acides aminés et celles qui utilisent la conservation de la structure 3D.

La figure 41.2 résume schématiquement les zones d'identité de séquence où l'on peut utiliser efficacement les différents types de méthodes décrites ci-avant.

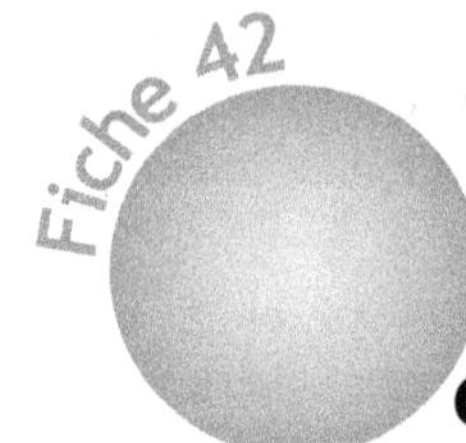

Annotation fonctionnelle *in silico* : alignement de paires de séquences

Jean-François Gibrat, Valentin Loux

En se basant sur la première propriété des protéines homologues, à savoir la conservation des séquences (cf. fiche 41), il est possible d'inférer l'existence d'une relation d'homologie entre deux protéines en comparant leurs séquences. Pour ce faire, on procède à un alignement des deux séquences au moyen de programmes basés sur la programmation dynamique (cf. fiche 12) ou en utilisant BLAST ou FASTA (cf. fiches 13 et 17), en s'aidant de matrices de substitutions comme PAM ou BLOSUM (cf. fiche 11). Si les séquences se ressemblent « significativement », on en conclut que les deux protéines sont homologues.

Rappelons que la significativité du score obtenu quand on aligne deux séquences est un problème crucial, discuté dans les fiches 11 à 16.

Une remarque importante concerne l'utilisation que certains biologistes font de la E-value, rapportée par BLAST ou FASTA, comme d'une distance évolutive entre protéines. En fait, il n'y a pas de relation directe entre la distance évolutive et la E-value. Cette dernière fournit un critère très pertinent pour statuer sur l'homologie de deux protéines, mais il faut ensuite utiliser d'autres techniques, en particulier des techniques de phylogénie, pour étudier les relations évolutives entre ces protéines.

La figure 42.1 montre les limites des techniques de recherche d'homologie basées sur la comparaison de paires de séquences. Logiquement, plus faible est la ressemblance entre les séquences, plus il est difficile pour ces techniques de mettre en évidence une relation d'homologie. On peut considérer que le seuil de 20 % de résidus identiques marque la limite de ce type de technique. Sur la figure 42.1, la région en gris correspond seulement à environ 20 % de la surface totale de l'histogramme. Par conséquent, pour des paires de protéines homologues ayant moins de 40 % d'identité de séquence, ces méthodes ne repèrent que le « sommet de l'iceberg » et ignorent la majorité des paires homologues présentes. La question se pose donc de savoir ce que l'on peut faire pour tenter d'améliorer cette situation. Comme nous allons le voir dans la fiche 43, un premier type d'amélioration fait intervenir des alignements multiples de séquences.

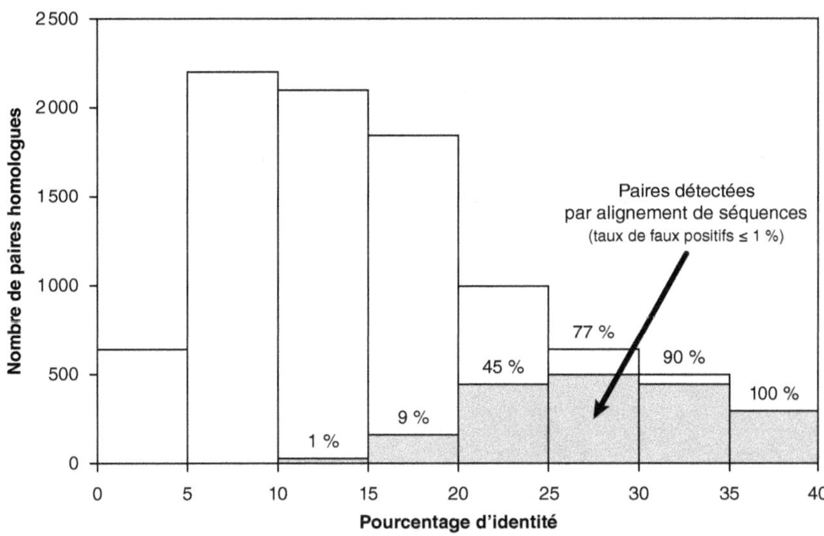

Figure 42.1. **Présentation d'une expérience faite sur des données de la banque de données de structures 3D de protéines.** On classe ces protéines en paires ayant des structures 3D similaires. Si de plus les deux protéines de la paire ont des fonctions proches, on en conclut qu'elles sont homologues. On dispose donc d'une liste de paires de protéines homologues qui est indépendante de la ressemblance entre les séquences. Certaines paires peuvent avoir des séquences qui se ressemblent, mais d'autres ont des séquences qui ont beaucoup divergé, et qui sont donc très différentes. L'expérience consiste à prendre la séquence d'une des protéines d'une des paires (la requête) et à rechercher si BLAST, par exemple, est capable de retrouver la séquence de l'autre protéine avec un taux d'erreur fixé ici à 1 %. On considère que BLAST a correctement retrouvé l'autre séquence si elle apparaît dans la liste des protéines similaires à la protéine requête, avec une E-value inférieure à 0,01. La figure montre les résultats obtenus ; en ordonnée, le nombre de paires homologues et en abscisse, ces paires groupées en fonction du pourcentage de résidus identiques dans les séquences. En gris est représenté le nombre de paires homologues correctement détectées par BLAST (les vrais positifs) et en blanc sont représentés les faux négatifs. On voit que s'il y a plus de 35 % de résidus identiques entre les séquences, BLAST n'a aucun problème pour identifier la paire d'homologues, avec un taux d'erreur de 1 %. En revanche, plus le pourcentage de résidus identiques décroît, plus BLAST rencontre de difficultés à identifier les homologues. Entre 20 et 25 % d'identité, plus de la moitié des paires homologues ne sont pas identifiées correctement. Le seuil de 20 % marque la limite des méthodes de recherche d'homologie basées sur la comparaison de deux séquences.

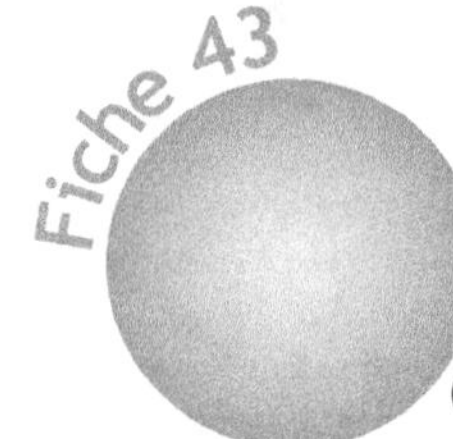

Annotation fonctionnelle *in silico* : alignement multiple de séquences

Jean-François Gibrat, Valentin Loux

Introduction

La figure 43.1, visualisée dans Jalview, montre un alignement multiple de séquences de protéines de la famille des inhibiteurs de sérine protéases de type Bowman-Birk. Si l'on considère la première séquence de l'alignement, on observe un certain nombre de sérines, par exemple celles apparaissant en colonnes 51, 54 et 60 de l'alignement multiple. Lorsque l'on ne dispose que de cette seule séquence, il n'y a aucune façon de distinguer ces 3 sérines. Par conséquent, pour aligner cette séquence avec une autre séquence, on doit utiliser une matrice de substitution généraliste qui fournit le score de substitution d'une sérine par un des 19 autres acides aminés — ou par elle-même si elle est conservée. Comme expliqué dans la fiche 11 sur les matrices de substitutions, ce score reflète l'ensemble des observations où une sérine est remplacée par un autre résidu dans toutes les familles de protéines disponibles. L'examen de l'alignement multiple montre que la sérine en colonne 60 est strictement conservée dans toutes les protéines de l'alignement, celle de la colonne 54 est majoritaire mais peut être substituée par une glycine, une lysine ou une histidine et, enfin, celle en colonne 51 est très minoritaire puisque la plupart des séquences ont une alanine à cette position. Il est vraisemblable que la sérine en colonne 60 joue un rôle important dans le maintien de la fonction de la protéine. Par conséquent, avec un alignement multiple, on dispose d'une information bien plus spécifique sur le rôle des résidus dans la séquence étudiée. Il est possible d'utiliser cette information supplémentaire pour améliorer les méthodes de recherche d'homologie basées sur des comparaisons de séquences.

Méthodes

Il existe trois types de méthode employant, d'une manière différente, des alignements multiples : PSI-BLAST, qui est une extension de BLAST, les méthodes à base de modèles de Markov cachés (HMM) et les techniques de recherche de motifs.

```
                     10        20        30        40        50        60        70        80
IBB1_ARAHY/1-70   -----------EASSSSDDNVCCNGCLCDRRAPPYFECVCVDTF-DHCPASCNSCVCTRSNPPQCRCTDKTQGRCPVTECRS---------
IBB2_ARAHY/1-63   --------------AASD---CCSACICDRRAPPYFECTCGDTF-DHCPAACNKCVCTRSIPPQCRCTDRTQGRCPLTPCA----------
IBB2_PEA/1-83     -STSFITQVLSNGDDVKS--ACCDTCLCTKSDPP--TCRCVDVG-ETCHSACDSCICALSYPPQCQCFD-THKFC-YKACHNSEVEEVIKN
IBB2_PHAAN/1-78   -SVH-HQD--SSDEPSESSHPCCDLCLCTKSIPP--QCQCADIRLDSCHSACKSCMCTRSMPGQCRCLD-THDFC-HKPCKSRDKD-----
IBB2_PHAVU/1-79   --BH-HBB--SSZZPSZSSPPCCBICVCTASIPP--QCVCTBIRLBSCHSACKSCMCTRSMPGKCRCLB-TTBYC-YKSCKSBSGZBB---
IBB3_PHAVU/1-85   -SGHRHESXBSTBXASXSSKPCCBHCACTKSIPP--QCRCSBLRLNSCHSECKGCICTFSIPAQCICTD-TNNFC-YEPCKSSHGPBBNN-
IBB4_PHAVU/1-85   KSGHRHESXBSTBXASXSSKPCCBHCACTKSIPP--QCRCSBLRLNSCHSECKGCICTFSIPAQCICTD-TNNFC-YEPCKSSHGPB-NN-
IBBA_PEA/1-83     -STSFITQVLSNGDDVKS--ACCDTCLCTKSNPP--TCRCVDVR-ETCHSACDSCICAYSNPPKCQCFD-THKFC-YKACHNSEVEEVIKN
IBBB_PEA/1-72     -----------GDDVKS--ACCDTCLCTKSNPP--TCRCVDVG-ETCHSACLSCICAYSNPPKCQCFD-TQKFC-YKACHNSELEEVIKN
IBB_PHALU/1-83    -SGH-HEH--STDZPSZSSKPCCBHCACTKSIPP--QCRCTDLRLDSCHSACKSCICTLSIPAQCVCBB-IBDFC-YEPCKSSHSDDDNNN
IBB_VICAN/1-72    -----------GDDVKS--ACCDTCLCTRSQPP--TCRCVDVG-ERCHSACNHCVCNYSNPPQCQCFD-THKFC-YKACHSSEKEEVIKN
IBB_VICFA/1-63    -----------GDDVKS--ACCDTCLCTKSEPP--TCRCVDVG-ERCHSACNSCVCRYSNPPKCQCFD-THKFC-YKSCHN---------
IBB_VIGUN/1-83    -SGH-HZB--STBZASZSSKPCCRZCACTKSIPP--ZCRCSZVRLNSCHSACKSCACTFSIPAZCFCGB-IBBFC-YKPCKSSHSBBBBWN
```

Figure 43.1. **Alignement multiple de séquences de protéines de la famille des inhibiteurs de sérine protéase de type Bowman-Birk.**

PSI-BLAST

PSI-BLAST est une technique itérative, basée sur la méthode BLAST, qui construit progressivement un alignement multiple et utilise une matrice de scores spécifiques des positions (MSSP ; PSSM ; figure 43.2).

Avec PSI-BLAST, la première itération correspond à un BLAST normal. On utilise la séquence requête pour détecter des séquences similaires dans la banque de données de séquences, que l'on classe en fonction de leur E-value croissante.

Pour les itérations suivantes, on procède de la façon suivante : on se fixe pour la E-value un seuil h, qui est de 0,005 par défaut sur le site du NCBI. On sélectionne toutes les séquences similaires obtenues à l'itération précédente dont la E-value ≤ h. On génère, avec ces séquences, un alignement multiple et on calcule une matrice de scores spécifiques des positions à partir de l'alignement multiple. On utilise ensuite cette matrice de scores spécifiques des positions pour balayer de nouveau la banque et rechercher de nouvelles protéines similaires. Si de nouvelles séquences sont détectées et si leurs E-values ≤ h, alors on ajoute ces nouvelles séquences au jeu précédent, on génère un nouvel alignement multiple, on recalcule la matrice de scores spécifique des positions et on rebalaye la banque. Et ainsi de suite. Au contraire, s'il n'est pas possible de recruter au moins une nouvelle séquence avec une E-value ≤ h, alors le processus s'arrête. On dit qu'il a convergé.

PSI-BLAST est une technique puissante qui doit être utilisée avec précaution. En particulier, la valeur du seuil h est critique. Si cette dernière est trop laxiste — c'est-à-dire trop élevée —, on court le risque de recruter dans l'alignement multiple une séquence qui ne fait pas partie de la famille de la protéine requête (un vilain petit canard). À partir de ce moment-là, on va recruter d'autres séquences proches du vilain petit canard, et l'alignement multiple n'aura plus aucun sens biologique. Dans ce cas, deux signes doivent servir de signal d'alarme pour l'utilisateur. Le premier signe est le nombre d'itérations. On s'attend à ce que le processus d'itération converge assez rapidement. S'il se poursuit au-delà de 15 itérations, sauf peut-être pour les familles d'homologues contenant plusieurs milliers de membres, c'est vraisemblablement le signe que quelque chose de bizarre se passe. On peut faire l'expérience en utilisant un seuil h = 0,05 avec la séquence IBB1_ARAHY. Tout se passe bien pendant 5 itérations, puis un faux positif est recruté. À partir de là, plusieurs centaines de séquences sont recrutées dans les itérations suivantes, qui n'ont plus rien à voir avec la séquence initiale. De fait, si l'on trouve de nombreuses « protéines similaires » pourvues de fonctions sans relation entre elles, cela est très probablement indicatif d'un problème avec la procédure d'itération. On peut alors recommencer en changeant le seuil h (0,005 par défaut) en 0,001.

Modèles de Markov cachés

Une façon différente d'utiliser l'information présente dans un alignement multiple est de créer un modèle de Markov caché représentatif d'un tel alignement d'une

```
      A   R   N   D   C   Q   E   G   H   I   L   K   M   F   P   S   T   W   Y   V
 1 E -1   0   0   4  -4   1   5  -2   0  -3  -3   0  -2  -4  -1   0  -1  -4  -3  -3
 2 A  2  -1   0  -1  -1  -1  -1  -1  -2  -3  -3  -1  -2  -3   3   4   0  -3  -2  -2
   .
   .
   .
38 A  2  -2   0  -1  -2  -1  -1  -1  -2  -3  -3  -1  -2  -3  -2   5   0  -4  -3  -2
39 S  5  -2  -2   0  -1  -1   0  -1  -2  -2  -3  -1  -2  -3  -2   1  -1  -4  -3  -1  <-- 51
40 C -1  -5  -4  -5  10  -4  -5  -4  -4  -2  -2  -4  -2  -3  -4  -2  -2  -3  -3  -2
41 N -2   0   3   1  -4   0   0  -2  -1  -4  -2   5  -2  -4  -2   0  -1  -4  -3  -3
42 S  0   0   0  -1  -2  -1  -1   0   1  -3  -3   0  -2   0  -2   5   0  -3  -2  -3  <-- 53
43 C -1  -5  -4  -5  10  -4  -5  -4  -4  -2  -2  -4  -2  -3  -4  -2  -2  -3  -3  -2
44 V  0  -3  -4  -4  -2  -3  -3  -4  -4   4   1  -3   4  -1  -3  -2  -1  -3  -2   3
45 C -1  -5  -4  -5  10  -4  -5  -4  -4  -2  -2  -4  -2  -3  -4  -2  -2  -3  -3  -2
46 T  2   0   0  -2  -2  -1  -2  -2  -2  -2  -2  -1  -2  -3  -2   0   5  -4  -3  -1
47 R -2   4  -2  -3  -3  -1  -2  -4   1  -1   1   0  -1   3  -4  -2  -2  -1   4  -2
48 S  0  -2   0  -1  -2  -1  -1  -1  -2  -3  -3  -1  -2  -3  -2   6   0  -4  -3  -3  <-- 60
   .
   .
   .
69 R -1   5   0  -2  -3   1   0  -2   0  -3  -2   2  -1  -3  -2  -1  -1  -3  -2  -3
70 S  1  -1   1   0  -1   0   0   0  -1  -2  -2   0  -1  -2  -1   4   1  -3  -2  -2

Scores de substitution d'une sérine dans la matrice BLOSUM 45 :

      A   R   N   D   C   Q   E   G   H   I   L   K   M   F   P   S   T   W   Y   V
   S  1  -1   1   0  -1   0   0   0  -1  -2  -3  -1  -2  -2  -1   4   2  -4  -2  -1
```

Figure 43.2. **Une matrice de scores spécifiques des positions est une matrice *L* × 20, où *L* est la longueur en acides aminés de la protéine requête.** Chaque ligne *i* représente les scores de substitution de la *i*-ième position dans la séquence par un des 20 acides aminés. La figure montre une partie de la MSSP obtenue à la fin des itérations de PSI-BLAST en utilisant la première séquence (IBB1_ARAHY) de l'alignement multiple de la figure 43.1. Les flèches numérotées sur la droite font référence aux 3 sérines mentionnées précédemment dans la discussion de l'alignement multiple. La séquence et la numérotation correspondante dans la protéine requête sont indiquées sur la gauche. Les scores dans les lignes reflètent les observations dans les colonnes de l'alignement multiple. Par exemple, pour la colonne 60 (ligne 48 de la MSSP), le seul score positif (6) est celui de la sérine. Le programme d'alignement utilisant cette matrice favorisera donc le placement d'une sérine dans cette colonne au détriment de tous les autres acides aminés. Pour la colonne 51 (ligne 39 de la MSSP), le score de la sérine vaut 1 et celui de l'alanine vaut 5, en accord avec les observations de la colonne ; le programme d'alignement favorisera fortement une alanine en position 51, acceptera volontiers une sérine dans cette position, sera indifférent aux acides aspartique et glutamique (score 0) et pénalisera tous les autres acides aminés. La dernière ligne de la figure représente les scores de substitution de la sérine dans la matrice BLOSUM45 pour fournir un point de comparaison (ces scores caractérisent le comportement moyen des sérines dans un grand nombre de familles de protéines).

famille de protéines homologues. Contrairement à PSI-BLAST, qui construit l'alignement multiple « à la volée », ces techniques bâtissent un modèle statistique d'un alignement multiple déjà existant. Souvent il s'agit d'un alignement multiple qui a été contrôlé par un expert, comme c'est le cas pour ceux stockés dans la base de données Pfam-A (cf. fiche 28). Les modèles de Markov et les modèles de Markov cachés sont d'une grande utilité pour l'analyse des séquences biologiques. Il n'y a pas lieu, dans cette fiche, de décrire en détail la manière de construire ces modèles et quelles sont leurs propriétés. Le lecteur intéressé pourra consulter avec profit Durbin *et al.*, 1998 et Robin *et al.*, 2003.

Il est établi que, pour un taux d'erreur fixé, les techniques utilisant les alignements multiples sont entre deux et trois fois plus sensibles (détectent deux à trois fois plus de paires homologues) que celles employant uniquement les alignements de paires.

Techniques de recherche de motifs

Une dernière utilisation des alignements multiples concerne la définition de motifs et signatures fonctionnelles propres à une famille de protéines homologues. Ces motifs ou signatures sont constitués des résidus dans la protéine qui joue un rôle direct dans sa fonction, par exemple en faisant partie du site catalytique pour une enzyme, ou bien par des résidus qui ont un rôle structural important, comme ceux qui assurent le maintien de la géométrie du site actif. Une fois ces motifs ou signatures identifiés, il est possible de les rechercher dans une nouvelle séquence en utilisant soit une matrice de scores spécifiques des positions, soit une expression régulière (cf. fiche 28). Ces techniques sont implémentées dans PROSITE et PRINTS, deux méthodes également incluses dans InterPro. Le point faible de ces techniques est que, la plupart du temps, les motifs et signatures identifiés sont constitués de résidus contigus dans la séquence. Il est en effet difficile de mettre en évidence des motifs constitués de résidus conservés, proches dans la structure 3D, mais éloignés dans la séquence et, surtout, séparés par des boucles qui peuvent être très variables d'une protéine de la famille à l'autre. PRINTS essaie de répondre à ce problème en considérant plusieurs motifs le long de la séquence.

Annotation fonctionnelle *in silico* : méthodes de reconnaissance par repliements

Jean-François Gibrat, Valentin Loux

Les méthodes de recherche d'homologie qui ont été décrites dans les deux fiches précédentes sont toutes basées sur la première propriété des protéines homologues : la conservation, plus ou moins grande, de la séquence de l'ancêtre commun chez ses descendants, et donc la ressemblance, plus ou moins importante, des séquences de ces derniers. Cependant, il arrive un moment, qui correspond à un seuil de 20 % de résidus identiques après alignement, où les séquences des protéines homologues n'ont, en moyenne, pas plus de ressemblance que celle de deux séquences prises au hasard, que l'on aurait alignées. En dessous de ce seuil, les méthodes basées sur la ressemblance des séquences deviennent inutilisables en pratique.

Afin de détecter des homologues lointains, il faut se tourner vers des techniques qui sont fondées sur la deuxième propriété des protéines homologues, à savoir la conservation de la structure 3D (cf. fiche 41). Comme expliqué précédemment, les structures 3D sont bien mieux conservées que les séquences dans les protéines homologues. Ce type de technique s'appelle méthode de reconnaissance de repliements (*fold recognition method* ou, plus souvent, *threading method*). Le terme « repliement », dans ce contexte, fait référence à l'organisation générale de la structure 3D des protéines. Le principe fondamental des méthodes de reconnaissance de repliements consiste, au lieu d'aligner la séquence requête avec des séquences issues des banques de séquences, d'aligner la séquence sur une des structures 3D d'une base de données représentative (en anglais, on dit couramment *to thread*, enfiler, d'où l'expression *threading method*). Comme on le verra dans la suite de cette fiche, l'avantage de cette approche est que l'on peut prendre en compte les interactions entre résidus proches dans la structure. Ce sont ces interactions qui stabilisent la structure 3D. Avec cette méthode on cherche donc une structure 3D qui est « compatible » avec la séquence requête.

On dispose actuellement d'un peu plus de 63 000 structures 3D de macromolécules biologiques dans la RCSB PDB, la banque qui recense l'ensemble des structures résolues. Des analyses de ces structures 3D, en termes de domaines structuraux, montrent qu'elles sont constituées d'environ 1100 domaines différents selon

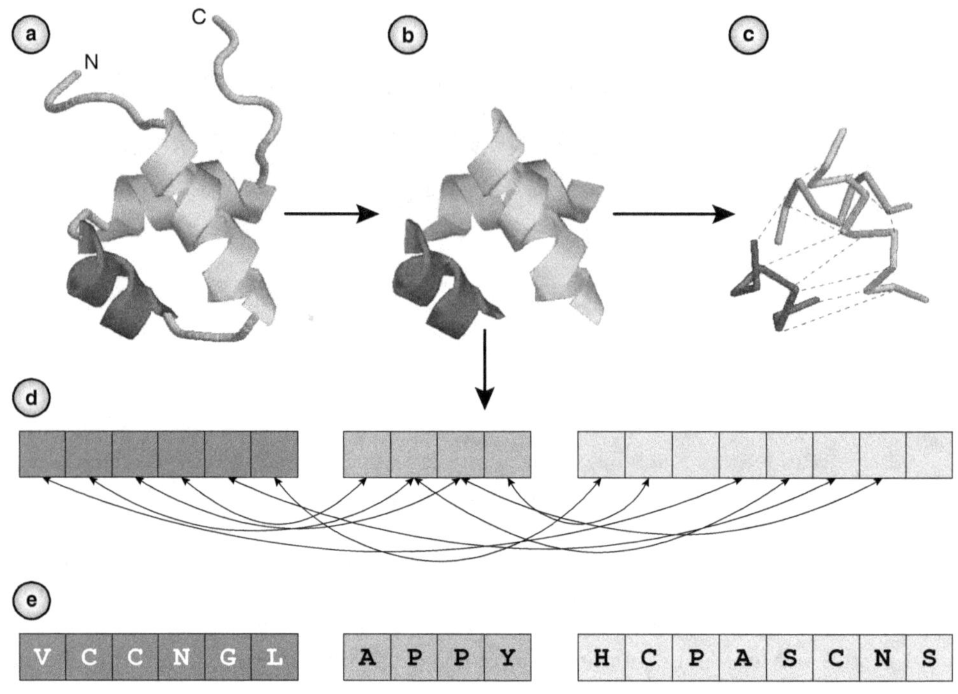
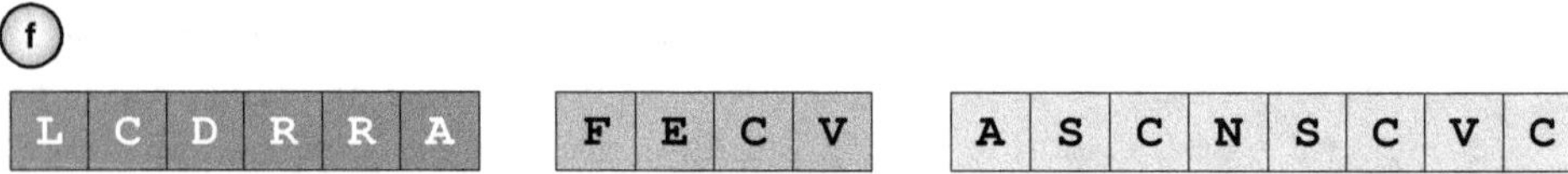

Figure 44.1. **Représentation schématique du processus de reconnaissance de repliements.** En **(a)**, la structure 3D du domaine spécifique de liaison à l'ADN d'une transposase (résidus 202-252) est représentée en mode *cartoon*. Il s'agit de la chaîne C de la structure 1tc3 dans la PDB. Les symboles N et C indiquent respectivement les parties N- et C-terminales du domaine. C'est un domaine typique d'une protéine interagissant avec un acide nucléique par l'intermédiaire d'un motif hélice-tournant-hélice. Ce domaine est constitué de 3 hélices, la première en gris clair, la deuxième en gris foncé et la troisième, en arrière-plan, bordée d'un trait noir. Les techniques de reconnaissance de repliements ne considèrent pas l'ensemble de la structure 3D mais uniquement les parties structurellement conservées dans toutes les protéines de la famille. Ces parties conservées constituent ce que l'on nomme le « cœur » de la structure. Bien souvent il s'agit des éléments de structures secondaires, les boucles, plus variables, n'étant pas conservées. En **(b)**, on a représenté le cœur de la structure précédente, en mode *cartoon* également. Dans le cœur, il y a un certain nombre de résidus qui sont en interaction, c'est-à-dire en contact. Ces résidus en interaction sont indiqués par les lignes en pointillés, en **(c)**. Le cœur est ici représenté en mode *backbone* afin de mieux voir les interactions entre résidus. Il est possible d'utiliser une autre représentation du cœur, plus facile à visualiser, en le « dépliant » comme représenté en **(d)**. Chaque élément du cœur (ici chacune des 3 hélices α) est représenté par un rectangle contenant autant de cases qu'il y a de résidus dans l'élément du cœur (6 pour la première hélice, 4 pour la seconde et 8 pour la troisième). Les rectangles se suivent dans le même ordre que les hélices. Les flèches entre les cases symbolisent les interactions entre les résidus dans le cœur. Ces flèches correspondent donc aux lignes pointillées indiquées en **(c)**. Il faut noter que ces cases sont dotées de propriétés, par exemple le type de

SCOP et 850 selon CATH. Ces analyses suggèrent aussi que l'on a déjà observé les domaines structuraux les plus fréquents. Différentes estimations du nombre de domaines structuraux existant ont été publiées. Elles varient entre 1 000 et 8 000 domaines. Il y a donc une différence de trois ou quatre ordres de grandeur entre le nombre de séquences protéiques (> 11 millions) et le nombre de domaines structuraux (1 000–8 000). Par conséquent, il est raisonnable, quand on dispose d'une nouvelle séquence protéique dont la séquence ne ressemble à rien de connu, d'essayer d'aligner cette séquence sur l'ensemble des domaines structuraux disponibles.

Il y a un grand parallèle entre les méthodes d'alignement de séquences et celles de reconnaissance de repliements. Tout comme pour les méthodes d'alignement de séquences, il faut considérer les quatre points suivants :
- le type d'alignement à utiliser ;
- un algorithme permettant d'aligner une séquence sur une structure et fournissant un score optimal ;
- une fonction de score à utiliser ;
- la significativité du score obtenu.

Pendant longtemps, les méthodes de reconnaissance de repliements ont été très handicapées par l'absence d'un algorithme efficace, garantissant l'obtention du score optimal. De plus, seul l'alignement global était possible. Récemment, de nouveaux algorithmes très efficaces et permettant de faire des alignements globaux, semi-globaux et flexibles — c'est-à-dire autorisant l'omission de certains éléments du cœur — ont été développés. Contrairement aux méthodes d'alignement de séquences, on ne dispose pas encore d'une théorie statistique similaire à celle d'Altschul-Karlin pour analyser la significativité des scores obtenus. On a donc recours à des procédés empiriques pour répondre à cette question.

structure secondaire (dans le cas présent, toutes les cases sont dans des hélices), l'exposition ou l'enfouissement du résidu correspondant dans la structure 3D, etc. Les deux dernières parties de la figure, **(e)** et **(f)**, représentent deux alignements différents de la séquence requête indiquée au centre (DNVCCN...CVCTR). Les flèches horizontales indiquent les portions de la séquence alignées avec les éléments du cœur. Si l'on considère l'alignement figuré en **(e)**, on voit que le résidu situé dans la première case du premier rectangle, une valine, interagit avec le résidu situé dans la quatrième case du troisième rectangle, ici une alanine. Supposons que ces 2 cases correspondent à des résidus enfouis dans la structure. Si on dispose d'une fonction fournissant un score pour placer en interaction une valine, située dans une hélice et enfouie, avec une alanine également située dans une hélice et enfouie, il est possible d'évaluer la valeur de cette interaction. Le score d'un alignement particulier est donné par la somme de toutes les interactions de paires dans le cœur. Il faut noter que les interactions entre les cases sont fixées une fois que l'on connaît la structure ; c'est l'alignement qui va placer une paire de résidus particuliers dans chaque paire de cases en interaction. Les indels ne sont pas autorisées dans les éléments du cœur. On ne prend pas en considération les résidus qui se trouvent à l'extérieur des éléments du cœur. Pour une séquence donnée et un cœur particulier, on détermine l'alignement qui fournit le score optimal. Il existe des méthodes, assez complexes, qui assurent de trouver l'alignement de score optimal. Pour une séquence requête particulière, on procède ainsi avec tous les cœurs de la banque de données. On réalise ensuite une analyse statistique empirique des scores obtenus pour déterminer si un cœur particulier est compatible avec la séquence requête.

La figure 44.1, p. 194, montre une représentation schématisée des principes généraux des méthodes de reconnaissance de repliements. On remarque que l'on n'utilise pas la structure 3D réelle mais une représentation simplifiée. Chaque position dans la structure (occupée par un résidu) est modélisée par un site (une case sur la figure 44.1) caractérisé par des propriétés structurales : par exemple, le type de structure secondaire à laquelle appartient ce résidu, son accessibilité au solvant dans la structure (enfoui, intermédiaire ou exposé), etc. L'information sur la structure 3D est codée en listant, pour chaque site, les sites en contact dans la structure. Comme indiqué sur la figure 44.1, c'est la somme des interactions sur ces sites en contact qui fournit le score de l'alignement. Au total, des méthodes de reconnaissance de repliements comme 3D-PSSM et FROST sont deux fois plus sensibles que PSI-BLAST.

Annotation fonctionnelle *in silico*: conservation de la fonction et similarité de séquences

Jean-François Gibrat, Valentin Loux

Les techniques que nous avons décrites dans les fiches qui précèdent répondent à la première partie de ce que nous avons appelé le « principe fondamental de l'annotation par homologie » (cf. fiche 41), à savoir, la protéine requête dont on ne connaît que la séquence en acides aminés est-elle homologue à des protéines dont on connaît la fonction, stockées dans les bases de données? En cas de réponse positive, il faut alors s'intéresser à la seconde partie de ce principe : est-il légitime de transférer la fonction de la protéine connue à la protéine requête? Cette seconde partie est beaucoup plus délicate, car on ne dispose pas de critère objectif — analogue à la E-value utilisée avec les méthodes d'alignement de paires de séquences pour estimer l'homologie — pour juger de la légitimité du transfert. En outre, comme nous l'avons mentionné dans la fiche 40, le concept de fonction n'est pas simple à manipuler : il faut tenir compte de sa structure hiérarchique mais aussi du fait que la fonction peut-être décrite par plusieurs termes synonymes (par exemple, pour la protéine ayant l'identifiant P05067 dans UniProt, on trouve : Amyloid beta A4 protein, Alzheimer disease amyloid protein, Cerebral vascular amyloid peptide, Protease nexin-II, sans compter diverses abréviations, PreA4, APP, CVAP, PN-II). De façon à rationaliser et faciliter l'utilisation du concept de fonction, un certain nombre de classifications, sous forme de hiérarchies fonctionnelles, ont été proposées. L'exemple le plus abouti est sans doute Gene Ontology (GO), qui organise l'information fonctionnelle sous la forme de trois hiérarchies décrivant les fonctions moléculaires, les processus biologiques et la localisation cellulaire.

En l'absence d'un critère objectif pour mesurer le bien-fondé du transfert de fonction, un certain nombre de groupes ont cherché à l'estimer d'une manière empirique. Plus précisément, ils ont cherché à savoir quelle était la relation entre conservation de la séquence (le pourcentage d'identité) et conservation de la fonction. Pour ce faire, ils ont utilisé différentes hiérarchies fonctionnelles disponibles, principalement celle de la Commission de classification des enzymes (EC number; figure 41.2). Au vu des résultats, il semble qu'il soit possible de transférer les 4 chiffres avec une précision meilleure que 90 % si les séquences ont au moins

60 % de résidus identiques et les 3 premiers chiffres, toujours avec la même précision, si les séquences ont au moins 40 % de résidus identiques.

En termes d'ordre de grandeur, ces chiffres sont intéressants à garder en tête. Néanmoins, ce sont des valeurs moyennes, et le transfert de la fonction va dépendre de la famille de protéines étudiée (figure 45.1). La meilleure façon d'effectuer le transfert de fonction est, comme nous l'avons indiqué préalablement (cf. fiche 40), d'utiliser les techniques classiques de phylogénie moléculaire, qui permettent d'analyser en détail l'histoire évolutive de cette famille de protéines : de distinguer les orthologues des paralogues, d'évaluer les vitesses de variation dans les différentes branches et les changements fonctionnels éventuels. Ces techniques, quand elles sont appliquées à l'ensemble d'un génome, sont réunies sous le vocable de « phylogénomique ».

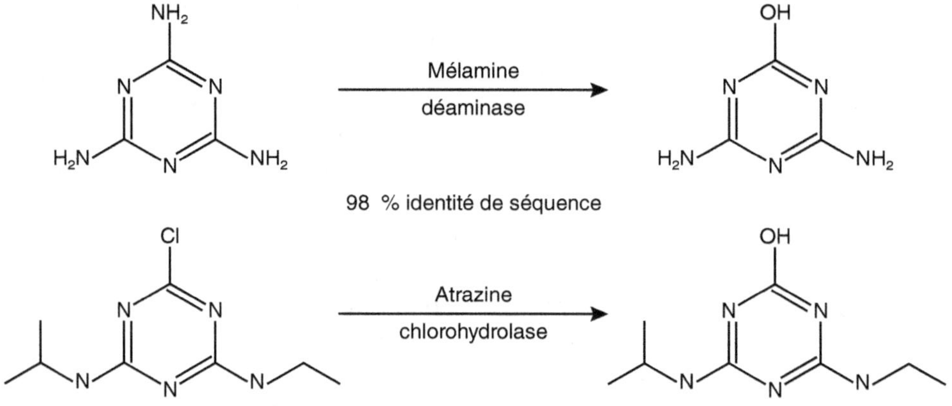

Figure 45.1. **Réactions biochimiques différentes, catalysées par deux enzymes ayant 98 % de résidus identiques :** la mélamine déaminase (EC : 3.5.99.-) et l'atrazine chlorohydrolase (EC : 3.8.1.8). Seule la nature de la réaction (hydrolase) est conservée.

Annotation fonctionnelle *in silico* : propriétés intrinsèques des séquences

Jean-François Gibrat, Valentin Loux

Introduction

Les techniques de recherche d'homologie que nous avons décrites dans les fiches qui précèdent sont basées sur une comparaison entre la séquence d'une protéine requête et des séquences, ou des structures, de protéines stockées dans les bases de données. Dans la présente fiche et la suivante, nous allons nous intéresser à des techniques qui ne prennent en considération que la séquence en acides aminés de la protéine requête. Ces techniques cherchent à mettre en évidence une utilisation distinctive des acides aminés dans certaines zones de la séquence étudiée, qui soit caractéristique d'une propriété particulière de la zone en question. Comme nous le verrons dans les fiches 47 et 48, ces propriétés fournissent des informations assez générales sur la fonction des protéines, moins spécifiques que ce que permettent les techniques de recherche d'homologie.

Segmentation et filtrage de la séquence protéique

Comme nous l'avons mentionné dans la fiche 40, il est important de tenir compte de l'aspect modulaire de la structure d'une protéine lorsque l'on étudie sa fonction. Dans cette fiche nous allons décrire d'autres types de modules.

Régions désordonnées

On s'est rendu compte, il y a quelques années, qu'il existait des exceptions à la règle qui veut que la fonction d'une protéine dépende d'une manière cruciale de sa structure 3D. Un certain nombre de protéines présentent des régions désordonnées ; pour certaines d'entre elles, ces zones s'étendent même à l'ensemble de la structure. Ces régions n'adoptent pas une structure 3D stable lorsque la protéine est isolée, mais uniquement lorsqu'elle est en interaction avec un partenaire. Les grandes classes de fonctions de ces protéines — régulation de la transcription, facteur de transcription, liaison à l'ADN, à l'ARN, au cytosquelette, etc. — sont caractéristiques de protéines dont la fonction nécessite de se lier à un partenaire. Il existe différents types de méthodes pour prédire ces régions désordonnées, basées soit sur des modèles de Markov cachés, soit sur des techniques de classification utilisées en intelligence artificielle, comme les réseaux neuromimétiques et les machines à vecteur support, plus connues sous l'acronyme anglais de SVM (*Support Vector Machine*). Il est intéressant de prédire ces régions pour deux raisons. D'une part, comme un filtre : il est par exemple inutile d'employer des techniques basées sur la conservation de la structure 3D sur des telles zones. D'autre part, comme décrit ci-avant, ces zones peuvent apporter une certaine information, certes assez peu précise, sur le type de fonction de la séquence analysée. Cette information, croisée avec d'autres indices, peut permettre d'émettre un certain nombre d'hypothèses sur la fonction que l'on peut envisager de tester expérimentalement.

Régions de faible complexité

Ces régions correspondent à des zones de la séquence où la composition en acides aminés n'est pas conforme à ce que l'on attend d'une protéine globulaire standard. Ces zones sont souvent caractérisées par des répétitions de « mots » plus ou moins dégénérés d'acides aminés ou par la répétition d'un ou deux acides aminés. On ne connaît pratiquement rien de la structure ou de la fonction de ces zones de faible complexité. En revanche, comme mentionné dans la section qui décrit l'utilisation de la E-value, il est souvent nécessaire, lorsque l'on utilise les méthodes de comparaison de séquences, de masquer ces régions de façon à obtenir une E-value qui soit facilement interprétable (cf. fiche 15).

Régions en *coiled-coils*

Certaines régions adoptent une structure où plusieurs hélices α se « surenroulent » comme les brins d'une corde. Ces régions permettent la dimérisation et parfois la trimérisation de chaînes polypeptidiques. On les observe dans des protéines structurales (myosine, tropomyosine, fibrinogène, etc.) et dans des protéines régulatrices. Leur détection permet de supposer que la protéine correspondante est sous forme d'un dimère ou d'un trimère. Cela permet aussi d'orienter la recherche de la fonction vers certaines classes particulières. Le logiciel le plus utilisé pour détecter ces régions est COILS.

Régions répétées

Les régions répétées permettent de mettre en évidence la structure sous-jacente de la molécule et de la découper en domaines ou motifs structuraux. Certains motifs, comme les répétitions riches en leucines (*Leucine Rich Repeats* : LRR) ou le motif WD40, sont suffisamment caractéristiques pour guider la recherche de la fonction vers un petit nombre de fonctions particulières.

L'exemple donné dans la fiche 15 pour une protéine du type PE-PGRS montre bien l'utilité du filtrage et de la segmentation de la séquence en modules quand on analyse une nouvelle protéine.

Prédiction de la localisation cellulaire

L'analyse des propriétés intrinsèques des séquences a également une autre utilité, celle de permettre de prédire la localisation cellulaire des protéines dans la cellule, c'est-à-dire les « compartiments » où sont actives les différentes protéines. Cette information sur la localisation des protéines est importante si les biologistes décident de planifier des expériences sur l'organisme, par exemple s'ils s'intéressent aux protéines sécrétées, périplasmiques, etc.

Il existe trois types de techniques permettant de prédire la localisation cellulaire, dont deux font appel aux propriétés intrinsèques des séquences protéiques :

• le premier type, sur lequel nous n'insisterons pas ici, concerne les techniques de recherche d'homologie. Si une protéine requête est homologue à une protéine sécrétée, on peut penser qu'elle le sera aussi ;

• le second type de technique vise à mettre en évidence le mécanisme biologique qui est « responsable » de la localisation. Par exemple, il peut s'agir de motifs de séquences qui sont des signaux d'adressage vers une organelle particulière, ou bien d'un peptide signal dans la partie N-terminale de la séquence qui indique que la protéine mature sera sécrétée, ou encore la présence de segments transmembranaires qui indiquent que la protéine se trouve dans une membrane. Mis à part la recherche de signaux d'adressage, qui utilise des techniques classiques de recherche de motifs dans une chaîne de caractères, ces problèmes se prêtent bien à l'utilisation des modèles de Markov cachés ;

• le troisième type de technique est fondé sur le biais de composition en acides aminés constaté dans les séquences de protéines qui sont actives dans des compartiments particuliers. Par exemple, on observe que les protéines trouvées dans le noyau chez les eucaryotes sont plus riches en résidus basiques (chargés positivement, comme la lysine et l'arginine), car ces protéines sont souvent amenées à interagir avec l'ADN, qui est un biopolymère fortement chargé négativement. D'une façon générale, ce biais est détectable, bien que faible et variable selon les localisations cellulaires. Pour ce faire, les techniques les plus couramment employées sont les méthodes de classifications usuelles en informatique, en particulier les SVM.

Il existe des suites logicielles qui combinent ces trois types de techniques pour prédire la localisation des protéines codées par un génome. On citera, par exemple, PSORT (cf. fiche 38).

Annotation fonctionnelle *in silico*: exploitation du contexte des gènes

Jean-François Gibrat, Valentin Loux

Introduction

En juillet 2009, on disposait de près de 1100 génomes procaryotes complets. L'analyse des génomes nouvellement séquencés doit absolument tirer profit de cette énorme masse de données disponible, et il est vital que l'annotation soit effectuée à la lumière des connaissances acquises sur les précédents génomes. Il est donc très important de disposer de méthodes qui permettent de comparer les génomes, soit au niveau nucléique pour les organismes proches (différentes souches d'une même espèce) soit au niveau protéique (pour des espèces éloignées). Nous verrons qu'il est possible d'obtenir des informations très intéressantes sur la fonction des protéines à partir du contexte génomique de leurs gènes, c'est-à-dire des relations de proximité physique des gènes sur les chromosomes. Chez les procaryotes, par exemple, les opérons fournissent un bon exemple de conservation du contexte génomique; chez différentes espèces, les mêmes gènes d'un même opéron codant pour les mêmes protéines sont souvent physiquement proches (figure 47.1).

Fusion de gènes

Les événements de fusion de gènes — il est difficile de distinguer les fusions des fissions dans beaucoup de cas — traduisent en général des relations étroites, voire des interactions physiques entre les protéines correspondantes. Ces événements sont observés, par exemple, dans le cas d'enzymes catalysant des réactions successives dans une voie métabolique, ou bien dans le cas de protéines participant à un assemblage oligomérique. Le cas de certains cytochromes P450 permet d'illustrer ce type d'événement. Un cytochrome P450 est une enzyme d'environ 450 acides aminés contenant un hème, dont la fonction est de transférer un groupe hydroxyle sur un composé particulier, souvent d'une façon stéréo-spécifique — c'est-à-dire à une position bien particulière sur le composé. Cette réaction nécessite des électrons qui sont fournis par une autre protéine, une réductase, qui vient s'arrimer au cytochrome P450. Chez la bactérie *Bacillus megaterium*,

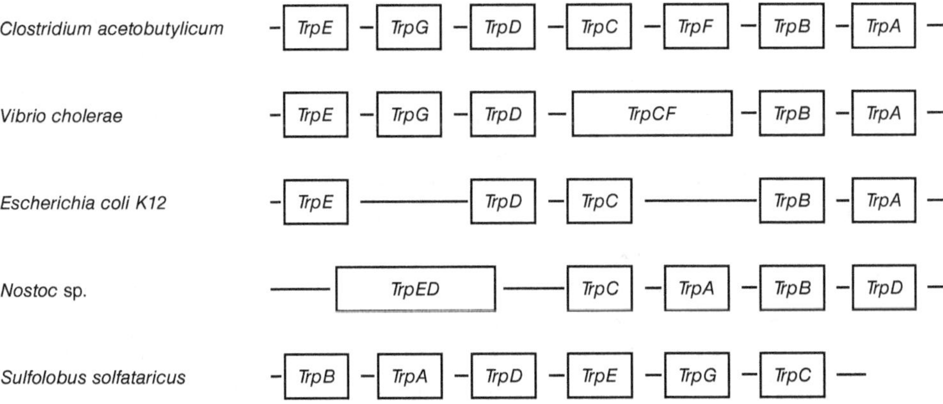

Figure 47.1. Exemple de l'opéron tryptophane. La figure indique schématiquement les positions physiques, sur les chromosomes de 5 bactéries, des gènes impliqués dans la voie de biosynthèse du tryptophane (notez que *S. solfataricus* fait partie des archées). On voit que si l'ordre des gènes sur les chromosomes n'est pas strictement conservé, leur proximité l'est. Certains gènes (par exemple TrpG chez *E. coli*) sont situés ailleurs sur le chromosome. On note aussi des fusions de gènes conduisant à des protéines bifonctionnelles, comme TRPCF chez *V. cholerae* ou TRPED chez Nostoc. La proximité physique de gènes sur un chromosome — en particulier dans les opérons — favorise la fusion de gènes (deux gènes différents mais adjacents fusionnent et les deux protéines initiales sont alors codées par un seul et même gène, ce qui conduit à une protéine unique bifonctionnelle).

les deux gènes ont fusionné, conduisant à une chaîne polypeptidique qui possède les deux fonctions, « signant » ainsi l'interaction intime qui existe entre ces deux protéines. Plus généralement, on observe souvent des fusions de gènes dans les opérons (figure 47.1), parce que lorsque deux protéines interagissent, leurs synthèses doivent être corégulées, ce qui est le cas dans un opéron. Un événement de fusion ne nécessite pas d'être observé dans beaucoup de génomes pour être significatif ; une seule observation suffit en théorie pour signaler une interaction étroite entre les protéines correspondantes — sauf si la fusion est très ancienne ou si elle concerne des domaines génétiquement mobiles.

Voisinage de gènes : synténie

Les gènes liés fonctionnellement sont souvent corégulés. C'est typiquement le cas chez les procaryotes, avec l'existence d'opérons qui produisent des ARN messagers polycistroniques. Ce concept d'opéron n'est pas pertinent pour les eucaryotes et n'est pas toujours utilisable facilement pour les procaryotes. On emploie donc souvent une mesure de voisinage plus locale qui consiste à rechercher des gènes orthologues dont l'ordre (ou la proximité) est conservé dans différents génomes (figure 47.1). L'idée à la base de cette technique est que si l'ordre de certains gènes est conservé dans différents génomes, en dépit des réarrangements qu'ont subis ces génomes, c'est qu'il y a une raison particulière. Une des raisons parmi les plus évidentes est la nécessité pour ces gènes d'être corégulés ; ils restent donc voisins. Bien évidemment, pour pouvoir utiliser cette technique, il faut que les organismes soient suffisamment éloignés pour que les génomes aient eu le temps de subir des réarrangements importants . Cette conservation de l'ordre des gènes, que l'on appelle aussi synténie lorsque le train de gènes est suffisamment important, fournit des informations très utiles lors de l'annotation d'un nouveau génome, par exemple pour annoter les transporteurs ABC. Les transporteurs ABC forment une classe de protéines qui utilise l'énergie de l'hydrolyse de l'ATP pour importer ou exporter une large gamme de substrats. Il existe de nombreux paralogues de ces protéines dans un génome, et il est souvent difficile de démêler leur histoire évolutive, c'est-à-dire de distinguer les orthologues des paralogues. Il est donc malaisé de préciser la spécificité d'une protéine donnée : le type de substrat qui est transporté et s'il est importé ou exporté. Supposons par exemple que l'on ait affaire à un transporteur ABC qui importe des sucres mais qu'il soit ardu au vu de la liste d'homologues de savoir avec précision quel sucre est importé. Si l'on considère le contexte du gène en question, on peut noter par exemple que les gènes voisins sont tous impliqués dans le métabolisme du xylose. Par conséquent, il est très vraisemblable que le transporteur ABC importe du xylose dans la cellule.

Co-occurrence de gènes : profils phylogénétiques

L'hypothèse qui est à la base de cette technique est la suivante : si un organisme possède une voie fonctionnelle ou métabolique particulière, tous les gènes nécessaires à cette fonction doivent être présents. Si au contraire il est dépourvu de cette fonction, aucun des gènes correspondants n'est présent. Pour tester cette hypothèse, on construit une matrice comme indiquée sur la figure 47.2, où les colonnes correspondent à des gènes et les lignes à des organismes. Une case de cette matrice, à l'intersection d'une colonne et d'une ligne, indique si un orthologue du gène existe dans l'organisme. On compare ensuite les différentes colonnes ; celles qui présentent le même motif de présence/absence d'orthologues — on dit le même profil phylogénétique — sont regroupées. On considère que les gènes correspondant aux colonnes groupées sont impliqués dans une même voie fonctionnelle. Cette technique est séduisante mais délicate à mettre en œuvre. Tout d'abord, il faut choisir un ensemble de gènes et d'organismes qui soient pertinents. Ensuite, contrairement au cas idéal présenté sur la figure 47.2, il est rare que les profils ne contiennent pas d'erreur : l'orthologue existe, mais il est peu similaire et on ne l'a pas détecté ; dans une lignée l'orthologue a été remplacé par une autre protéine, non homologue, qui assure la même fonction ; on a confondu une orthologue et un paralogue ; une protéine est impliquée dans plusieurs voies fonctionnelles ; etc. Le rapport signal sur bruit est donc important, et il faut comparer beaucoup de génomes soigneusement sélectionnés pour obtenir une analyse qui ait un sens.

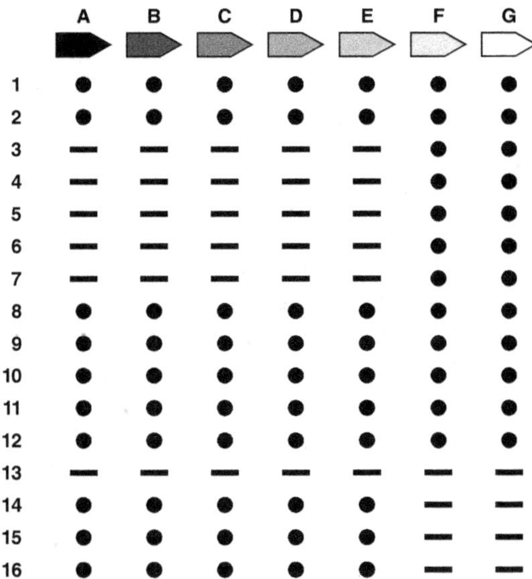

Figure 47.2. **Illustration d'un profil phylogénétique.** C'est une matrice qui indique si les ortho-logues d'un certain nombre de gènes (ici les gènes A à G) sont présents dans divers organismes (il y a ici 16 organismes). Une puce noire indique la présence d'un orthologue du gène consi-déré et un tiret son absence. Plusieurs gènes sont considérés comme ayant une relation de co-occurrence s'ils ont le même profil vis-à-vis des différentes espèces. Sur cette figure, les gènes F et G, qui sont présents dans les organismes 1-12 et absents des organismes 13-16, sont liés par une relation de co-occurrence et forment un groupe. Les gènes A, B, C, D et E, qui sont présents dans les organismes 1-2, 8-12 et 14-16, forment un deuxième groupe. Si les gènes A, B, C, D et E, d'une part, et F et G, d'autre part, sont en outre physiquement voisins sur les chromosomes des organismes qui les contiennent, alors on peut suspecter qu'ils appartiennent à deux voies fonctionnelles ou métaboliques. L'une de ces voies serait présente chez les orga-nismes 1-2, 8-12 et 14-16, tandis que l'autre voie serait présente chez les organismes 1-12.

Utilisation des techniques de contexte des gènes

Comme indiqué par les études du groupe de P. Bork à l'EMBL, les techniques d'analyse du contexte des gènes sont loin d'être marginales. Elles fournissent, pour une fraction notable des gènes d'un génome, une information sur la fonc-tion qui est souvent complémentaire des résultats obtenus avec les techniques de recherche d'homologie. Il faut donc que les annotateurs incluent ces méthodes dans leur arsenal de techniques d'analyse des données génomiques.

Analyse des voies métaboliques

Une autre façon d'analyser les relations entre protéines d'un génome consiste à étudier les voies métaboliques dont l'organisme est pourvu. Il existe un certain nombre de ressources, dont KEGG, BRENDA et MetaCyc, qui décrivent les voies métaboliques identifiées expérimentalement dans différents organismes. Il est important de reconstituer les voies métaboliques de l'organisme que l'on annote, car cela permet de confirmer et parfois de prédire ses propriétés biologiques. Par ce biais, on aborde la deuxième phase de l'annotation, celle où l'on s'intéresse aux processus cellulaires. Il existe un certain nombre d'outils, comme Pathway Tools Omics Viewers, qui permettent de prédire automatiquement les voies métaboliques présentes dans un génome. Ces outils sont basés sur une recherche d'homologie : il s'agit, encore une fois, de détecter dans le nouveau génome à annoter des orthologues de protéines impliquées dans diverses voies métaboliques. Lors de ces analyses, il peut arriver que des protéines soient manquantes dans certaines voies métaboliques. Des outils tels que PathoLogic ont été développés pour identifier ces protéines manquantes et surtout essayer de juger si leur absence est vraiment cruciale et implique que la voie métabolique en question ne peut exister dans l'organisme. La plate-forme d'annotation de génomes microbiens AGMIAL contient un outil qui autorise la comparaison visuelle de voies métaboliques entre deux espèces ou deux groupes d'espèces. Cet outil est basé sur une version relationnelle de la banque de données KEGG. Il permet à l'annotateur de superviser l'annotation des voies métaboliques.

Conclusions sur l'annotation fonctionnelle *in silico*

Jean-François Gibrat, Valentin Loux

Pour finir, nous allons considérer différentes sources d'erreurs susceptibles de perturber l'annotation. La liste qui suit n'est bien sûr pas exhaustive :

• **Erreurs dans les bases de données.** Les bases de données contiennent des erreurs qui ont malheureusement tendance à se propager par copie répétée des annotations. Il est vital que l'annotateur considère et croise toutes les données disponibles pour essayer de mettre en évidence des incohérences si elles existent. En cas d'incohérence, il est vraisemblable qu'il faille remonter à la littérature correspondante pour essayer de trancher. Si on ne peut trancher, il vaut mieux s'abstenir d'annoter la protéine pour éviter de pérenniser les erreurs.

• **Composition biaisée en acides aminés.** Nous avons vu dans les fiches 15 et 46 concernant les alignements de séquences que cette propriété de la séquence faussait l'interprétation de la E-value et amenait à considérer comme homologues des protéines qui n'avaient en fait aucun lien évolutif.

• **Prise en compte de l'organisation modulaire des protéines.** Dans ces fiches, nous avons insisté sur la nécessité de tenir compte de la modularité des protéines. Une erreur classique et potentiellement très dangereuse par son effet « boule de neige » est d'observer une similitude de séquence sur une partie seulement de la séquence, et néanmoins de transférer la fonction de la protéine entière. Il est donc important de se poser la question : la similarité observée concerne-t-elle un domaine ou bien l'ensemble de la protéine ?

• **Interprétation de la liste d'homologues.** Nous avons souligné l'importance d'une analyse phylogénétique pour interpréter la liste d'homologues fournie par les méthodes de recherche d'homologie. Seul ce type de technique permet de retracer l'histoire évolutive des homologues, en distinguant orthologues et paralogues, et de transférer en tout état de cause la fonction. En d'autres termes, la stratégie, assez courante, du *best BLAST hit* — c'est-à-dire transférer la fonction de la première protéine apparaissant dans la liste des protéines homologues — est à proscrire.

• **Déplacement non orthologue.** La même fonction peut être remplie par des protéines non homologues : la fonction est accomplie par une protéine qui a évolué à partir d'une autre protéine en changeant de spécificité. Un tel cas a été observé pour la gluconate kinase de *B. subtilis* (GNTK_BACSU), qui n'a pas de relation avec la gluconate kinase de *E. coli* (GNTK_ECOLI) mais est clairement paralogue de la glycérol kinase de *B. subtilis* (GLPK_BACSU). Cette fonction a été mise en évidence expérimentalement. De tels cas sont difficiles à prévoir, mais, heureusement, ne semblent pas très fréquents.

• **Interprétation des données de voisinage dans un opéron.** Il faut parfois éviter de surinterpréter les données de voisinage dans les opérons. Par exemple, la protéine RAFK_ECOLI a été prédite comme codant pour une lipolysaccharide 1,2-N-acétylglucosamine transférase pour la raison qu'elle se trouvait dans l'opéron raf de *E. coli*. Il a été démontré par la suite que c'était en fait une D-glycéro-D-manno-heptosyl transférase.

• **Connaissance de l'organisme étudié.** Il est préférable que l'annotation soit supervisée par des biologistes connaissant bien les propriétés biologiques et le mode de vie de l'organisme étudié. Cela permet d'éviter le genre d'erreur triviale qui consiste à annoter une protéine d'une bactérie Gram+ comme périplasmique.

Pour en savoir plus...

Littérature scientifique

Ashburner M., Ball C.A., Blake J.A., Botstein D., Butler H., Cherry J.M., Davis A.P., Dolinski K., Dwight S.S., Aubourg S., Rouzé P., 2001. Genome annotation. *Plant Physiology and Biochemistry*, 39 (3–4) : 181–193.

Aubourg S., Brunaud V., Bruyère C., Cock M., Cooke R., Cottet A., Couloux A., Déhais P., Deléage G., Duclert A., Echeverria M., Eschbach A., Falconet D., Filippi G., Gaspin C., Geourjon C., Grienenberger J.-M., Houlné G., Jamet E., Lechauve F., Leleu O., Leroy P., Mache R., Meyer C., Nedjari H., Negrutiu I., Orsini V., Peyretaillade E., Pommier C., Raes J., Risler J.-L., Rivière S., Rombauts S., Rouzé P., Schneider M., Schwob P., Small I., Soumayet-Kampetenga G., Stankovski D., Toffano C., Tognolli M., Caboche M., Lecharny A., 2005. GeneFarm, structural and functional annotation of *Arabidopsis* gene and protein families by a network of experts. *Nucleic Acids Research*, 33 : D641–D646.

Brent M.R., 2007. Genome annotation past, present, and future: how to define an ORF at each locus. *Genome Research*, 15 (12) : 1777–1786.

Brent M.R., Guigo R., 2004. Recent advances in gene structure prediction. *Current Opinion in Structural Biology*, 14 : 264–272.

Bork P., Koonin E.V., 1998. Predicting functions from protein sequences – where are the bottlenecks? *Nature Genetics*, 18 (4) : 313–318.

Eppig J.T., Harris M.A., Hill D.P., Issel-Tarver L., Kasarskis A., Lewis S., Matese J.C., Richardson J.E., Ringwald M., Rubin G.M., Sherlock G., 2000. Gene Ontology: tool for the unification of biology. *Nature Genetics*, 25 (1) : 25–29.

Bryson K., Loux V., Bossy R., Nicolas P., Chaillou S., van de Guchte M., Penaud S., Maguin E., Hoebeke M., Bessières P., Caspi R., Altman T., Dale J.M., Dreher K., Fulcher C.A., Gilham F., Kaipa P., Karthikeyan A.S., Kothari A., Clamp M., Chang A., Scheer M., Grote A., Schomburg I., Schomburg D., 2009. BRENDA, AMENDA and FRENDA the enzyme information system: new content and tools in 2009. *Nucleic Acids Research*, 37 : D588–D592.

Cuff J., Searle S.M., Barton G.J., 2004. The Jalview Java alignment editor. *Bioinformatics*, 20 : 426–427.

Durbin R., Eddy S.R., Krogh A., Mitchison G., 1998. *Biological sequence analysis. Probabilistic Models of Proteins and Nucleic Acids*. Cambridge, UK, Cambridge University Press, 356 p.

Gibrat J.-F., 2006. AGMIAL: implementing an annotation strategy for prokaryote genomes as a distributed system. *Nucleic Acids Research*, 34 (12) : 3533–3545.

Hubbard T., Barker D., Birney E., Cameron G., Chen Y., Clark L., Cox T., Cuff J., Curwen V., Down T., Durbin R., Eyras E., Gilbert J., Hammond M., Huminiecki L., Kasprzyk A., Lehvaslaiho H., Lijnzaad P., Melsopp C., Mongin E., Kahsay R., Liao L., Gao G., 2005. An improved hidden Markov model for transmembrane protein topology prediction and its applications to complete gnomes. *Bioinformatics*, 21 (9) : 1853–1858.

Kelley L. A., MacCallum R. M., Sternberg M. J., 2000. Enhanced genome annotation using structural profiles in the program 3D-PSSM. *Journal of Molecular Biology*, 299 : 499–520.

Krummenacker M., Latendresse M., Mueller L. A., Paley S., Popescu L., Pujar A., Shearer A. G., Zhang P., Karp P. D., 2010. The MetaCyc Database of metabolic pathways and enzymes and the BioCyc collection of Pathway/Genome Databases. *Nucleic Acids Research*, 38 : D473–D479.

Lupas A., Van Dyke M., Stock J., 1991. Predicting coled coils from protein sequences. *Science*, 252 (5010) : 1162–1164.

Mathé C., Sagot M.-F., Schiex T., Rouzé P., 2002. Current methods of gene prediction, their strengths and weaknesses. *Nucleic Acids Research*, 30 (19) : 4103–4117.

Marin A., Pothier J., Zimmermann K., Gibrat J.-F., 2002. FROST: a filter-based fold recognition method. *Proteins*, 49 : 493–509.

Nadershahi A., Fahrenkrug S. C., Ellis L. B., 2004. Comparison of computational methods for identifying translation initiation sites in EST data. *BMC Bioinformatics*, 16 : 5–14.

Pettett R., Pocock M., Potter S., Rust A., Schmidt E., Searle S., Slater G., Smith J., Spooner W., Stabenau A., Stalker J., Smith T. F., Zhang X., 1997. The challenges of genome sequence annotation or "the devil is in the details". *Nature Biotechnology*, 15 (12) : 1222–1223.

Stupka E., Ureta-Vidal A., Vastrik I., Clamp M., 2002. The Ensembl genome database project. *Nucleic Acids Research*, 30 (1) : 38–41.

Robin S., Rodolphe F., Schbath S., 2003. *ADN, mots et modèles*. Paris, Belin, 144 p.

Waterhouse A. M., Procter J. B., Martin D. M. A., Clamp M., Barton G. J., 2009. Jalview Version 2: a multiple sequence alignment editor and analysis workbench. *Bioinformatics*, 25 (9) : 1189–1191.

Windsor A. J., Mitchell-Olds T., 2006. Comparative genomics as a tool for gene discovery. *Current Opinion in Biotechnology*, 17 (2) : 161–167.

Yu N. Y., Wagner J. R., Laird M. R., Melli G., Rey S., Lo R., Dao P., Sahinalp S. C., Ester M., Foster L. J., Brinkman F. S. L., 2010. PSORTb 3.0: improved protein subcellular localization prediction with refined localization subcategories and predictive capabilities for all prokaryotes. *Bioinformatics*, 6 (13) : 1608–1615.

Ressources sur le Web

Toutes ces ressources ont été consultées avec succès le 27 septembre 2010.

3D-PSSM	http://www.sbg.bio.ic.ac.uk/~3dpssm/index2.html
AGMIAL	http://genome.jouy.inra.fr/agmial/
(t)BLASTx	http://blast.ncbi.nlm.nih.gov/Blast.cgi
BRENDA	http://www.brenda-enzymes.info/
COILS	http://www.ch.embnet.org/software/COILS_form.html
EuGène	http://eugene.toulouse.inra.fr/
FROST	http://genome.jouy.inra.fr/frost/
GeneMark™	http://exon.biology.gatech.edu/
GENSCAN	http://genes.mit.edu/GENSCAN.html
GeneWise/Wise 2	http://www.ebi.ac.uk/Tools/Wise2/
Glimmer	http://www.cbcb.umd.edu/software/glimmer/

InterPro	http://www.ebi.ac.uk/interpro/
KEGG	http://www.genome.jp/kegg/
MetaCyc	http://metacyc.org/
NCBI	http://www.ncbi.nlm.nih.gov/
Pathway Tools Omics Viewers	http://biocyc.org/expression.html
PathoLogic	http://biocyc.org/intro.shtml#pathologic
PSORT	http://www.psort.org/
RCSB PDB	http://www.rcsb.org/pdb/home/home.do
SHOW	http://genome.jouy.inra.fr/ssb/SHOW/
TMMOD	http://liao.cis.udel.edu/website/servers/TMMOD/scripts/frame.php?p=description

Comparaison des génomes

*L'auteur de cette partie, Fredj Tekaia,
remercie Édouard Yeramian et Odile Kalogeropoulos
pour leurs suggestions pertinentes.*

Introduction

Fredj Tekaia

L'objectif des comparaisons génomiques est de déterminer ce qui est spécifique à chaque espèce et ce qui est commun à un ensemble d'espèces. Cela s'effectue à partir de descriptions simples de la structure des gènes, des prédictions détaillées du contenu en gènes et de l'organisation des chromosomes. L'idée sous-jacente à toute comparaison génomique est que les génomes à comparer ont un ancêtre commun et, qu'en conséquence, toute différence au niveau de leurs séquences peut être rapportée à des effets de l'évolution sur ces génomes, alors que les ressemblances reflètent leur origine commune. Ces évolutions sont le reflet des différentes pressions de sélection que l'espèce et son génome ont pu subir au cours du temps. Avec l'abondance des génomes complètement séquencés, la comparaison des génomes devient pertinente et permet d'en préciser de mieux en mieux le processus d'évolution.

Les comparaisons génomiques concernent :
- l'étude des relations entre génomes de plusieurs espèces ;
- la compréhension des processus évolutifs qui ont agi sur les génomes ancestraux ;
- la compréhension de l'évolution des génomes actuels.

Une des composantes les plus significatives des comparaisons génomiques et des annotations des génomes est l'identification des gènes paralogues et orthologues. Dans le cas fréquent où un gène a été dupliqué en une ou plusieurs copies (famille multigénique), il s'agit de déterminer si cette duplication a eu lieu avant ou après un événement de spéciation. Cette donnée est fondamentale, car lorsque l'on compare des gènes de diverses plusieurs espèces en vue d'une reconstruction phylogénétique, on suppose implicitement qu'ils sont issus de la spéciation d'un même gène ancestral commun, donc qu'ils sont orthologues. Il convient par conséquent de préciser ici quelques processus évolutifs, et particulièrement les événements de spéciation et de duplication.

Les nombreuses études comparatives des génomes d'espèces appartenant aux trois royaumes de la vie (eucaryotes, archées, bactéries) ont permis de montrer l'existence de plusieurs processus d'évolution des espèces et de leurs génomes :

• la **phylogénie**, qui concerne l'histoire de l'héritage ancestral d'un génome. C'est le processus le plus significatif dans l'étude de l'histoire évolutive des gènes et des espèces ;

• l'**expansion**, qui concerne l'augmentation du nombre des gènes d'un génome suite à un événement de duplication des gènes ou à la genèse de nouveaux gènes. La duplication peut toucher un petit groupe de gènes ou un génome entier. Les événements de duplications permettent de créer de la diversité par l'apparition de nouvelles fonctions protéiques. Schématiquement, si le gène A se duplique en A1 et A2, A1 peut garder sa fonction d'origine alors que A2 peut évoluer librement puisque la cellule conserve la fonction codée par A1. À terme, soit A2 dégénère et devient non fonctionnel — on a alors perte d'un gène ou apparition d'un pseudogène —, soit A2 acquiert une nouvelle fonction « utile » à la cellule et est conservé. A2 représentera alors un nouveau gène codant une nouvelle fonction ;

• l'**échange**, qui concerne le transfert de gènes entre espèces. Ce processus est connu aussi sous la dénomination de transfert horizontal ou latéral de gènes. L'échange de gènes peut impliquer jusqu'à 16 % d'un génome chez les bactéries ;

• la **perte**, qui concerne la disparition de gènes suite à un processus d'adaptation d'une espèce à un nouvel environnement. Des gènes dont la cellule « n'a plus besoin » accumulent des mutations qui, souvent, leur font perdre leurs fonctions. La perte de gènes est une des caractéristiques de l'évolution de certaines espèces bactériennes dites commensales (p. ex. les mycoplasmes) ou pathogènes qui réduisent leurs génomes (p. ex. *Mycobacterium lepreae*).

Notons que comme les processus d'expansion, d'échange et de perte ne sont pas des processus phylogénétiques — c'est-à-dire hérités de leur ancêtre —, ils sont considérés dans les analyses de l'évolution des espèces et des gènes comme du bruit de fond qu'il convient d'éliminer ou du moins de minimiser. De ce fait, ces processus posent une difficulté majeure dans la construction des arbres phylogénétiques des gènes et des espèces.

Événements de spéciation et de duplication

Fredj Tekaia

On tente souvent de reconstituer l'histoire évolutive de plusieurs espèces en comparant les séquences de certains de leurs gènes — ou des protéines qu'ils codent. L'histoire des gènes devant refléter l'histoire des espèces, il est indispensable que les gènes que l'on compare soient tous issus d'un même ancêtre commun.

Gènes homologues et identité

Par définition, deux gènes sont homologues quand ils dérivent d'un même gène ancestral commun. Ces deux gènes peuvent appartenir à la même espèce ou à deux espèces. Un cas simple — et idéal — est représenté en figure 50.1, où les gènes contemporains G2, G4 et G5 ont un ancêtre commun G1 : ils sont donc homologues. Mais comment savoir que deux gènes appartenant à deux espèces ont un ancêtre commun ? Une définition opérationnelle peut être par exemple : « Deux gènes sont homologues s'ils se ressemblent suffisamment. Cette définition est cependant peu rigoureuse, car on ne sait pas ce que « suffisamment » veut dire. Nous en rediscuterons dans la fiche 51. Dans des cas malheureusement trop limités, on peut connaître — par exemple *via* des expériences de biochimie — la fonction des protéines codées par les gènes. Si deux protéines présentes dans deux espèces ont la même fonction et si en outre leurs gènes présentent des ressemblances « significatives », alors il est vraisemblable que ces gènes sont homologues. Quoi qu'il en soit, il faut rappeler que l'homologie est un critère qui peut être vrai ou faux, mais qui ne peut être quantifiable par un pourcentage ou qualifiable par un superlatif ou une approximation. Deux gènes sont homologues (issus d'un ancêtre commun) ou ne le sont pas. Dire que deux séquences présentent 52 % d'homologie n'a pas de sens. Par contre, elles peuvent partager 52 % d'identités.

Gènes orthologues

Pour procéder à une reconstitution phylogénétique, il est nécessaire mais non suffisant que les gènes étudiés soient homologues. Pour que l'histoire des gènes reflète l'histoire des espèces, il faut en outre que les gènes sélectionnés dérivent de l'ancêtre commun par spéciation. C'est bien le cas pour les trois gènes contemporains G2, G4 et G5 de la figure 50.1. De tels gènes, dérivant d'un ancêtre commun par un ou des événements de spéciation, sont dits orthologues. L'identification des gènes orthologues est cruciale pour les reconstructions phylogénétiques. Comme nous le verrons dans la section suivante, le problème est loin d'être trivial.

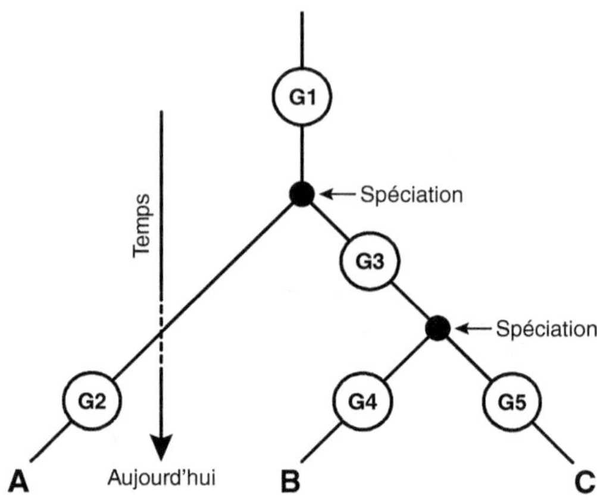

Figure 50.1. **Un organisme ancestral possédait un gène G1.** Suite à un événement de spéciation, cet ancêtre engendre deux espèces qui contiennent respectivement les gènes G2 et G3, tous deux descendants de G1. Les gènes G2 et G3 ont un même ancêtre commun G1 : ils sont donc homologues. Comme ils dérivent d'un événement de spéciation, ils sont en outre orthologues. Chez l'une des deux espèces, un nouvel événement de spéciation produit deux nouvelles espèces contenant respectivement les gènes G4 et G5, tous deux issus de G3. Comme précédemment, les gènes G4 et G5 sont orthologues. Les gènes G2, G4 et G5 possédant un ancêtre commun (G1), ils sont tous homologues. Et comme ils sont tous issus d'événements de spéciation, ils sont tous orthologues (le gène G3, quant à lui, a disparu). Si on isole aujourd'hui ces gènes des espèces A, B et C, la comparaison de leurs séquences devrait permettre de reconstituer leur histoire : la dernière spéciation ayant engendré B et C étant récente, la séquence de G4 devrait être plus proche de celle de G5 que de celle de G2. D'où l'on conclut que les espèces B et C sont plus proches l'une de l'autre que de l'espèce A. Ici, l'arbre des gènes est le même que celui des espèces.

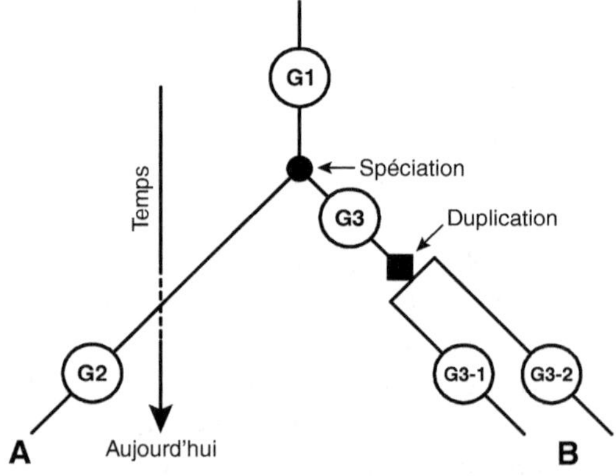

Figure 50.2. **Un organisme ancestral possédait le gène G1.** Suite à un événement de spéciation, deux nouvelles espèces A et B apparaissent, contenant respectivement les gènes G2 et G3, tous deux issus de G1. Au sein de l'espèce B se produit ensuite un événement de duplication sans spéciation : G3 est copié en deux exemplaires, G3-1 et G3-2. Ces deux nouveaux gènes, nés d'une duplication au sein de la même espèce, sont dits paralogues. Les gènes G2 et G3-1 sont issus d'un même gène ancestral commun G1 : ils sont donc homologues. Ils dérivent du même gène G1 par un événement de spéciation : ils sont donc orthologues. De même pour G2 et G3-2 (le gène G3, quant à lui, a disparu). Des comparaisons visant à reconstituer l'histoire des espèces A et B pourront faire intervenir soit le couple G2/G3-1, soit le couple G2/G3-2. Ici, Le problème est que les gènes G3-1 et G3-2 « vivent leur vie » indépendamment l'un de l'autre. G3-1, par exemple, peut continuer à coder une protéine ayant la même fonction que celle codée par G2 (et initialement par G1), alors que la protéine codée par G3-2 peut avoir acquis une nouvelle fonction. Dans ce cas, la séquence de G2 devrait être plus proche de celle de G3-1 que de celle de G3-2. On choisira donc d'utiliser le couple présentant le plus de ressemblance ; dans le cas présent, il s'agit de G2/G3-1.

Gènes paralogues

Le cas simple et idéal représenté en figure 50.1 est malheureusement assez rare. En effet, les choses sont très fréquemment compliquées par un phénomène appelé duplication, par lequel un gène, au sein d'une même espèce, se voit copié en deux exemplaires, voire plus. On voit ainsi apparaître des « familles multigéniques », très fréquentes par exemple chez les plantes, où des dizaines de gènes sont apparues par duplications successives d'un même gène ou par duplications successives de copies d'un gène. Les gènes qui résultent de tels événements de duplication sont dits paralogues. La figure 50.2 présente un cas simple de duplication : les gènes G3-1 et G3-2 sont des paralogues. Un exemple moins trivial est montré en figure 50.3 où, cette fois, une duplication s'est produite avant un événement de spéciation. Imaginez maintenant de nouvelles duplications dans les espèces A et B : les relations entre les gènes deviennent inextricables et l'identification des orthologues très difficile. La conclusion est que, tant que faire se peut, il faut éviter les familles multigéniques dans les reconstructions phylogénétiques.

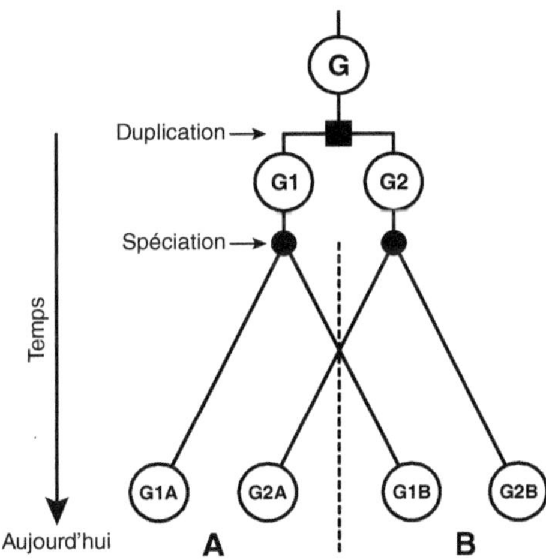

Figure 50.3. **Une espèce ancestrale possède un gène G.** Ce gène subit une duplication qui donne naissance, au sein de cette espèce, aux gènes G1 et G2. Comme vu en figure 50.2, les gènes G1 et G2 sont paralogues. Plus tard, un événement de spéciation fait apparaître les espèces A et B. Chacune de ces espèces contient les descendants de G1 et G2, soit G1A et G2A pour l'espèce A et G1B et G2B pour l'espèce B. Les gènes G1A et G2A ne sont pas des paralogues vrais, car ils ne résultent pas d'une duplication au sein de l'espèce A. De même pour les gènes G1B et G2B. Les couples G1A/G2A et G1B/G2B sont appelés *out-paralogues*. Les séquences contemporaines des gènes G1A, G2A, G1B et G2B vont sans doute contenir des similitudes qui seront repérées par des comparaisons intra- et intergénomiques. Quel(s) couple(s) choisir si l'on veut reconstituer l'histoire des espèces A et B? Ces quatre gènes sont certes homologues puisque tous issus du gène ancestral G, mais il importe de choisir des couples de gènes orthologues, donc le couple G1A/G1B (descendants du même gène G1 par spéciation) ou le couple G2A/G2B (descendants du même gène G2 par spéciation). Comme les gènes G1A et G2B ne sont pas orthologues et qu'il en est de même pour les gènes G2A et G1B, il ne faut pas choisir ces couples. Le problème est que, par simples comparaisons de séquences, il n'est pas toujours facile de repérer quels sont les gènes orthologues.

Synténie

En toute rigueur, deux gènes sont dits synténiques s'ils sont présents sur le même chromosome. Cette définition a été étendue à la conservation de groupes de gènes sur un même chromosome ou sur des chromosomes différents, pour une même espèce ou plusieurs espèces. On utilise les expressions « blocs synténiques » et « régions synténiques » pour désigner une suite de gènes conservés (idéalement dans le même ordre) entre deux espèces. Les opérons bactériens, par exemple, sont souvent conservés en bloc d'une espèce à l'autre et constituent des régions de « microsynténie ». La synténie est un argument significatif pour la détermination des orthologues, en raison de la conservation de l'ordre des gènes entre deux chromosomes de deux espèces. La synténie peut n'être facilement détectable que dans les espèces proches.

Orthologie et paralogie

Fredj Tekaia

En corollaire à la détermination des gènes non uniques dans leurs propres génomes et ceux qui sont conservés dans des génomes d'autres espèces, on est amené à déterminer, dans le premier cas, l'ensemble des classes (on dit aussi familles) de paralogues et, dans le second cas, les classes (ou familles) d'orthologues.

Détection des paralogues et des orthologues

La comparaison intragénomique — comparaison d'un génome avec lui-même — conduit à établir, pour chaque gène, la liste des gènes qui lui sont similaires, si de tels gènes existent. La réciprocité de similarité entre gènes (figure 51.1) est un argument fort pour détecter les orthologues potentiels, mais elle ne reflète malheureusement pas la complexité de l'évolution, qui peut impliquer plusieurs événements de spéciation et de duplication.

Pour illustrer cette difficulté, en 2002, Sonnhammer et Koonin ont défini ce qu'ils appellent *in-paralogues* pour les duplications au sein d'une espèce et *out-paralogues* pour les duplications présentes chez l'ancêtre des deux espèces (cf. fiche 50). Les premiers correspondent à des gènes obtenus par duplication après une spéciation : ce sont des paralogues « standard ». Les *in-paralogues* sont des paralogues apparus après un événement de spéciation donné. Les *out-paralogues* sont des gènes paralogues apparus avant l'événement de spéciation. La détermination des *in-paralogues* et des *out-paralogues* est d'autant plus difficile à établir qu'au cours de l'évolution plusieurs événements de spéciation et de duplication peuvent avoir eu lieu. De ce fait, les concepts d'*in-paralogues* et d'*out-paralogues* ne peuvent permettre de distinguer que les paralogues récents des paralogues anciens.

En pratique, les gènes orthologues sont difficiles à identifier à cause de l'existence des paralogues et de la difficulté à les distinguer. La méthode la plus fréquemment utilisée consiste à chercher, lors des comparaisons intergénomiques, les gènes de plusieurs espèces présentant les meilleures similitudes mutuelles : c'est la méthode du *Best Hit Reciproque* (BHR ; figure 51.1).

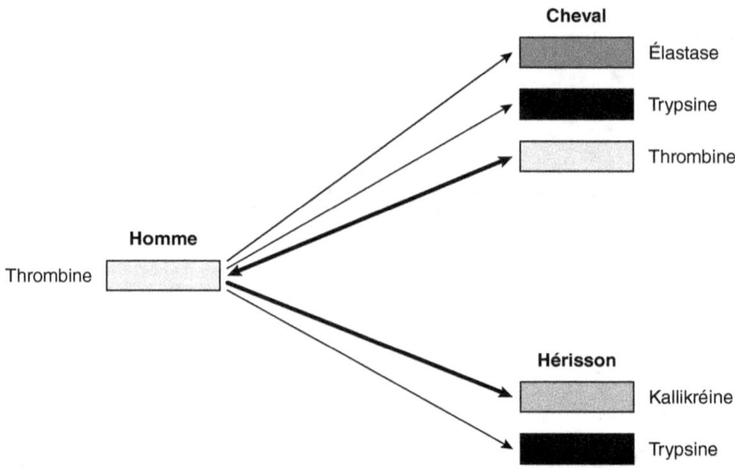

Figure 51.1. Principe du *Best Hit Reciproque*. Les protéases à sérine forment une grande famille multigénique chez les mammifères. Issues de multiples duplications, les nombreuses enzymes de cette famille ont des fonctions essentielles et variées dans, par exemple, la digestion (trypsine, chymotrypsine, élastase, etc.) et le processus de coagulation du sang (kallikréine, thrombine, facteurs de coagulation). Si on décide d'étudier l'évolution de la thrombine, on va chercher ses différents orthologues chez diverses espèces. Partant de la séquence de la thrombine humaine, on balaye les banques de séquences. La thrombine humaine « accrochera » évidemment les autres protéases à sérines des autres espèces, dont la trypsine, l'élastase et la kallikréine. Chez le cheval, le meilleur hit sera la thrombine. Inversement, le meilleur hit de la thrombine de cheval chez les protéines humaines sera la thrombine de l'homme (double flèche). Cette meilleure ressemblance réciproque autorise à penser que ces deux protéines sont bien orthologues. Chez le hérisson par contre (exemple inventé), peu de séquences sont disponibles, on ignore la séquence de la thrombine. Néanmoins, la thrombine humaine « accrochera » la kallikréine et la trypsine du hérisson, avec une meilleure ressemblance pour la kallikréine. Si on se contente de ce résultat, sans chercher quel est le meilleur hit chez l'homme de la kallikréine du hérisson — qui devrait être la kallikréine, et non la thrombine —, on va mélanger les histoires évolutives de la thrombine et de la kallikréine.

L'idée sous-jacente est que les « vrais orthologues » ont gardé les mêmes propriétés que leur ancêtre commun et, par conséquent, qu'ils présentent la meilleure conservation de séquences. Les autres paralogues, quant à eux, ont été libres d'évoluer sans contrainte.

Quelques procédures de classification des paralogues et des orthologues

Les concepts de base des procédures proposées pour la classification en familles des gènes paralogues et orthologues peuvent se subdiviser en quatre groupes :
- les procédures basées sur les comparaisons de type BLAST ;
- les procédures basées sur les arbres phylogénétiques ;
- les procédures basées sur la conservation de l'ordre des gènes ;
- les procédures basées sur les domaines détectés dans les gènes potentiellement orthologues.

Le tableau 51.1 regroupe les différentes méthodes de détection et de classification des orthologues. Aucune n'est parfaite, chacune tente de résoudre en partie les difficultés liées à la distinction entre orthologues et paralogues.

Tableau 51.1. Liste chronologique de méthodes de détection des orthologues et des stratégies utilisées correspondantes.

Méthode	Stratégie
COGs ; KOGs	BLASTp et manuelle
InParanoid	BLASTp (2 espèces)
TribeMCL	BLASTp, mcl et index d'inflation
OrthoMCL	BLASTp, mcl et index d'inflation
RIO	Phylogénie
RSD	BLASTp, alignement de séquences et distance évolutive (estimée par la méthode de maximum de vraisemblance)
OMA	Alignement dynamique (au lieu de BLASTp) et distance évolutionnaire
PhIGs	Phylogénie
MultiParanoid	BLASTp
PhyOP	Phylogénie basée sur les substitutions synonymes
HomoloGene	Arbre taxonomique du NCBI, synténie, similarité des protéines
Ensembl Compara	Inférence et réconciliation des arbres des gènes et ceux des espèces

En pratique, aucune de ces méthodes n'est satisfaisante à elle seule dans un cadre général. Les analyses spécifiques de génomes proches montrent que seule la combinaison de plusieurs critères — similarité, synténie, évolution et phylogénie —, associée à la connaissance biologique des espèces, permet de dégager des classes de paralogues et d'orthologues potentiels.

Fredj Tekaia

Processus de comparaison des génomes

Comparaison entre compositions générales en nucléotides

Les comparaisons compositionnelles entre génomes sont parmi les plus simples à effectuer. Il s'agit de calculer le pourcentage de bases G+C par rapport aux bases A+T. Ce pourcentage peut se calculer sur tout type de fragment génomique, allant d'un intron, d'un gène, d'un chromosome à un génome entier. La composition en G+C peut être un critère de classification des génomes ; elle est utilisée dans certains programmes comme un des critères potentiels pour la détection de zones codantes dans certains organismes. Souvent, les exons ont des compositions en G+C différentes de celles des introns. On a donc des « paquets » de zones riches en G+C (par exemple), qui correspondent probablement à des exons, entrecoupés de « paquets » riches en A+T (par exemple), qui correspondent probablement à des introns.

Parmi les génomes complets disponibles, la composition en G+C varie beaucoup (tableau 52.1). Les génomes bactériens montrent la plus large variation de leur contenu en G+C (la plus basse : 16 % pour *Carsonella ruddii* PV ; la plus haute : 87 % pour *Enterobacter sakazakii* – Genbank : NC_009778). Chez les eucaryotes, les protistes montrent les plus faibles contenus en G+C (p. ex. 22 % pour *Dictyostelium discoideum* AX4).

Utilisation des séquences à une grande échelle

Les comparaisons génomiques sont essentiellement basées sur des comparaisons classiques mais à grande échelle de séquences. En effet, de telles comparaisons n'impliquent pas simplement quelques séquences (gènes ou protéines), mais toutes les séquences, généralement codantes, des génomes étudiés, voire les chromosomes entiers. Sur le plan pratique, les comparaisons génomiques s'appuient sur les mêmes programmes que ceux qui sont utilisés pour les comparaisons classiques de séquences. Les procédures les plus utilisées pour la comparaison de deux génomes, y compris la comparaison d'un génome à lui-même, sont donc basées

Tableau 52.1. Contenu en G + C par domaine phylogénétique (données disponibles au 30 septembre 2007).

Domaine	Moyenne % G + C	Écart-type	Nombre de génomes	Valeur minimale observée	Valeur maximale observée
Eucaryotes	39,8	9,7	28	22,0	63,0
Archées	45,9	10,9	47	27,6	67,9
Bactéries	48,2	13,7	533	16,0	87,0

sur les programmes usuels comme BLAST, FASTA ou SSEARCH (fondé sur l'algorithme de Smith-Waterman), qui permettent de comparer chaque séquence protéique d'une espèce à toutes les séquences protéiques d'une autre espèce (cf. fiches 11 à 13 et 18). Il s'agit seulement d'un changement d'échelle, de manière à tenir compte de toutes les séquences des gènes d'un génome. Il faut néanmoins noter que quelques programmes spécifiques ont été élaborés pour permettre la comparaison de très longs segments d'ADN ou même des chromosomes entiers.

Sauf à comparer des régions chromosomiques contenant des séquences non codantes, il est préférable de considérer les séquences protéiques plutôt que les séquences nucléotidiques. Les comparaisons sont alors plus sensibles (cf. fiche 17).

Il revient à l'utilisateur de fixer un seuil de « ressemblance significative » entre deux séquences (pourcentage d'identités, E-value, etc.), à partir duquel on pourra conclure à leur homologie. Généralement, la limite statistique habituelle ($p < 0,05$) n'est pas satisfaisante (cette probabilité, associée au score de similarité entre deux séquences, est fournie par les programmes précités). En effet, des probabilités aussi basses que 10^{-3} ou même 10^{-4} peuvent ne pas correspondre à une conservation réelle entre deux séquences, mais refléter une ressemblance fortuite entre deux séquences non apparentées. Plusieurs approches empiriques ont été adoptées pour décider de la similarité « significative » entre deux séquences :
- en fixant une limite supérieure de la E-value, par exemple 10^{-5} ou 10^{-9}. Problème : quelle que soit la valeur que l'on adoptera, elle sera arbitraire ;
- en imposant une condition concernant la taille des segments similaires. Cela permet de s'assurer que les séquences ne se ressemblent pas « en pointillé » *via* une multitude de courts segments. On peut par exemple imposer que les deux séquences présentent un segment similaire dont la longueur est égale à au moins 0,5 ou 0,6 fois la taille de la séquence la plus courte ;
- en utilisant le critère de réciprocité de similarité significative : si la séquence B dans la banque est le hit avec votre séquence-requête A compte tenu des critères précédents, alors la séquence A doit être le hit quand B est utilisée comme séquence-requête ;
- en fixant une limite basée sur une simulation. Il s'agit dans ce cas de comparer un ensemble de séquences protéiques aléatoires — respectant les compositions et tailles des séquences d'origine — aux séquences réelles du même génome. Les

résultats des comparaisons permettent de calculer un histogramme des probabilités (ou des E-values). Ainsi on constate, par exemple dans le cas de génomes eucaryotes, que l'histogramme présente une nette cassure autour de la E-value 10^{-9}. On considère alors que 10^{-9} délimite la frontière entre le réel et l'aléatoire, et l'on choisit cette valeur comme limite supérieure de la E-value.

Ces comparaisons permettent de détecter, pour une espèce donnée, les gènes uniques et ceux qui sont dupliqués. De même, les comparaisons interespèces permettent de détecter les gènes conservés entre espèces. L'ensemble des comparaisons permet de définir les gènes « espèce-spécifiques » et ceux qui sont non spécifiques.

Fredj Tekaia

Classification des espèces tenant compte de leur contenu génétique

Arbre universel de la vie

Un arbre phylogénétique des espèces a été obtenu par l'analyse des séquences des gènes codant les ARN 16S, provenant de diverses espèces. Il est aussi appelé « arbre universel de la vie ». Trois branches le caractérisent : celle des bactéries, celle des archées et celle des eucaryotes. Les trois branches sont aussi appelées les « trois royaumes de la vie » ou les « trois domaines phylogénétiques ». La présentation des espèces sur chacune des branches est censée correspondre aux événements de spéciation lors de leur évolution.

La disponibilité de séquences génomiques complètes, d'une part, et d'analyses phylogénétiques de classes de paralogues et de classes d'orthologues, d'autre part, ont permis d'établir qu'il existe des familles de gènes à évolution rapide et des familles de gènes à évolution lente. Ces analyses ont aussi été l'occasion de constater des résultats surprenants à la fin des années 1990, à savoir que les topologies des arbres phylogénétiques des gènes ne correspondent pas forcément à celle de l'arbre des espèces, supposé jusqu'alors universel ; suivant le gène (ou la protéine) utilisé pour la reconstruction phylogénétique, on pourra très bien regrouper fortement une archée avec les eucaryotes ou une bactérie Gram+ avec une bactérie Gram–. Cela pourrait être dû à l'utilisation de gènes non orthologues mais surtout, pour les bactéries en particulier, au phénomène de transfert horizontal. Les différences constatées concernent essentiellement le positionnement sur les branches des espèces les unes par rapport aux autres. L'existence des trois branches a été généralement confirmée.

Les incohérences fréquentes entre les topologies des arbres des gènes et la topologie de l'« arbre universel » montrent la difficulté majeure à laquelle nous sommes encore confrontés aujourd'hui : quelle famille de gènes (ou de protéines) faut-il choisir pour procéder à une reconstitution phylogénétique ? Il a été proposé de contourner le problème en considérant la totalité des gènes des espèces étudiées — ou du moins un grand nombre de gènes.

Notons que la construction d'arbres phylogénétiques impliquant un grand nombre de gènes est désignée par « phylogénomie ».

Arbres génomiques

Les méthodes basées sur des données génomiques « massives » devraient permettre des constructions d'arbres des espèces plus fiables que celles basées sur un seul type de gène. Ces méthodes sont les suivantes :
• construction d'arbres sans alignements de séquences, en considérant certaines propriétés des génomes complets ;
• construction d'arbres fondée sur la présence et l'absence de gènes orthologues ;
• construction d'arbres fondée sur la conservation de l'ordre des gènes dans les chromosomes ;
• construction d'arbres fondée sur une collection de reconstitutions phylogénétiques obtenues à partir de plusieurs familles de gènes communs aux espèces considérées, ou se basant sur des concaténations d'alignements des gènes communs ;
• construction d'arbres fondée sur les domaines protéiques.

Phylogénie fondée sur le contenu en gènes

La première approche consiste à inférer la phylogénie d'espèces complètement séquencées en se basant sur une matrice de distances entre espèces. La distance entre un couple d'espèces est alors calculée à partir du pourcentage de gènes qui sont conservés dans les deux génomes. Une autre matrice de distances peut être construite à partir du nombre de gènes orthologues qu'ils ont en commun. Par exemple, l'homme et le chien possèdent un gène codant l'hémoglobine α, mais pas le maïs ou la levure. Notez qu'une normalisation et une symétrisation de la matrice sont nécessaires, car le pourcentage de gènes conservés dépend de la taille du génome.

Cette méthode a permis d'observer que l'arbre phylogénétique basé sur le contenu en gènes ressemble, sans être tout à fait identique, à l'arbre universel. Il est clair cependant que l'arbre obtenu est fortement dépendant de la distinction entre gènes paralogues et gènes orthologues.

Phylogénie fondée sur la concaténation de séquences

Cette méthode consiste à utiliser un grand nombre de gènes orthologues communs à un grand nombre d'espèces complètement séquencées. Le principe consiste à concaténer dans chaque espèce et dans le même ordre les séquences de gènes orthologues, pour former de longues séquences qui seront utilisées pour la construction des arbres phylogénétiques selon les procédures habituelles, à savoir alignements multiples et construction d'un arbre phylogénétique. Les arbres phylogénétiques obtenus par cette méthode ressemblent aussi à l'arbre universel, mais il semble néanmoins que leur topologie soit sensible à l'échantillonnage des gènes.

Le défaut majeur de cette méthode tient au fait que les analyses comparatives des génomes montrent qu'il y a peu de protéines conjointement conservées dans toutes les espèces. Une étude récente suggère d'ailleurs que l'arbre obtenu par cette méthode est l'« arbre de 1 % », ce qui signifie que seulement 1 % des gènes est commun à toutes les espèces. Par exemple, il est clair que l'on ne peut pas utiliser l'hémoglobine α pour étudier simultanément les mammifères, les bactéries et les plantes. Autrement dit, le nombre de séquences concaténées est faible et la méthode ne peut répondre à son objectif.

Phylogénie fondée sur les profils de conservation des gènes

Si on considère les comparaisons génomiques impliquant n espèces, le « profil de conservation » d'une protéine donnée est une suite de n « 0 » ou « 1 » (on dit que c'est un vecteur) correspondant respectivement à l'absence ou à la présence d'un orthologue dans une espèce. Si l'homme occupe la position j dans cette suite et la levure la position k, alors pour l'hémoglobine α la j-ième valeur sera 1 (pour l'homme) et la k-ième valeur sera 0 (pour la levure). Pour le cytochrome c, on aura 1 et 1 en positions j et k pour le « vecteur cytochrome c » puisque l'homme et la levure possèdent un cytochrome c.

Un tel vecteur représente donc une vue schématique de l'histoire d'un gène, observée conjointement sur l'ensemble des espèces considérées. Grâce à l'ensemble des profils de conservation de tous les gènes dans les espèces considérées, on possède la trace de leurs évolutions dans l'ensemble des espèces considérées. Notons que le « profil de conservation » est aussi référencé dans la littérature par « profil phylogénétique ».

Il faut ensuite utiliser ces vecteurs pour construire une matrice de similarités entre les espèces et en déduire un arbre. Contrairement à la méthode précédente, on dispose ici d'une information abondante qui regroupe toutes les histoires évolutives.

Ici encore, l'arbre des espèces obtenu n'est pas très différent de l'arbre universel. Mais cette méthode semble aussi être sensible à l'échantillonnage des espèces. Elle subit en outre l'influence des problèmes liés à l'identification des gènes orthologues et du phénomène de transferts horizontaux. Néanmoins, ces vecteurs sont largement exploités dans les analyses comparatives des génomes pour définir les protéines universelles — présentes dans tous les génomes — ou spécifiques à une ou des espèces.

Phylogénie fondée sur les motifs protéiques

Notons que l'étude de familles de gènes orthologues ou paralogues peut être effectuée par la recherche de motifs (ou domaines) communs à toutes les séquences protéiques ou à un sous-ensemble de séquences protéiques d'une même famille. L'apparition et la disparition de motifs entre les séquences peuvent être indicatives du type d'évolution des gènes de la famille. Pour ces analyses, les programmes MEME/MAST sont efficaces et permettent la visualisation de la distribution des motifs sur l'ensemble des séquences.

Pour en savoir plus...

Littérature scientifique

Alexeyenko A., Tamas I., Liu G., Sonnhammer E. L., 2006. Automatic clustering of orthologs and inparalogs shared by multiple proteomes. *Bioinformatics*, 22: 9–15.

Altenhoff A. M., Dessimoz C., 2009. Phylogenetic and functional assessment of orthologs inference projects and methods. *PLoS Computational Biology*, 5 (1): e1000262.

Dehal P., Boore J. L., 2005. Two rounds of whole genome duplication in the ancestral vertebrate. *PLoS Biology*, 3 (10): e314.

Dessimoz C., Boeckmann B., Roth A. C. J., Gonnet G.-H., 2006. Detecting non-orthology in the cog database and other approaches grouping orthologs using genome-specific best hits. *Nucleic Acids Research*, 34 (11): 3309–3316.

Enright A. J., Kunin V., Ouzounis C. A., 2003. Protein families and TRIBES in genome sequence space. *Nucleic Acids Research*, 31 (15): 4632–4638.

Gabaldón T., 2008. Large-scale assignment of orthology: back to phylogenetics? *Genome Biology*, 9: 235.

Goodstadt L., Ponting C. P., 2006. Phylogenetic reconstruction of orthology, paralogy, and conserved synteny for dog and human. *PLoS Computational Biology*, 2 (9): e133.

Hubbard T. J., Aken B. L., Beal K., Ballester B., Caccamo M., Chen Y., Clarke L., Coates G., Cunningham F., Cutts T., Down T., Dyer S. C., Fitzgerald S., Fernandez-Banet J., Graf S., Haider S., Hammond M., Herrero J., Holland R., Howe K., Howe K., Johnson N., Kahari A., Keefe D., Kokocinski F., Kulesha E., Lawson D., Longden I., Melsopp C., Megy K., Meidl P., Ouverdin B., Parker A., Prlic A., Rice S., Rios D., Schuster M., Sealy I., Severin J., Slater G., Smedley D., Spudich G., Trevanion S., Vilella A., Vogel J., White S., Wood M., Cox T., Curwen V., Durbin R., Fernandez-Suarez X. M., Flicek P., Kasprzyk A., Proctor G., Searle S., Smith J., Ureta-Vidal A., Birney E., 2007. Ensembl 2007. *Nucleic Acids Research*, 35: D670–D617.

Hubbard T. J., Aken B. L., Ayling S., Ballester B., Beal K., Bragin E., Brent S., Chen Y., Clapham P., Clarke L., Coates G., Fairley S., Fitzgerald S., Fernandez-Banet J., Gordon L., Graf S., Haider S., Hammond M., Holland R., Howe K., Jenkinson A., Johnson N., Kahari A., Keefe D., Keenan S., Kinsella R., Kokocinski F., Kulesha E., Lawson D., Longden I., Megy K., Meidl P., Overduin B., Parker A., Pritchard B., Rios D., Schuster M., Slater G., Smedley D., Spooner W., Spudich G., Trevanion S., Vilella A., Vogel J., White S., Wilder S., Zadissa A., Birney E., Cunningham F., Curwen V., Durbin R., Fernandez-Suarez X. M., Herrero J., Kasprzyk A., Proctor G., Smith J., Searle S., Flicek P., 2009. Ensembl 2009. *Nucleic Acids Research*, 35: D690–D697.

Kuzniar A., van Ham R. C., Pongor S., Leunissen J. A., 2008. The quest for orthologs: finding the corresponding gene across genomes. *Trends in Genetics*, 24 (11): 539–551.

Li L., Stoeckert C. J. Jr, Roos D. S., 2003. OrthoMCL: identification of ortholog groups for eukaryotic genomes. *Genome Research*, 13 (9): 2178–2189.

Moreno-Hagelsieb G., Latimer K., 2008. Choosing BLAST options for better detection of orthologs as reciprocal best hits. *Bioinformatics*, 24 (3): 319–324.

Pennisi E., 1998. Genome data shake tree of life. *Science*, 280 (5364): 672–674.

Remm M., Storm C. E., Sonnhammer E. L., 2001. Automatic clustering of orthologs and in-paralogs from pariwise species comparisons. *Journal of Molecular Biology*, 314 (5): 1041–1052.

Roth A. C. J., Gonnet G.-H., Dessimoz C., 2008. Algorithm of OMA for large-scale orthology inference. *BMC Bioinformatics*, 9: 518.

Roth A. C. J., Gonnet G.-H., Dessimoz C., 2009. Algorithm of OMA for large-scale orthology inference. Corrections. *BMC Bioinformatics*, 10: 220.

Sonnhammer E. L., Koonin E. V., 2002. Orthology, paralogy and proposed classification for paralog subtypes. *Trends in Genetics*, 18 (12): 619–620.

Tekaia F., Dujon B., 1999. Pervasiveness of gene conservation and persistence of duplicates in cellular genomes. *Journal of Molecular Evolution*, 49 (5): 591–600.

Tatusov R. L., Galperin M.-Y., Natale D. A., Koonin E. V., 2000. The COG database: a tool for genome-scale analysis of protein functions and evolution. *Nucleic Acids Research*, 28 (1): 33–36.

Wall D. P., Fraser H. B., Hirsh A. E., 2003. Detecting putative orthologs. *Bioinformatics*, 19 (13): 1710–1711.

Zmasek C. M., Eddy S. R., 2002. RIO: analyzing proteomes by automated phylogenomics using resampled inference of orthologs. *BMC Bioinformatics*, 3: 14.

Ressources sur Internet

Toutes ces ressources ont été consultées avec succès le 27 septembre 2010.

COG	http://www.ncbi.nlm.nih.gov/COG/
KOG	http://www.ncbi.nlm.nih.gov/COG/grace/shokog.cgi
Ensembl Compara	http://www.ensembl.org/info/docs/api/compara/index.html
InParanoid	http://inparanoid.sbc.su.se/cgi-bin/index.cgi
HomoloGene	http://www.ncbi.nlm.nih.gov/homologene
MEME/MAST	http://meme.sdsc.edu/meme4_4_0/intro.html
MultiParanoid	http://multiparanoid.sbc.su.se/
OMA	http://omabrowser.org/cgi-bin/gateway.pl
OrthoMCL	http://www.orthomcl.org/cgi-bin/OrthoMclWeb.cgi
RIO	http://rio.janelia.org/
RSD	http://roundup.hms.harvard.edu/site/index.php http://wall.hms.harvard.edu/sites/default/files/RSD_standalone.zip
SSEARCH	http://www.ebi.ac.uk/Tools/ssearch/
TribeMCL	http://search.cpan.org/~cjfields/BioPerl-run-1.6.1/Bio/Tools/Run/TribeMCL.pm http://www.micans.org/mcl/

Analyse du transcriptome

Définition des séquences sonde pour la PCR et pour les puces à ADN

Hubert Charles, Federica Calevro

Une sonde est un fragment d'ADN simple brin de courte taille (10 à 100 bases) qui est utilisée en biologie moléculaire pour « pêcher » des gènes spécifiques selon le principe de l'hybridation : deux molécules d'ADN complémentaires s'associent pour former des doubles brins stables. L'optimisation de sondes (*probe design*) est une problématique née avec le développement de la technique *Polymerase Chain Reaction* (PCR). Tout d'abord réalisée de façon empirique, l'optimisation bio-informatique de la séquence de la sonde s'est révélée nécessaire avec l'apparition des techniques de biologie moléculaire dites à « haut débit », comme les puces à ADN ou la PCR multiplexe[1].

Si les séquences nucléotidiques (ARN ou fragments d'ADN) ont été préalablement séparées sur un gel d'électrophorèse, puis transférées sur une membrane, la sonde marquée par de la radioactivité est alors déposée en solution sur la membrane, et l'hybride est finalement détecté par radiophotographie : ce sont les techniques du *Southern blot* (ADN/ADN) et du *northern blot* (ADN/ARN). Si la sonde est fixée sur un support de verre (ou une membrane de nylon), ce sont les gènes qui sont alors marqués avec de la fluorescence (ou de la radioactivité) et déposés en solution sur le support : c'est la technique des puces à ADN (ou des *microarrays*). Enfin, les sondes peuvent être utilisées comme amorces d'une polymérase pour amplifier spécifiquement un fragment d'ADN au cours d'une réaction PCR. Mais finalement, quelle que soit la technique utilisée, le choix de la séquence optimale d'une sonde sera toujours guidé par les deux critères essentiels qui la caractérisent : l'affinité et la spécificité pour son gène cible.

La mesure de l'affinité d'une sonde pour sa cible passe par une analyse thermo-dynamique incluant les paramètres physico-chimiques de la séquence elle-même, mais aussi de l'expérimentation (température et salinité, par exemple). La mesure de la spécificité est un problème d'analyse comparative entre les séquences des

---

[1] Réaction PCR au cours de laquelle plusieurs gènes sont amplifiés parallèlement grâce à des mélanges de couples d'amorces.

gènes d'un même génome ou entre séquences de gènes d'espèces différentes. Nous verrons dans cette fiche l'importance relative de ces deux paramètres et les solutions bio-informatiques apportées selon les différentes techniques expérimentales.

Affinité d'une sonde pour sa cible

L'affinité d'une sonde pour son gène cible définit le rendement d'hybridation, c'est-à-dire la fraction d'hybrides double brins cible-sonde présente dans le milieu. Cette affinité est liée à la température de la solution, à la concentration saline, à la séquence de la molécule d'ADN (composition et voisinage des bases A, C, G et T) et à sa concentration. Enfin, la présence éventuelle d'agents dénaturants dans la solution, comme l'urée ou le formamide, aura une influence forte sur l'affinité cible-sonde. Afin de maximiser l'homogénéité du signal de l'ensemble des gènes de la puce, l'optimisation thermodynamique des sondes est un critère primordial pour les puces à ADN. En PCR, et tout particulièrement pour la PCR multiplexe, cette optimisation est souvent la clé de la réussite.

L'affinité d'une sonde peut se définir par la *temperature of melting* T_m (température de fusion). Il s'agit de la température à laquelle la moitié des acides nucléiques est sous forme double brin, comme le montre la figure 54.1.

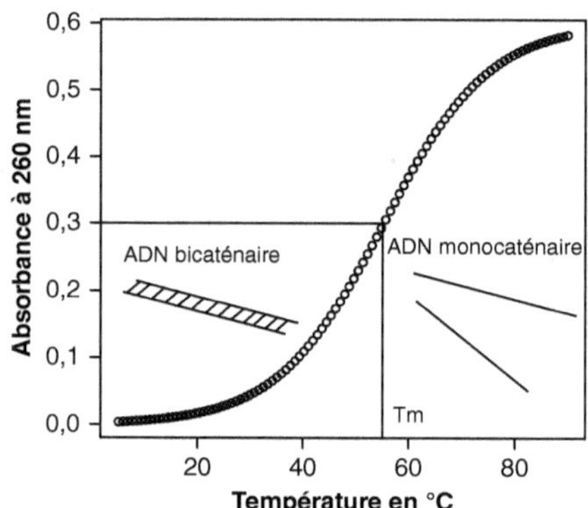

Figure 54.1. **Courbe de dissociation réversible de la molécule d'ADN.** Le point d'inflexion de la sigmoïde correspond à la valeur T_m où 50 % des molécules sont sous forme double brin. La dissociation est mesurée par la variation de l'absorbance à 260 nm de la molécule d'ADN entre les états simple et double brin (effet hyperchrome).

Détermination de la température de fusion

Il existe une méthode empirique très simple pour le calcul des T_m d'amorces courtes, bien connue des biologistes moléculaires adeptes de la PCR :

$$T_m(\text{°C}) = 4\,GC + 2\,AT$$

Cette formule est adéquate pour obtenir un ordre de grandeur de la T_m de sondes comprises entre 18 et 25 bases, il suffit de compter 4 fois le nombre de bases G ou C et d'ajouter 2 fois le nombre de bases A ou T; mais elle ne doit pas être utilisée dans le cas d'une recherche de sondes ou d'amorces optimales.

Actuellement, le modèle le plus complet pour déterminer la T_m de courtes séquences d'ADN est le modèle thermodynamique dit du « plus proche voisin ». Au sein d'une molécule d'ADN double brin, ce modèle définit des interactions de voisinage entre deux nucléotides successifs, ce qui permet de prendre en compte à la fois la nature et la place des nucléotides. Ces paires de nucléotides sont associées à des valeurs distinctes d'enthalpie, d'entropie et d'énergie libre pour l'association des deux brins d'ADN. Le modèle se présente sous la forme suivante:

$$T_m(°C) = \frac{\Delta H}{\Delta S + R \ln C_T} + 16,6 \log\left(\frac{[K^+]}{1 + 0,7[K^+]}\right) - 273,15$$

R représente la constante des gaz parfaits (R = 1,987 cal·K^{-1}·mol^{-1}), C_T est la concentration totale en acides nucléiques appariés et $[K^+]$ la concentration en ions potassium de la solution. Les calculs de l'enthalpie ΔH et de l'entropie ΔS d'hybridation peuvent être décomposés en plusieurs termes additifs:

$$\Delta H_{total} = \Delta H_{initiation} + \Delta H_{symétrie} + \sum_x \Delta H_x$$

$$\Delta S_{total\,[Na^+\,1M]} = \Delta S_{initiation} + \Delta S_{symétrie} + \sum_x \Delta S_x$$

Les termes ΔH_x et ΔS_x représentent les interactions de voisinage de bases au sein de la séquence. Tout comme les termes d'initiation et de symétrie, ils ont été déterminés expérimentalement pour chaque couple de paires de bases possibles. Ils sont disponibles dans la littérature. L'enthalpie est indépendante de la concentration en sels. Par contre, pour l'entropie, la formule théorique considère une concentration sodique de 1 M; on introduit alors un terme correctif pour une séquence contenant N bases:

$$\Delta S_{total} = \Delta S_{total\,[Na^+\,1M]} + 0,368(N-1)\ln[Na^+]$$

Lorsque les séquences étudiées dépassent 50 nucléotides, elles présentent de nombreux états intermédiaires d'appariements partiels, et la méthode du plus proche voisin n'est plus applicable. Il est alors préférable d'utiliser la formule suivante, qui intègre le taux de $G+C$ (% $G+C$), le taux de mésappariements entre les deux brins (% mésap.) et le nombre N de nucléotides de la séquence:

$$T_m(°C) = 81,5 + 0,41(\%G+C) + 16,6 \log\left(\frac{[K^+]}{1 + 0,7[K^+]}\right) - (\%\text{mésap.}) - \frac{500}{N}$$

Énergie libre de formation des structures secondaires

Un autre critère thermodynamique peut interférer avec le processus d'hybridation; il s'agit de la formation de structures secondaires (figure 54.2). Ces structures sont des autorepliements des sondes sur elles-mêmes (épingles à cheveux) ou des agencements tête-bêche (homoduplexes); elles sont d'autant plus stables que la valeur de leur énergie libre de formation est négative. La stabilité de ces structures est calculable avec le modèle du plus proche voisin, comme nous l'avons vu précédemment en intégrant quelques contraintes supplémentaires. Pour que la formation d'une épingle à cheveux soit possible, sa tige doit posséder au minimum 2 liaisons entre bases complémentaires et sa boucle doit contenir au moins 3 bases. En ce qui concerne les homodimères, leur formation est possible uniquement s'il existe au moins 2 liaisons successives entre bases complémentaires. Le logiciel de référence pour le calcul de la stabilité des structures secondaires est le logiciel Mfold. On peut citer également les logiciels OligoAnalyzer et HyTher, qui présentent des interfaces conviviales et des paramètres mis à jour régulièrement.

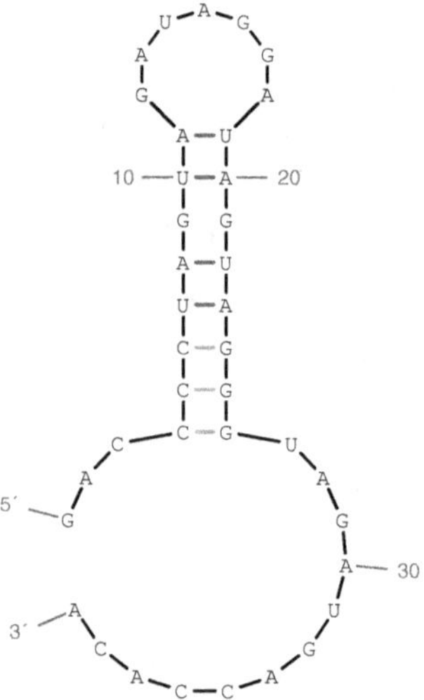

Figure 54.2. **Modélisation du repliement en épingle à cheveux d'une sonde de 39 bases fournie par le logiciel Mfold.**

Autres critères thermodynamiques spécifiques

D'autres critères vont influencer la stabilité de l'hybridation, même s'ils sont beaucoup moins importants que la composition et le voisinage des bases, ou les structures secondaires. Ils vont, de plus, dépendre fortement des techniques pour lesquelles les sondes sont utilisées.

Les pentamères situés aux extrémités des sondes, et plus précisément la première et la dernière base, jouent un rôle important sur l'affinité de celles-ci pour leurs cibles et influencent la stabilité de l'hybride qui en résulte. En effet, des ancrages $G+C$ aux extrémités des sondes stabilisent la formation des hybrides (selon le principe de la fermeture Éclair®) et permettent d'obtenir de meilleurs rendements d'hybridation. Pour les puces à ADN, des pentamères riches en $G+C$ (stables) seront donc privilégiés aux deux extrémités des sondes. À l'inverse, en PCR, on favorisera les pentamères moins stables, riches en $A+T$, en position 3′ des sondes

— même si des affirmations contraires sont souvent présentées sur Internet —, de façon à ce que la polymérase ne s'amorce pas sur une hybridation partielle et aspécifique de la sonde en 3′.

Les motifs de faible complexité (répétitions locales de bases) sont à éviter dans les séquences sondes (PCR et puces à ADN), d'une part, parce qu'ils sont très communs (problème de la spécificité) dans les régions transcrites et non traduites des gènes (5′ et 3′ UTR) et, d'autre part, parce que la présence de bases successives est à l'origine d'un biais dans le calcul des énergies d'interaction avec le modèle du plus proche voisin.

Les valeurs d'énergie du modèle thermodynamique du plus proche voisin les plus récemment publiées ont été estimées très précisément pour des hybrides parfaits en solution. Ces mesures sont donc très précises pour le calcul des T_m des amorces PCR. Par contre, dans les expérimentations sur puces, la sonde est immobilisée sur la lame. Il est donc probable que les entropies de la sonde et de l'hybride cible-sonde soient inférieures à celles qui sont calculées en solution. Peu de travaux ont été consacrés à ce problème. Néanmoins, dans cette technique, les valeurs absolues de T_m sont assez peu importantes, car il s'agit plutôt de déterminer, pour l'ensemble du jeu de sondes, des valeurs de T_m homogènes.

Une autre limitation du modèle thermodynamique du plus proche voisin est liée à l'estimation des concentrations des molécules en présence. Ces concentrations sont estimables pour la PCR, mais, une fois encore, l'immobilisation des sondes dans les puces à ADN complique le problème. Cependant, sachant que les sondes sont déposées en large excès par rapport aux cibles, on peut considérer que la concentration en acides nucléiques appariés est proche de la concentration moyenne en cibles ; mais, bien sûr, la concentration en cible n'est pas connue puisque c'est le paramètre mesuré. Par conséquent, lorsqu'un jeu de sondes est défini avec une concentration constante, un biais est introduit : la T_m des gènes fortement exprimés est surestimée, alors que celle des gènes faiblement exprimés est sous-estimée puisque la concentration intervient au dénominateur de la formule. L'écart de signal de fluorescence est par conséquent artificiellement amplifié entre les gènes fortement et faiblement exprimés.

Spécificité d'une sonde pour sa cible

La spécificité d'une sonde est sa capacité à se lier de façon unique sur son gène cible. L'optimisation de la spécificité dans une problématique de recherche de séquences sondes consiste donc en l'élimination des similitudes d'une sonde avec tout autre gène que le gène cible.

La spécificité et la taille des sondes sont deux facteurs liés. Plus une sonde est courte, plus elle pourra être choisie dans une région spécifique, et plus elle sera sensible à la présence de mésappariements. La contrepartie de cette forte spécificité des sondes courtes est leur faible affinité puisque la T_m est inversement proportionnelle à la taille de la sonde.

La recherche de similarités de séquences est un problème très étudié en bio-informatique, notamment pour répondre aux besoins de la phylogénie et de la génomique comparative. Très naturellement, ce sont ces outils qui ont été utilisés pour l'optimisation de la spécificité des sondes. Le logiciel d'alignement le plus couramment utilisé est BLAST (cf. fiche 13). Il faut noter tout de même que le paramétrage par défaut de l'outil BLASTn n'est pas compatible avec la recherche de sondes spécifiques de courtes tailles. Par exemple, pour remplir les critères de spécificité de Kane (cf. ci-dessous), il faut impérativement modifier les paramètres W (taille du mot d'ancrage) et q (pénalité du mésappariement) aux valeurs 7 et – 2 respectivement (cf. fiche 16).

Spécificité des sondes pour les puces à ADN de génotypage

Les puces de génotypage (puces taxonomiques) sont des puces utilisées essentiellement comme outils diagnostiques. Un exemple d'application est l'utilisation de sondes « signatures », qui permettent d'identifier en une seule hybridation l'ensemble des pathogènes présents dans un fluide biologique pour un diagnostic clinique. C'est sans doute la plus importante application industrielle des puces à ADN actuellement.

Lorsque l'on fait du génotypage, la spécificité des sondes est l'enjeu majeur. Chaque sonde doit être spécifique de son gène cible par rapport à ce même gène issu d'autres organismes également représentés sur la puce et susceptibles de se trouver dans l'échantillon analysé. Ainsi, les sondes choisies sont des sondes courtes (10 à 20 bases) dont l'hybridation est sensible à un seul mésappariement central.

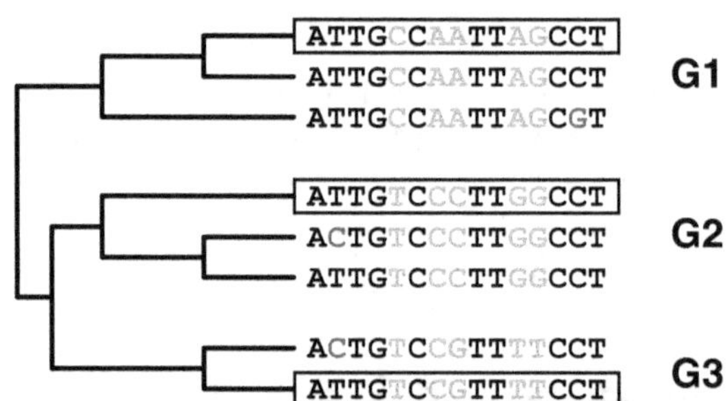

Figure 54.3. **Alignement de séquences de 3 groupes taxonomiques (G1, G2 et G3) phylogénétiquement proches.** Les 3 séquences sondes sélectionnées sont encadrées. Les bases gris clair, correspondant au polymorphisme intergroupe, sont situées au centre pour garantir la spécificité des sondes. Les bases gris foncé correspondent à du polymorphisme intragroupe ; leur localisation externe permet une hybridation correcte de la sonde sur sa cible. Il est également possible de choisir plusieurs sondes par groupe pour intégrer ce polymorphisme.

Le problème majeur du choix des séquences est celui de la détermination de « séquences signatures ». Ces signatures doivent être représentatives du groupe taxonomique visé, c'est-à-dire une souche, une espèce, un genre, ou encore une famille. Elles sont donc localisées dans des zones conservées pour tous les individus du groupe visé. Néanmoins, ces séquences doivent permettre de discriminer des groupes taxonomiques proches, et sont donc localisées dans des régions suffisamment variables pour présenter un polymorphisme au niveau taxonomique souhaité (figure 54.3). Toute la difficulté provient du dilemme devant lequel ces deux types de polymorphisme que l'on souhaite différencier nous placent. Enfin, les bases spécifiques des séquences ciblées doivent, si possible, être disposées au milieu de la sonde, de façon à optimiser l'écart d'énergie libre d'appariement entre les sondes parfaitement complémentaires et les sondes aspécifiques.

Spécificité des sondes pour les puces à ADN transcriptomiques

En analyse du transcriptome, le problème de la spécificité des sondes est par nature plus simple que pour le génotypage. Néanmoins, l'analyse de l'expression de gènes issus de familles multigéniques ou de phénomènes d'épissages alternatifs, pourra venir sérieusement compliquer le problème. Du point de vue bio-informatique, il s'agit de définir des sondes qui soient strictement représentatives (uniques) de l'ARNm dont on veut étudier l'expression. Les sondes choisies sont généralement de taille comprise entre 35 et 70 bases (la technique Affymetrix n'est pas considérée ici), de façon à garantir une spécificité importante et une bonne affinité. Cela permet une mesure quantitative du rapport d'expression de chaque transcrit. Des critères simples ont été énoncés par Kane *et al.* (2000), qui font références pour de nombreux logiciels :

• la séquence de la sonde ne doit pas présenter plus de 75 % de similarité sur toute sa longueur avec une séquence non-cible de l'organisme ;

• la séquence de la sonde ne doit pas contenir plus de 15 bases consécutives strictement identiques à une séquence non-cible de l'organisme.

Le problème peut se compliquer si l'on souhaite définir des jeux de sondes pour des organismes dont on ne connaît pas l'intégralité du génome (hybridation aspécifique inconnue), ou si l'on souhaite analyser l'épissage alternatif chez les eucaryotes, ou encore si l'on travaille sur des échantillons présentant des mélanges d'espèces. C'est le cas lorsque l'on étudie le transcriptome d'organismes symbiotiques ou de parasites intracellulaires dont les ARNm sont mélangés à ceux de l'hôte.

Spécificité des amorces PCR

L'optimisation du choix des amorces PCR est plus un problème d'optimisation thermodynamique qu'un problème de spécificité : il s'agit d'égaliser les rendements d'hybridation des deux amorces 3′ et 5′. Les amorces PCR étant généralement de très courtes tailles (18 à 25 bases), il est souvent assez simple de les choisir dans des régions spécifiques. Néanmoins, le problème peut devenir plus complexe lorsque l'on désire dessiner des amorces dégénérées — ou intégrant des bases atypiques comme la désoxyinosine, par exemple — pour rechercher des gènes dans des génomes inconnus, lorsque l'on connaît des homologues dans d'autres organismes. Peu de logiciels dédiés à l'optimisation des sondes PCR intègrent ce contrôle de spécificité qui nécessite souvent d'être réalisé dans un deuxième temps.

Des logiciels de choix de séquences sondes

Nous ne tentons pas ici de dresser la liste exhaustive des logiciels libres dédiés au choix des séquences sondes pour les puces à ADN et pour la PCR, car ils sont extrêmement nombreux. Tous ne sont pas de qualité équivalente, et chacun sera adapté à des problématiques plus ou moins spécifiques.

Pour le choix de séquences sondes de génotypage, le logiciel libre ARB est sans doute le plus utilisé. ARB permet de calculer localement des sondes spécifiques de groupes taxonomiques définis sur la base d'un arbre phylogénétique avec un positionnement optimisé des mésappariements. Même si le maniement de cet outil demande un peu d'investissement en temps, l'interface est très conviviale. L'outil est téléchargeable intégralement sur une machine locale et peut fonctionner sur n'importe quelle base de séquences alignées associée à un arbre phylogénétique. Une base de sondes précalculées est également disponible sur le serveur. On peut également citer le logiciel Primrose, qui permet le choix de sondes courtes ou d'amorces PCR. Ce logiciel est couplé au Ribosomal Database Project (RDP), et permet un choix d'oligonucléotides extraits de cette base d'ARN ribosomiques.

Pour le choix des sondes de puces à ADN destinées à la transcriptomique, on peut citer les logiciels OligoArray, MProbe, OligoWiz, OligoPicker, ROSO et GoArrays. Ces logiciels présentent tous des spécificités propres qui les rendront plus performants pour des applications particulières. Ainsi, du point de vue de la stratégie globale de recherche de sondes spécifiques, les quatre premiers logiciels découpent chaque gène cible en sondes potentielles de la longueur désirée, à partir d'une extrémité fixée par l'utilisateur. Ces sondes potentielles sont alors testées successivement pour leur spécificité, puis pour leur affinité. Cependant, ceux-ci n'utilisent pas les mêmes modèles thermodynamiques et ne recherchent pas les mêmes structures secondaires. Les sondes optimales sont finalement sélectionnées sur la base de valeurs seuils. Lorsque la première sonde valide est obtenue pour le gène cible analysé, les logiciels arrêtent la recherche et passent au gène suivant. Ces algorithmes permettent une optimisation intégralement automatisée du jeu de sondes. Par contre, ils offrent très peu de souplesse vis-à-vis du choix de la localisation et de l'intervalle de T_m souhaité pour les sondes. Le logiciel MProbe permet une grande interopérabilité avec les bases de séquences et leurs divers formats. Il propose également un choix manuel des sondes (sans valeur seuil), selon la stabilité de leurs structures secondaires. Le logiciel OligoArray offre des informations sur les hybridations non spécifiques potentielles. OligoWiz est bien adapté au génome des eucaryotes et permet l'élimination de séquences introniques ; il autorise également une pondération personnalisée des paramètres de recherche avec une interface graphique très performante.

Le logiciel ROSO est basé sur un autre algorithme de recherche. Il va tout d'abord rechercher dans les gènes des zones de spécificité maximale ; puis, dans ces zones, une démarche d'optimisation itérative est lancée, permettant ainsi d'obtenir plusieurs sondes pour les différents gènes, sans utiliser des seuils stricts. C'est la variation des paramètres sur l'ensemble du jeu de sondes qui est minimisée dans cette approche. Le découplage entre la partie recherche de spécificité — réalisée à l'aide de BLAST —, très coûteuse en temps de calcul, et la partie thermodynamique offre la possibilité d'une optimisation plus fine : l'utilisateur peut à tout moment demander un calcul intégral d'un nouveau jeu de sondes, en relaxant manuellement un paramètre de localisation ou une valeur d'énergie libre seuil de structure secondaire. Cette souplesse demande une part d'expertise manuelle beaucoup plus importante que pour les autres logiciels.

Enfin, le logiciel GoArrays présente une démarche de recherche de sondes chimériques très originale. Les sondes produites sont constituées de deux parties spécifiques reliées entre elles par un *linker* non spécifique. Cette approche permet d'allier efficacement la spécificité de la sonde (propriété des sondes courtes) à la sensibilité de la détection (propriété des sondes longues). L'algorithme de recherche est assez classique puisqu'il procède par découpage d'une première portion du gène, en partant d'une extrémité définie. Cette première partie de sonde est testée pour sa spécificité et son affinité, en utilisant BLAST et Mfold ainsi que le modèle thermodynamique du plus proche voisin. Puis le logiciel cherche la seconde partie de la sonde en imposant une contrainte de longueur minimale et maximale pour le *linker*. Lorsqu'une sonde chimère est trouvée, le logiciel génère le *linker* pour assurer l'absence d'hybridation avec la cible ; la recherche est alors lancée sur le gène suivant. Du point de vue informatique, GoArrays est le seul logiciel qui s'inscrit véritablement dans une démarche de développement pour la réutilisation des composants logiciels ; il intègre par exemple le standard MAGE-OM pour la description des objets traités, ainsi que des modules plateformes indépendants fournis par le consortium MGED.

Pour les expériences de PCR, on peut citer Primer3. C'est un logiciel très utilisé dans la communauté bio-informatique, à même de tester les possibilités d'amorçages aspécifiques dans les échantillons. Le logiciel propose un large choix de paramètres thermodynamiques et de paramètres du protocole expérimental.

Il existe également de très nombreux logiciels commerciaux adaptés à chacune de ces technologies. Ceux-ci ne seront pas présentés ici. Ils sont généralement de bonne qualité. Avant d'en acquérir un, chacun vérifiera : i) qu'il propose une optimisation à la fois de la spécificité et de l'affinité des sondes, ii) qu'il intègre un nombre important de paramètres du protocole, iii) que la modélisation des structures secondaires est intégrée et iv) qu'une interface conviviale (présentant par exemple de façon dynamique les énergies d'association) est présente pour guider une sélection semi-manuelle des amorces.

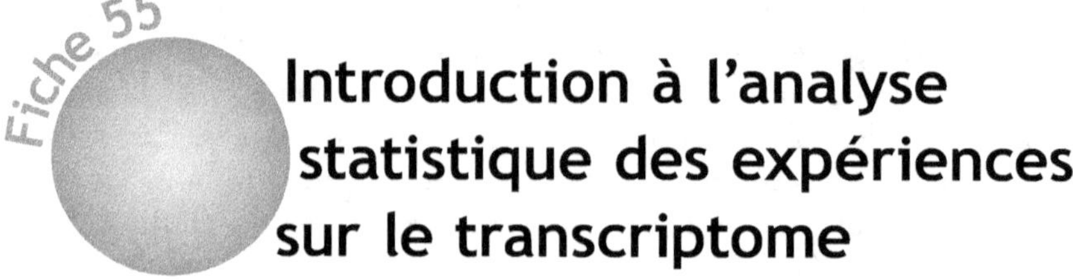

Introduction à l'analyse statistique des expériences sur le transcriptome

Alessandra Riva, Anne-Sophie Carpentier,
Bruno Torrésani, Alain Hénaut

L'analyse du transcriptome consiste à mesurer simultanément l'expression de tous les gènes d'un génome. Elle est utilisable dans tous les problèmes où l'on suivait classiquement l'expression de quelques gènes (comparaison de plusieurs génotypes ou de plusieurs traitements, cinétique, etc.).

La technologie qui prédomine est basée sur les puces à ADN (cf. fiche 54). Une puce à ADN est constituée d'un support physique — le plus souvent une lame de verre — sur lequel sont déposées des molécules d'ADN correspondant à de petits fragments du génome — jusqu'à 100 000 dépôts différents par puce. On recouvre la puce de la solution contenant la population d'ARN à étudier. Les ARN s'hybrident sur les fragments d'ADN complémentaires. La quantité d'ARN fixée reflète la concentration de cet ARN dans la solution. Il peut exister des biais systématiques dus à d'autres facteurs tels que l'affinité des séquences ou l'efficacité du marquage.

Pour des raisons pratiques, on utilise des ADNc plutôt que directement les ARN. Les ADNc sont marqués par un nucléotide radioactif ou un fluorochrome. Il est possible d'étudier simultanément plusieurs populations d'ADNc sur une même puce en utilisant des fluorochromes différents. La meilleure façon d'utiliser cette possibilité consiste à marquer de l'ADN génomique avec un fluorochrome, toujours le même. On obtient ainsi une référence stable au cours des années qui permet de mettre toutes les puces à la même échelle, quelle que soit leur origine.

Un scanner mesure l'intensité du signal émis par l'ADNc hybridé au niveau de chaque dépôt. Parmi les valeurs que proposent les logiciels pour cette intensité, la plus fiable est la médiane de l'intensité des pixels, car elle est moins sensible aux défauts de l'image (pixels surbrillants, par exemple).

Les puces comportent généralement plusieurs dépôts identiques pour chaque gène. Cela simplifie le travail lorsqu'il faut repérer les aberrations dans la lecture des intensités puisqu'il suffit d'examiner les cas où les valeurs diffèrent beaucoup d'un dépôt à l'autre. Il s'agit le plus souvent d'un défaut physique sur la puce, et il est facile d'éliminer la valeur aberrante. Dans le doute, on conserve la médiane des différentes mesures.

Quelques définitions :
* *Expérience* : ensemble du tableau de chiffres à analyser.
* *Facteur* : paramètre de l'expérience (un facteur de croissance, le jour de l'expérience, etc.).
* *État du facteur* : une des valeurs que peut prendre un facteur (présence ou absence du facteur de croissance, jour A, B ou C, etc.) ;
* *Condition expérimentale* : combinaison particulière des états des facteurs. Une condition expérimentale correspond à une colonne du tableau de chiffres à analyser.

Les lignes du tableau correspondent aux gènes (ou à des objets apparentés tels que les EST). Une case du tableau contient une valeur qui représente, peu ou prou, le niveau d'expression d'un gène donné dans une condition expérimentale donnée.

Remarque : tout ce qui est écrit dans les fiches de cette partie sur l'exploitation des expériences de transcriptome peut être appliqué, *mutatis mutandis*, aux expériences sur le protéome et le métabolome.

Méthodes de l'analyse statistique des expériences sur le transcriptome

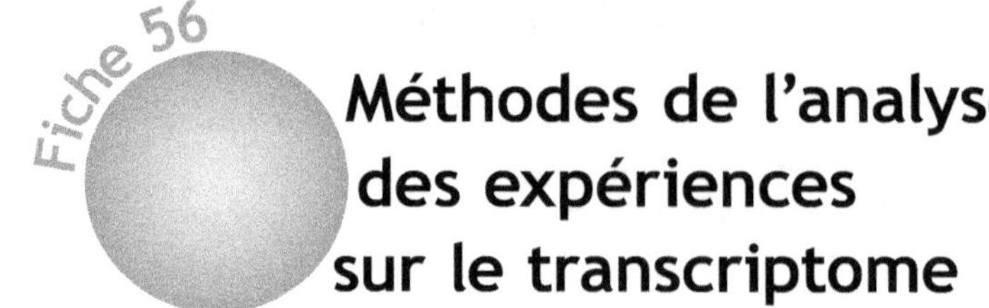

Alessandra Riva, Anne-Sophie Carpentier,
Bruno Torrésani, Alain Hénaut

L'analyse du transcriptome apporte des informations statistiques qui ne prennent un sens qu'au bout d'un nombre suffisant de répétitions.

Dans une expérience de transcriptome, il est courant de constater qu'entre deux conditions expérimentales le niveau d'expression varie notablement pour au moins 10 % des gènes. La liste est trop longue pour être exploitable concrètement. Il est nécessaire d'en extraire les gènes pertinents. Le travail est grandement facilité par une organisation adéquate des expériences. Seul un plan d'expérience bien pensé peut restreindre efficacement la liste des gènes candidats.

Considérations sur les expériences, facteurs et échantillons

Quels sont les facteurs impliqués dans une expérience?

Une expérience comprend trois types de facteurs, chacun apportant une information spécifique:
• le premier type de facteurs correspond au phénomène étudié. L'étude peut porter sur deux états ou plus (deux conditions de culture, par exemple, ou plusieurs prélèvements au cours d'une cinétique). La situation est idéale lorsque le passage d'un état à l'autre modifie le niveau d'expression de très peu de gènes. Ainsi, par construction, la liste des gènes candidats sera courte. Typiquement, il y a plus à apprendre de la comparaison de deux maladies apparentées que de la comparaison d'un malade et d'une personne en bonne santé. En effet, les modifications du métabolisme ne sont pas toutes caractéristiques de la maladie. Il suffit pour s'en convaincre de penser à la fièvre, qui est une réaction associée à de nombreuses maladies. Malgré tout, même en prenant des précautions, il est impossible d'éviter que les gènes qui ont une relation indirecte avec le phénomène étudié polluent la liste (les gènes impliqués dans la synthèse de métabolites précurseurs, par exemple);

• le deuxième type de facteurs a pour objectif de vérifier que les observations restent vraies lorsque les paramètres biologiques varient. Retrouve-t-on les mêmes changements de niveau d'expression quand l'expérience est reproduite un autre jour? Les gènes se comportent-ils de la même façon dans différentes lignées?, etc. Les gènes candidats les plus intéressants sont ceux qui répondent de manière identique dans tous les cas (leur comportement est reproductible). Ils sont probablement au cœur du phénomène étudié puisque leur comportement n'est pas limité à un contexte particulier (génétique, physiologique, etc.). *A minima*, le deuxième facteur correspond à la variabilité biologique introduite par la répétition de l'expérience au cours du temps. Il est en effet quasi impossible de réobtenir les mêmes conditions physiologiques. Mais le plan d'expérience est plus efficace quand le deuxième type de facteurs est décomposé (dates, lignées, etc.) ;
• le troisième type de facteurs correspond aux aspects techniques (protocole de marquage des ADNc, dépôt sur la puce à ADN, etc.). Ce type de facteurs peut entraîner un alourdissement des expériences (réalisation d'un *dye swap*, par exemple), sans apporter une information biologiquement pertinente. Les artefacts techniques ne sont pas graves en eux-mêmes puisque l'analyse porte sur les changements de niveau et qu'elle n'est que semi-quantitative. Les protocoles sont devenus très reproductibles, et il suffit de s'en tenir à un, tout en ayant conscience qu'il présente des biais systématiques.

Comment vérifier que l'expérience est complète?

Pour chaque facteur, il existe deux états ou plus. L'expérience est complète si toutes les combinaisons d'états ont été effectivement mesurées. C'est-à-dire que le tableau des résultats complet contiendra $N = n_1 \cdot n_2 \cdot \ldots \cdot n_k \cdot \ldots \cdot n_F$ colonnes si F est le nombre de facteurs et n_k le nombre de conditions pour le facteur k. La configuration typique d'une expérience complète est représentée en figure 56.1. Dans cet exemple, elle comporte 16 colonnes.

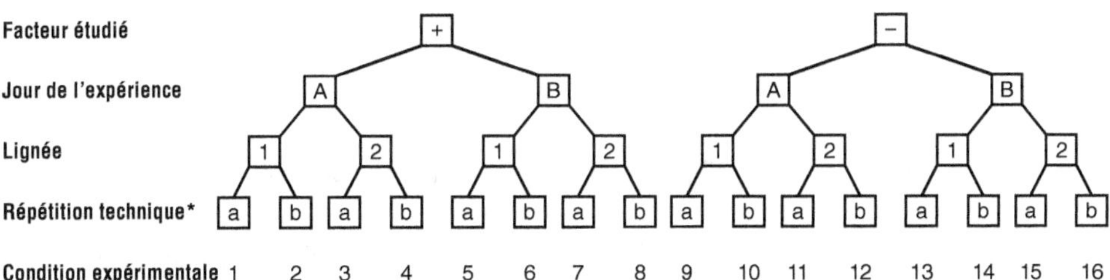

Figure 56.1. **Exemple de plan d'expérience complet équilibré.** * Les répétitions techniques correspondent à deux options d'un protocole de marquage (fluorochromes Cy3 *vs* Cy5) ou aux deux dépôts d'un gène sur la puce à ADN.

Il est important de noter qu'une répétition biologique implique que toute la procédure expérimentale est refaite en entier à chaque fois. Dans l'exemple de la figure 56.1, cela veut dire que les deux conditions de milieu et les deux lignées ont été testées le jour A et le jour B et qu'il n'y a qu'un seul expérimentateur. Faire deux fois la lignée 1 le jour A et deux fois la lignée 2 le jour B est un non-sens, car il ne sera pas possible de séparer l'effet du jour et l'effet de la lignée.

Peut-on considérer que deux échantillons sont homogènes?

Deux échantillons sont homogènes lorsque le nombre d'individus dans chaque échantillon est suffisant pour gommer les variabilités individuelles. De la sorte, les conclusions sont valables pour l'ensemble de la population. L'échantillon est représentatif. Lorsque des raisons techniques conduisent à préparer les extraits individu par individu, on peut faire la moyenne des mesures individuelles ou mélanger les extraits avant de procéder au marquage. Les deux façons de procéder donnent le même résultat. La seconde est plus économique.

Peut-on identifier des gènes dont l'expression dépend de la combinaison de deux facteurs?

Chercher les gènes dont l'expression dépend de deux facteurs à la fois est une question trop vague pour que l'on puisse obtenir une réponse satisfaisante. En effet, la formulation la plus générale d'une interaction revient à dire que la combinaison des états de deux facteurs donne des résultats imprévisibles. Cette définition recouvre le cas où les observations ne sont pas reproductibles!

Une étude de ce type est inéluctablement lourde. En plus des deux facteurs étudiés, il faut introduire au minimum un troisième facteur (répétition biologique, etc.) pour être sûr que les observations sont reproductibles et biologiquement significatives.

Cas d'une expérience où tous les facteurs sont identifiés

Cette situation permet de tirer le maximum d'informations de l'expérience pour un travail minimal. C'est un idéal dont il faut s'approcher autant que faire se peut.

Cas d'une étude où les facteurs ne sont pas identifiés *a priori*

C'est typiquement le cas des études cliniques, car elles dépendent beaucoup du hasard des recrutements à l'hôpital. L'objectif du chercheur est de s'approcher autant que possible du plan d'expérience décrit plus haut.

Dans le cas le plus simple, les malades peuvent être regroupés de façon à former des catégories homogènes. On utilise alors, comme décrit plus haut, la moyenne des mesures individuelles pour chaque condition expérimentale. Les essais multicentriques remplacent la répétition biologique. Ils permettent d'éliminer les gènes dont l'expression serait propre à un fond génétique ou socio-économique particulier.

Le problème est radicalement différent lorsque l'étude a pour objectif de découvrir des sous-types de la maladie. Dans ce cas, les malades ne peuvent pas être regroupés dans des catégories homogènes définies *a priori*. L'analyse statistique va chercher tout à la fois à regrouper les malades en un petit nombre de catégories et à lister les gènes dont l'expression est caractéristique de chaque catégorie. Le problème est qu'une telle analyse donne toujours un résultat. Elle aboutit inéluctablement à une liste de gènes potentiellement caractéristiques de plusieurs catégories de malades. L'étape clé va être la validation sur d'autres personnes afin de s'assurer de la fiabilité de la liste et de la réalité des catégories. La validation nécessite des effectifs importants. Il est prudent de compter 5 à 10 fois plus de personnes par catégories de malades que de gènes candidats.

Il est aisé d'obtenir des gènes « diagnostiques » qui donnent d'excellents résultats au cours de la validation si les échantillons sont trop petits. Mais dans ce cas, la fiabilité des résultats est illusoire et la recherche risque fort d'être orientée sur de fausses pistes.

Recoupement avec d'autres sources d'information

L'analyse du transcriptome apporte une information partielle. Elle donne une image des changements de niveau d'expression entre deux états. Mais la relation causale entre le changement d'état et le changement de niveau d'expression est indirecte pour la plupart des gènes. En fait, les changements d'état physiologique sont souvent déclenchés par l'expression transitoire d'un gène ou de quelques gènes. C'est un instant qui a peu de chance d'être saisi au cours d'une analyse de transcriptome. Identifier le ou les gènes responsables du phénomène étudié nécessite des informations complémentaires.

Une solution est d'étudier la cinétique du phénomène, en mesurant l'expression des gènes à des temps différents, mais à condition de multiplier les points de mesure pour déceler les événements transitoires. Cette approche conduit à des expériences très lourdes, car il est indispensable de répéter la cinétique plusieurs fois pour être sûr que les changements de niveau d'expression ont une réalité biologique.

Les informations provenant des séquences (motifs fonctionnels, ontologies, etc.) et des bases de données métaboliques sont aussi très utiles. Il faut que la fonction probable des gènes, au vu de leur séquence, soit compatible avec le rôle suggéré par l'analyse du transcriptome.

Prétraitement des résultats

Que le marquage soit radioactif ou fluorescent, la lecture des puces à ADN fait appel à des techniques bien connues. Il n'empêche qu'il est une importante source d'erreur, car la dynamique du signal est élevée, l'intensité du marquage difficile à contrôler et les signaux faibles en partie masqués par le bruit de fond.

Acquisition des signaux

Il est fréquent que l'étendue des intensités déborde le domaine où le système de lecture a une réponse linéaire. Dans ce cas, la mesure est faussée pour les valeurs les plus faibles ou les plus fortes. Cela conduit à des aberrations caractéristiques sur les graphiques, où l'on compare les mesures faites dans deux conditions différentes (figure 56.2) : le nuage des gènes est courbé et peut même présenter des stries pour les faibles intensités ; par contre, le nuage forme un cigare droit et homogène lorsque l'acquisition du signal est correcte (cf. la fiche 58 pour une présentation détaillée du nuage des gènes).

Les erreurs de lecture peuvent être plus ou moins bien corrigées par un traitement statistique. De nombreuses méthodes permettent notamment de redresser le nuage. Ce n'est qu'un pis-aller qui ne remplace jamais une mesure correcte. La bonne solution est de prévoir sur la puce à ADN des dépôts correspondant à une gamme de concentration, pour régler le système de lecture avant de procéder aux mesures. Il faut recourir à deux lectures avec des réglages différents dans le cas où la dynamique du signal excède le domaine de linéarité du système de lecture.

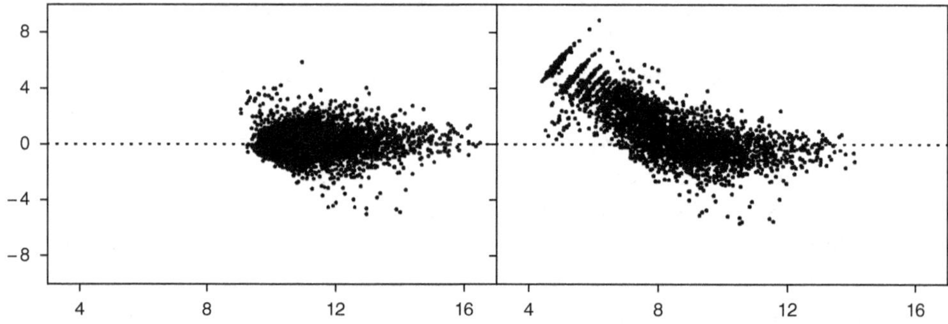

Figure 56.2. **Effets du réglage du scanner sur la qualité des mesures.** Dans cette expérience, les conditions + et − sont marquées avec deux fluorochromes différents. La partie gauche de la figure a été obtenue avec un réglage optimal du photomultiplicateur. La partie droite de la figure correspond à la même puce à ADN scannée avec un mauvais réglage du photomultiplicateur. La déformation du nuage de points est caractéristique d'une sensibilité insuffisante du photomultiplicateur pour un des deux fluorochromes. Des deux côtés de la figure, chaque point correspond à un gène. Un gène a pour abscisse son niveau d'expression moyen dans l'expérience et pour ordonnée le changement de niveau d'expression entre les conditions + et − (c'est-à-dire la différence des expressions moyennes dans les conditions + et −). Le niveau d'expression est mesuré par le logarithme de l'intensité du signal lu par le photomultiplicateur (d'après Lyng *et al.*, 2004).

Bruit de fond

Le support de la puce à ADN émet un bruit de fond dû en partie à une hybridation non spécifique. Il semble logique de supprimer ce bruit. Le problème est complexe et les options proposées par les logiciels de traitement d'image souvent simplistes. Il n'est pas rare qu'elles dégradent la qualité des mesures au lieu de l'améliorer. La correction est efficace lorsque la différence entre les deux dépôts d'un même gène est plus faible en moyenne après la correction.

En réalité le bruit de fond affecte peu l'analyse des résultats puisque cette dernière revient à examiner la position des gènes les uns par rapport aux autres dans le nuage. Sous l'effet du bruit de fond, les gènes bougent un peu, mais pas au point de bouleverser le nuage. L'effet n'est sensible que pour les plus bas niveaux d'expression, dans un cas où de toute façon les mesures sont très imprécises.

Normalisation des puces à ADN

Les sources de variabilités incontrôlées sont nombreuses et une préparation d'ARNm a peu de chance de donner les mêmes résultats si elle est testée sur deux puces à ADN : il n'y a pas de raisons pour que le marquage soit exactement le même d'une fois sur l'autre ou que le système de lecture soit réglé exactement de la même façon.

Ce sont des biais qui affectent tous les gènes de la même façon. Le problème est résolu en donnant la même moyenne et la même variance à toutes les conditions expérimentales — c'est-à-dire toutes les colonnes dans le tableau de résultats. D'un point de vue statistique, cette opération revient à leur donner le même poids dans les analyses ultérieures. D'un point de vue biologique, c'est faire l'hypothèse que la quantité totale d'ARNm dans les cellules est constante dans l'expérience. L'hypothèse est solide pour une puce génomique, car l'expression de la plupart des gènes ne change pas dans une expérience. Elle est à vérifier au cas par cas avec les puces spécialisées contenant peu de gènes. Certains auteurs préfèrent utiliser une estimation robuste de la moyenne et de la variance basée sur les quartiles (cf. encadré « Estimation robuste de la moyenne et de l'écart-type », ci-après). Cette façon de faire est moins sensible aux valeurs extrêmes (anormalement basses ou anormalement élevées), et parfois mieux adaptées à la distribution des valeurs d'expression.

La distribution du niveau d'expression des gènes est très asymétrique, avec un petit nombre de valeurs élevées. C'est une source de problèmes, car de nombreuses méthodes statistiques supposent implicitement une distribution gaussienne. L'asymétrie est fortement diminuée si les données brutes sont remplacées par leur logarithme ou par leur racine cinquième. La transformation logarithmique est la plus utilisée. Après transformation, les méthodes statistiques peuvent être utilisées en toute confiance.

Estimation robuste de la moyenne et de l'écart-type
(Quenouille, 1964)

Ordonner les N observations par valeurs croissantes, puis déterminer les valeurs :
x_a = valeur de l'observation ayant le rang $N \times 1/16$
x_b = valeur de l'observation ayant le rang $N \times 1/4$
x_c = valeur de l'observation ayant le rang $N \times 1/2$ (c'est-à-dire la médiane)
x_d = valeur de l'observation ayant le rang $N \times 3/4$
x_e = valeur de l'observation ayant le rang $N \times 15/16$

Calculer la moyenne : $m = (x_a + x_b + 2x_c + x_d + x_e)/6$
et l'écart-type : $s = [x_a + (3/4)x_b - (3/4)x_d - x_e]/4$

La transformation logarithmique présente l'inconvénient d'amplifier les écarts des petites valeurs : après le passage au logarithme, 0,1 et 1 deviennent aussi éloignés que 100 et 1 000. Le nuage des gènes s'évase considérablement pour prendre une forme en trompette (figure 56.3). Cette figure très fréquente dans les publications est un pur artefact dû à la transformation logarithmique de valeurs proches de zéro. Notez que les valeurs proches de zéro résultent habituellement de la soustraction du bruit de fond.

Des traitements mathématiques permettent de limiter l'ampleur de cette déformation. Le problème peut être évité en ajoutant une constante, de sorte que la valeur la plus faible soit aux environs de la centaine.

Mise à l'échelle des puces à ADN bicolores

Les dépôts correspondant à chaque gène ne sont pas toujours reproductibles d'une puce à l'autre — à cause, par exemple, d'une concentration variable de la solution d'ADN qui est déposée. Il est possible de corriger ce biais et de mettre toutes les puces à la même échelle, à condition de les hybrider toutes avec la même référence.

La meilleure référence est l'ADN génomique toujours marqué avec le même fluorochrome, car elle est parfaitement stable dans le temps. L'utilisation de l'ADN génomique allège considérablement les plans d'expérience en supprimant notamment le *dye swap* et permet de mettre à la même échelle des puces qui ont été fabriquées à des années d'écart.

Cas de la PCR quantitative

L'expérience montre que la PCR quantitative donne les mêmes résultats que les puces à ADN lorsque l'on utilise les mêmes sondes. Une expérience réalisée avec des PCR quantitatives est donc l'équivalent d'une analyse de transcriptome menée avec une puce à ADN comportant peu de gènes.

Par conséquent, toutes les méthodes d'analyse développées pour les puces à ADN s'appliquent à la PCR quantitative, et en particulier la nécessité d'une transformation logarithmique (pour rendre les distributions gaussiennes) suivie d'une transformation linéaire pour amener la moyenne à 0 et la variance à 1, pour chaque condition expérimentale. Dans le cas de la PCR quantitative, cela revient à appliquer la transformation linéaire directement sur les ΔCt (Ct = nombre de cycles d'amplification à partir duquel la fluorescence est détectée ; $\Delta Ct = Ct$ gène étudié – Ct gène référence).

Valeurs manquantes

Les valeurs manquantes posent un problème, car la plupart des analyses nécessitent un tableau de chiffres complet. Les valeurs manquantes ont deux origines :

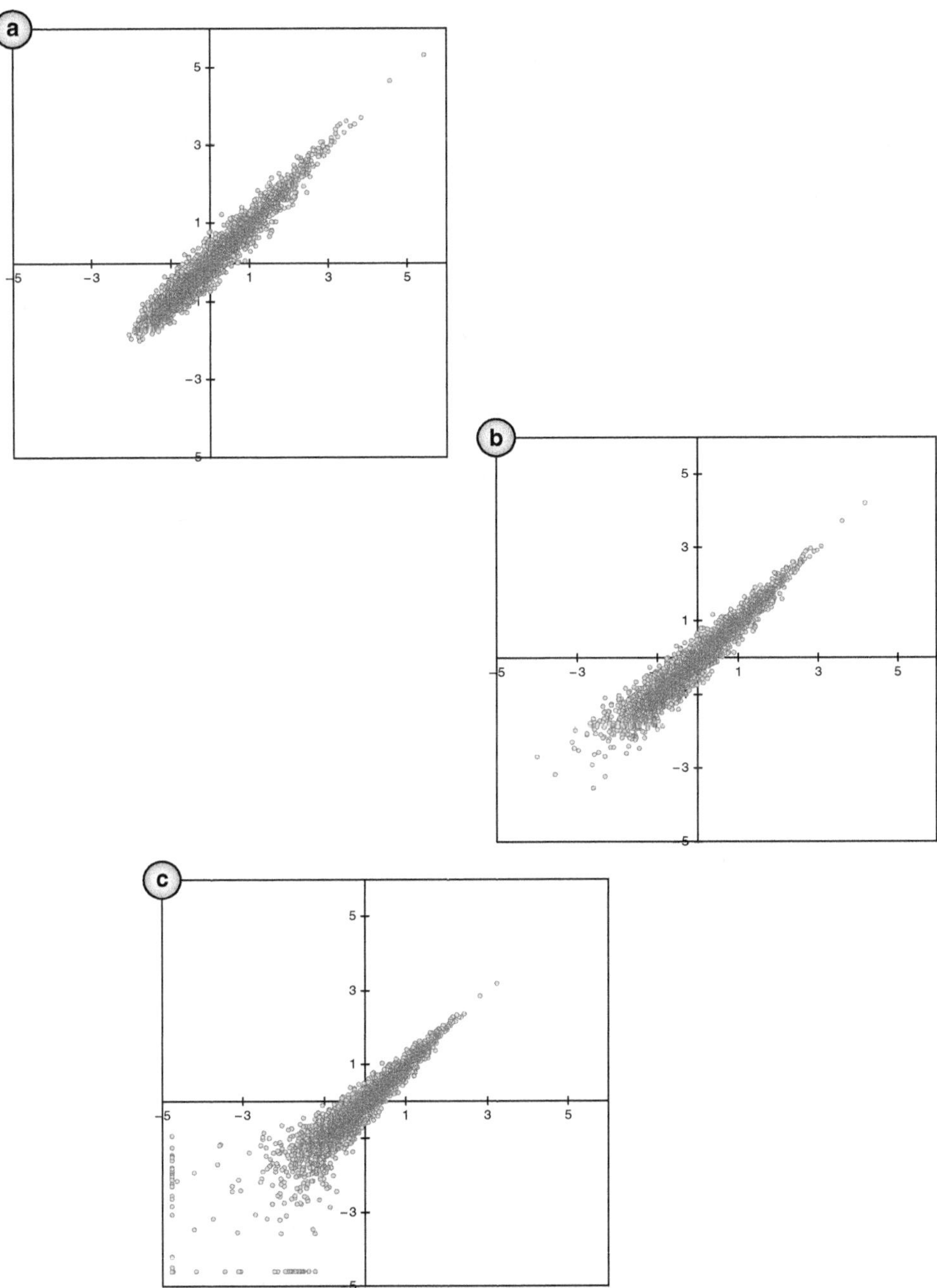

Figure 56.3. **Effets du passage aux logarithmes après la correction du bruit de fond.** Les 3 parties de la figure représentent l'expression des gènes dans deux conditions expérimentales. Chaque condition a été normalisée, c'est-à-dire que l'intensité mesurée par le photomultiplicateur a subi une transformation logarithmique puis une transformation linéaire, de telle sorte que la moyenne du logarithme des intensités soit égale à 0 et la variance à 1. **(a)** Données initiales x_j (min = 160) ; **(b)** données corrigées $x_j - 160 + 0,01$; **(c)** si $x_j > 230$, introduction d'un seuil $x_j - 230 + 1$, sinon 1.

i) un défaut rend la mesure impossible pour un gène sur une puce à ADN ; ii) la mesure est éliminée, car elle n'est pas notablement supérieure au bruit de fond.

Éliminer un gène lorsqu'il lui manque une valeur dans une colonne n'est pas une solution, car le problème va se poser de nouveau pour d'autres gènes dans d'autres colonnes si le nombre de conditions expérimentales augmente. On considère généralement qu'il vaut mieux remplacer la valeur manquante par une valeur estimée à partir des mesures faites dans d'autres conditions expérimentales.

Par contre, supprimer une valeur bruitée mais réelle pour la remplacer par une valeur estimée est un contresens. On perd l'information qui était plus ou moins noyée dans le bruit de fond sans rien gagner en contrepartie. C'est pourtant ce que l'on fait lorsque l'on élimine les valeurs voisines du bruit de fond.

Plusieurs techniques, dont la régression linéaire, permettent de calculer les valeurs estimées. Elles n'ont pas toutes la même précision. On peut estimer empiriquement la qualité d'une méthode en supprimant quelques valeurs dans le tableau de départ, puis en comparant les valeurs prédites aux valeurs initiales.

Analyse statistique des expériences sur le transcriptome : signification statistique

Alessandra Riva, Anne-Sophie Carpentier,
Bruno Torrésani, Alain Hénaut

Question traitée par les statistiques

On fait appel aux statistiques pour répondre à la question suivante : les différences d'expression observées sont-elles bien réelles ? La réponse est indirecte ; les statistiques donnent la probabilité pour que l'on ait affaire à un faux positif (la *p-value*). Un faux positif correspond au cas d'un gène pour lequel la différence observée dépasse par hasard un seuil fixé à l'avance. « Par hasard » signifie qu'en général on ne retrouverait pas une différence aussi grande si l'expérience était répétée.

Comme une expérience de transcriptome porte sur des milliers de gènes simultanément, l'analyse statistique est utilisée pour évaluer le nombre probable de faux positifs au-delà d'un seuil donné : 40 gènes ont une *p-value* $\leq$ 1 % par hasard si l'expérience porte sur 4 000 gènes, alors que c'est le cas de 400 gènes si l'expérience porte sur 40 000 gènes.

L'estimation du nombre de faux positifs n'est qu'une première étape dans le raisonnement lorsque l'on fixe le seuil qui va définir l'ensemble des gènes à étudier. En effet, on trouve au-delà du seuil à la fois des faux positifs et des gènes pour lesquels la différence observée est bien réelle — c'est-à-dire que l'on retrouverait ces gènes dans une autre expérience.

L'information clé est la proportion de faux positifs dans l'ensemble des gènes sélectionnés, car elle mesure le risque de se lancer dans une fausse piste si l'on décide de travailler sur un gène pris dans cet ensemble. C'est le *False Discovery Rate* (FDR). Habituellement, le seuil est fixé de sorte qu'il n'y ait pas plus de 5 % de faux positifs dans le lot de gènes sélectionnés (FDR = 5 %).

Par exemple, prenons une expérience portant sur 4 000 gènes dont 80 sont les gènes retenus comme potentiellement intéressants, car ayant une *p-value* $\leq$ 0,1 % (p = 0,001). Sur 4 000 gènes au départ, il y a environ 4 faux positifs (4 000 $\times$ 0,001). Sur les 80 gènes retenus, il y en a donc environ 4 qui par hasard présentent une *p-value* $\leq$ 0,001. Plus précisément, le pourcentage de faux positifs (FDR) est de 4/80, soit 5 % des gènes sélectionnés.

La littérature fait parfois référence à la correction de Bonferroni. Cette correction n'est pas pertinente pour l'analyse du transcriptome, car elle est exagérément restrictive.

Différences entre les tests statistiques : jusqu'à quel point ?

Le critère numérique utilisé dans un test statistique est toujours le rapport des écarts observés pour le facteur intéressant (le signal) sur ceux qui sont dus à l'ensemble des causes que l'on néglige (le bruit). Les tests statistiques se distinguent par la façon de définir le bruit et par la loi utilisée pour estimer la probabilité des faux positifs.

Plusieurs grandeurs sont utilisées simultanément pour décider si l'expression d'un gène varie de façon significative pour le facteur étudié :
- $V1$, la variance de l'ensemble des observations faites sur le gène ;
- $V2$, la variance des observations pour le facteur étudié (ou une grandeur apparentée comme l'écart entre les deux moyennes dans le cas où le facteur n'a que deux états) ;
- $V3$, la variance des observations pour les facteurs dont on souhaite soustraire l'influence.

Le bruit est égal à $V1 - (V2 + V3)$ et le signal à $V2$. La possibilité de calculer le terme $V3$ est une spécificité de l'analyse de variance (ANOVA), elle permet de contrôler plus finement la composition du bruit. Dans l'exemple du plan d'expérience de la figure 57.1, $V3$ correspond aux changements de niveau d'expression induits par le jour, la lignée et les problèmes techniques. Et le bruit recouvre tout ce qui fait que le niveau d'expression réel diffère de la simple addition des effets du facteur étudié, du jour, de la lignée et des problèmes techniques.

La difficulté majeure est de cerner le bruit avec précision tout en l'évaluant sur suffisamment de données. L'approche la plus sûre est de répéter l'expérience un grand nombre de fois. Ce n'est pas toujours possible et le nombre d'observations est souvent inférieur à 20. Les statisticiens cherchent alors à améliorer l'estimation du bruit en travaillant sur des groupes de gènes qui présentent à peu près le même niveau de bruit. De nombreuses solutions sont possibles, aucune n'est parfaite. Généralement, les regroupements sont faits *a posteriori*, après une première estimation du bruit pour tous les gènes séparément. On parle d'approche bayésienne.

Les méthodes se distinguent aussi par la distribution statistique du bruit. Elles prennent soit une distribution définie *a priori* (le plus souvent la gaussienne) soit une distribution estimée par permutation à partir de l'échantillon — les couples (valeurs observées, conditions expérimentales) sont constitués au hasard.

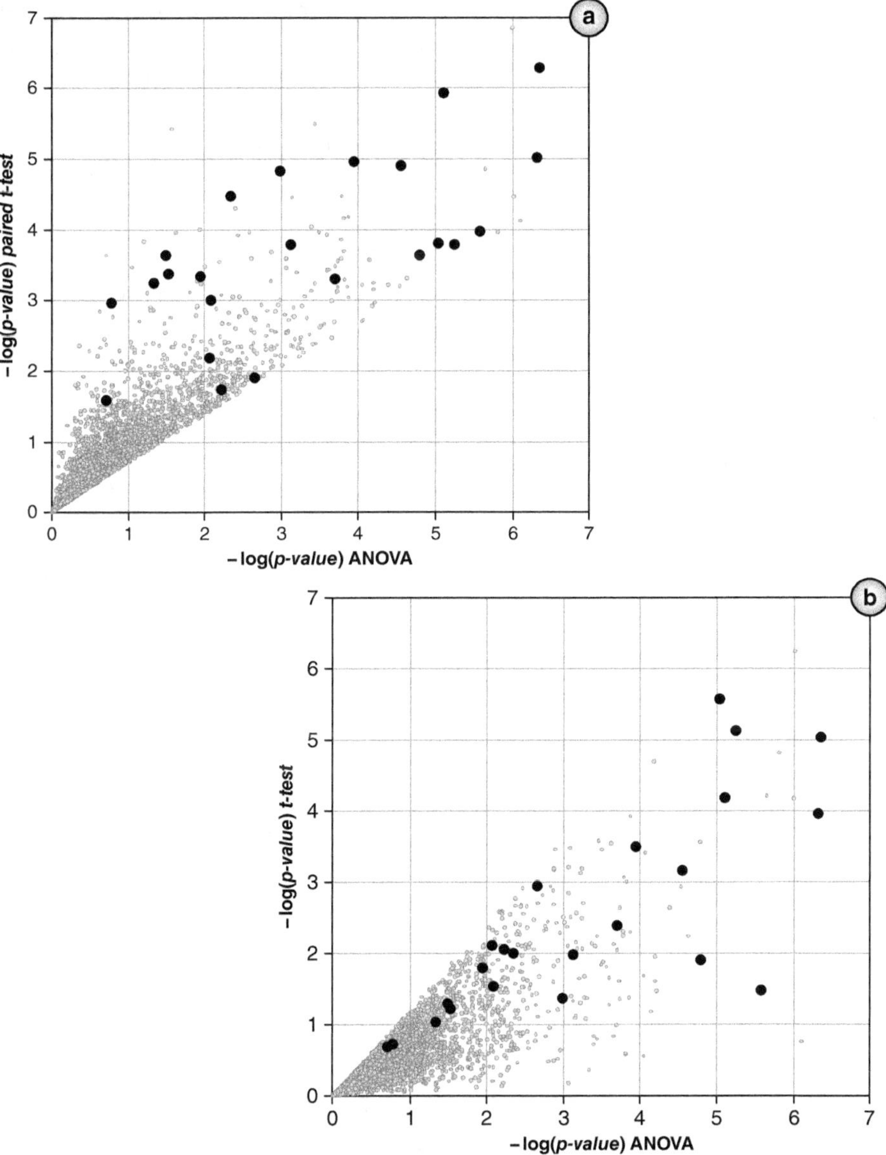

Figure 57.1. **Comparaison des *p-values* obtenues par différents tests statistiques réalisés sur les mêmes données. (a)** Comparaison entre ANOVA et *paired t-test* ; **(b)** comparaison entre ANOVA et *t-test*. La réalité des changements de niveau d'expression a été confirmée expérimentalement pour les gènes représentés par une puce ronde noire. Le signal est le même dans les trois tests, c'est l'écart entre l'expression dans la condition + et la condition –. Par contre, les tests diffèrent dans la façon d'estimer le bruit : i) analyse de variance (ANOVA). Le bruit correspond aux interactions entre les facteurs ; ii) *paired t-test* (*t-test* pour des mesures appariées). Le bruit correspond à la variance lorsque l'on compare les conditions + et – appariées, c'est-à-dire toutes choses égales par ailleurs (les états sont les mêmes pour tous les autres facteurs) ; iii) *t-test*. Le bruit correspond à la variance de l'ensemble des mesures effectuées sur le gène étudié. Les méthodes les plus sensibles sont le *paired t-test* et l'ANOVA.

Attitude à adopter si les tests ne donnent pas les mêmes résultats

Les différentes méthodes ne mesurent pas exactement la même chose puisqu'elles n'évaluent pas le bruit de la même façon. Il est naturel qu'elles ne donnent pas exactement les mêmes résultats (figure 57.1).

Les meilleures méthodes ont des sensibilités équivalentes en moyenne, mais différentes au cas par cas. Elles apportent des informations partiellement complémentaires. Il est logique de comparer leurs résultats. Par contre, il ne faut pas se limiter à la liste des gènes significatifs avec toutes les méthodes. En effet, cela reviendrait à choisir pour chaque gène la méthode la moins sensible. En d'autres termes, il faut travailler sur l'union des listes et non pas sur leur intersection.

Amélioration de la finesse des analyses

Le choix du test statistique joue un rôle secondaire dans la finesse des analyses. Celle-ci dépend avant tout du plan d'expérience, car c'est ce dernier qui permet d'éliminer une grande partie du bruit (cf. la fiche 56 sur les aspects conception d'un plan d'expérience).

Analyse statistique des expériences sur le transcriptome : représentations graphiques

Alessandra Riva, Anne-Sophie Carpentier,
Bruno Torrésani, Alain Hénaut

Nuage des gènes

Les résultats d'une expérience de transcriptome forment un tableau de K colonnes, les conditions expérimentales ou les patients, et L lignes, les gènes. Il y a habituellement plusieurs milliers de gènes et quelques dizaines de colonnes. La cellule lk contient la valeur observée pour le gène l dans la condition k (son niveau d'expression). En d'autres termes, l'expérience peut être représentée par un unique nuage de L points (un par gène) dans un espace ayant K dimensions (une par condition expérimentale). La cellule lk est la coordonnée du gène l dans la condition k, et la ligne l correspond aux coordonnées du gène l dans l'espace de l'expérience.

Un seul coup d'œil donnerait une vision complète de l'expérience si nous pouvions nous représenter un objet dans un espace à K dimensions. Mais nous sommes limités à deux dimensions (trois avec des astuces graphiques), et il va falloir aborder le nuage par plans successifs. L'idée simple qui consiste à faire tous les graphiques en prenant les conditions expérimentales deux par deux n'est pas réaliste, car le nombre de graphiques est généralement très grand : il y a $K(K-1)/2$ graphiques, c'est-à-dire 120 graphiques rien que pour les 16 conditions expérimentales de la figure 58.1. Il n'est pas possible de les analyser tous et, de toute façon, chacun d'eux ne contient qu'une toute petite partie de l'information. Il est nécessaire de regrouper astucieusement les conditions expérimentales pour aboutir à un petit nombre de graphiques réellement pertinents.

Repérage des gènes dont le niveau d'expression change entre deux conditions

Dans tout ce qui suit, on appelle « niveau d'expression » la valeur normalisée de l'intensité lue par le photomultiplicateur (la normalisation correspond à une transformation logarithmique suivie d'une transformation linéaire pour amener la moyenne à zéro et la variance à un pour chaque condition expérimentale).

Une représentation classique consiste à mettre en abscisse le niveau moyen d'expression dans l'ensemble de l'expérience et en ordonnée la différence des niveaux d'expression entre deux états différents (figure 58.1a). Dans l'idéal, si les observations étaient parfaitement reproductibles, l'ordonnée serait égale à 0 pour les gènes dont le niveau d'expression ne varie pas dans l'expérience : ils seraient

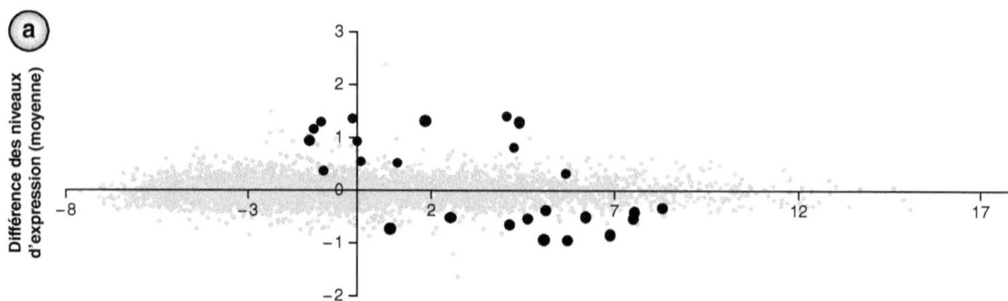

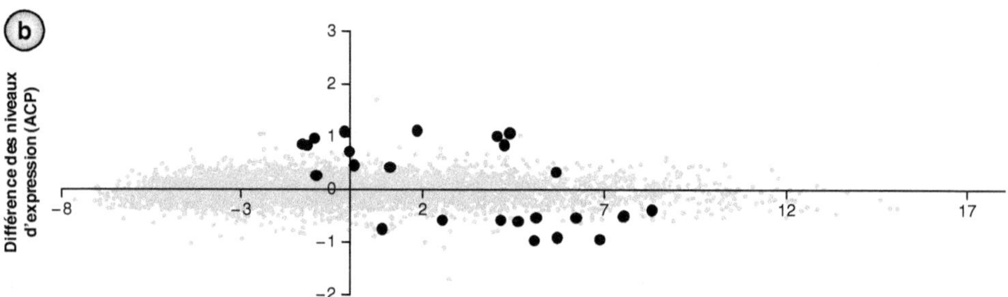

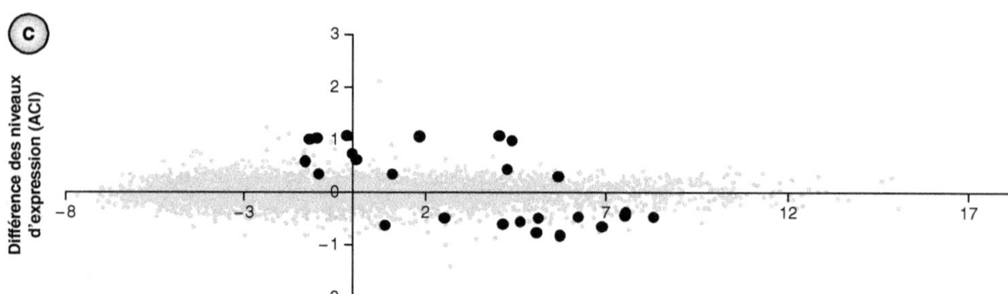

Figure 58.1. **Représentation graphique des résultats d'une expérience.** Un gène a pour abscisse son niveau d'expression moyen dans l'expérience et pour ordonnée le changement de niveau d'expression entre les conditions + et − (c'est-à-dire la différence des expressions moyennes dans les conditions + et −). La réalité des changements de niveau d'expression a été confirmée expérimentalement pour les gènes représentés par une puce ronde noire. En **(a)**, la moyenne est calculée en donnant le même poids à toutes les conditions expérimentales. En **(b)** et **(c)**, il s'agit de moyennes pondérées. En **(b)**, les poids sont calculés pour maximiser le carré de l'écart à la moyenne – la variance (analyse en composantes principales ou ACP). En **(c)**, les poids sont calculés pour maximiser la puissance 4 de l'écart à la moyenne – le kurtosis (analyse en composantes indépendantes ou ACI). Remarque : les deux axes ne sont pas à la même échelle afin d'augmenter la lisibilité des ordonnées.

alignés sur une droite D. En réalité, le nuage des gènes ne forme pas une droite mais un cigare très allongé, car les observations sont bruitées. Le bruit correspond justement à l'épaisseur du nuage.

Les gènes dont le niveau d'expression a changé sont en dehors de la droite D. Leur distance à la droite est proportionnelle à la différence des niveaux d'expression. Ils sont faciles à repérer lorsqu'ils figurent à la périphérie du nuage, c'est-à-dire quand le rapport signal/bruit est élevé (le signal étant la distance à la droite D et le bruit l'épaisseur moyenne du nuage au même endroit).

Amélioration de l'efficacité de l'exploration graphique

La figure 57.8a est simple à construire puisqu'elle donne le même poids à toutes les conditions expérimentales. Mais ce choix n'est pas pertinent lorsque certaines conditions expérimentales apportent plus d'information que d'autres — par exemple, des mesures faites en partant de peu d'ARN sont moins précises que les autres. La meilleure solution est de remplacer la moyenne simple par une moyenne pondérée, où le poids d'une condition expérimentale est proportionné à l'information qu'elle apporte. Le calcul de la pondération optimale est possible sous certaines hypothèses.

L'analyse en composantes principales (ACP) donne la solution lorsque le niveau d'expression a une distribution gaussienne (une distribution gaussienne est totalement définie par sa variance).

Les figures produites par l'ACP contiennent toute l'information, car elles sont calculées de telle sorte que la variance de chacune est maximale. Elles donnent une description complète de l'expérience.

Mais en réalité, la distribution du niveau d'expression est souvent différente d'une gaussienne : distribution avec des écarts à la moyenne très importants, distribution asymétrique, distribution bimodale, etc. Dans ce cas, l'ACP ne fournit pas la solution optimale. Il est préférable de la remplacer par l'analyse en composantes indépendantes (ACI). L'ACI montre le nuage sous des angles mettant en valeur les anomalies de distribution. Elle permet de déceler des phénomènes qui ont échappé à l'ACP.

Utiliser plusieurs méthodes graphiques est équivalent à regarder le nuage sous des angles différents. Il est imaginable de voir sous un certain angle des gènes sortir du nuage alors qu'ils paraissent noyés dans la masse sous un autre angle (figure 58.1). Le seul risque que l'on court avec une méthode inadéquate est de rater des gènes.

Utilisation des méthodes de *clustering*

En général, seule la périphérie du nuage est exploitable visuellement. L'organisation interne est cachée par la superposition de milliers de gènes sur une même image.

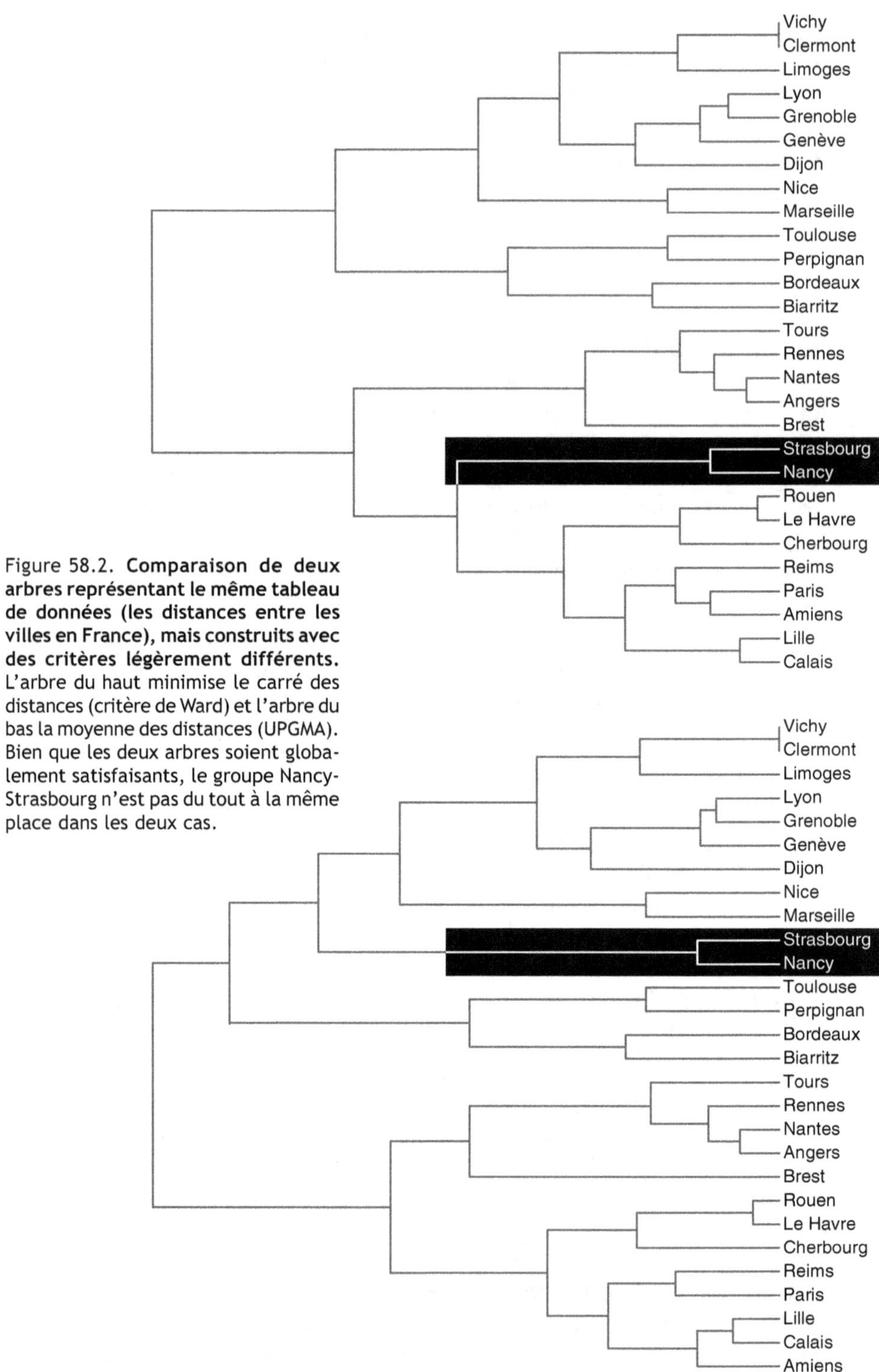

Figure 58.2. **Comparaison de deux arbres représentant le même tableau de données (les distances entre les villes en France), mais construits avec des critères légèrement différents.** L'arbre du haut minimise le carré des distances (critère de Ward) et l'arbre du bas la moyenne des distances (UPGMA). Bien que les deux arbres soient globalement satisfaisants, le groupe Nancy-Strasbourg n'est pas du tout à la même place dans les deux cas.

Il est pourtant intéressant d'identifier les gènes qui sont proches les uns des autres dans le nuage, car ce sont des gènes qui ont à peu près le même profil d'expression. Les biologistes posent le plus souvent une question apparentée : quels sont les gènes impliqués dans un même processus ? Y répondre revient à chercher dans le nuage des régions où la densité de gènes est anormalement forte — en d'autres termes, cela revient à chercher les amas de gènes dans le nuage.

Il s'agit en réalité d'une question très générale qui se pose dans la plupart des disciplines scientifiques et qui a donné naissance à des myriades de méthodes de classification (on dit aussi *clustering*). Derrière leur apparente simplicité, les méthodes de clustering nécessitent toujours de fixer la valeur de plusieurs paramètres. C'est un exercice difficile, car le jeu de valeurs qui donne de bons résultats dans certains cas peut s'avérer très médiocre sur d'autres données. Si toutes les méthodes donnent à peu près le même résultat quand le nuage est fragmenté, avec des amas clairement séparés par des zones pratiquement vides, les résultats sont beaucoup moins fiables quand le nuage est homogène. Ils dépendent alors beaucoup de la méthode de classification utilisée et de la valeur des paramètres (figure 58.2).

Faute de critères objectifs, il n'est pas rare alors que le biologiste retienne seulement les *clusters* qu'il sait interpréter. L'analyse du transcriptome ne lui sert alors qu'à confirmer ce qu'il savait déjà, ce qui n'est pas nécessairement le résultat le plus intéressant ! En d'autres termes, le *clustering* convient bien pour illustrer un résultat obtenu par une autre approche, mais ce n'est pas une bonne méthode pour découvrir quelque chose.

L'analyse serait facilitée s'il était possible de donner une image fidèle de la densité de gènes dans chaque région du nuage avec peu de points, au nombre de j, puis de lister les gènes qui sont dans les régions où ces points sont proches les uns des autres. Une façon de faire est de redessiner le nuage en tirant au sort j gènes (par exemple un gène sur cent). C'est une solution naïve qui a peu de chance d'être satisfaisante. Une autre solution assez simple est le *k-means*. Elle vise à regrouper les points en k groupes aussi denses que possible (k est fixé par l'utilisateur). En fait, calculer la position optimale des j points pour donner une image fidèle des variations de densité au sein du nuage est un problème difficile. Les programmes ne proposent que des solutions approchées dont le détail dépend de plusieurs paramètres. Un exemple de cette approche est donné par un *Self-Organizing Maps* (SOM).

Une autre solution consiste à agglomérer progressivement les points, en commençant par ceux qui sont les plus proches dans le nuage. On parle alors de classification hiérarchique.

On peut dans le cas du transcriptome utiliser un artifice qui consiste à éliminer les gènes qui sont au cœur du nuage avant de procéder à une classification. Cette élimination se fait après analyse statistique des données. Ainsi l'analyse ne porte que sur ceux dont le niveau d'expression a changé notablement au cours de l'expérience.

Dans tous les cas, il faut vérifier la stabilité de la classification obtenue. Pour cela on bruite les données initiales en les modifiant aléatoirement de 10 à 20 %, puis on relance la classification. Par recoupement, il est possible de repérer les gènes qui sont toujours classés ensembles.

Choix des gènes « diagnostiques »

Le transcriptome est fréquemment utilisé pour identifier un état physiologique particulier (par exemple, pour optimiser le traitement en fonction du sous-type de cancer). L'objectif est d'obtenir un diagnostic fiable basé sur la mesure du niveau d'expression de quelques gènes.

C'est un problème différent de celui traité ci-avant. D'un point de vue géométrique, les points du nuage sont maintenant des individus. Les coordonnées d'un individu dans le nuage correspondent au niveau d'expression de ses gènes. On cherche à représenter le nuage sous un angle qui sépare le plus possible les différentes catégories d'individus (maladie 1 *vs* maladie 2, par exemple). En pratique, on souhaite obtenir une bonne séparation en utilisant le moins possible de gènes (ceux qui sont les plus discriminants). Il est ensuite possible de placer un nouvel individu sur la figure pour voir à quelle catégorie il se rattache.

De nombreuses méthodes traitent ce problème. Elles diffèrent notamment par la façon de tracer la frontière entre les différentes catégories d'individus (figure 58.3). Dans la méthode *Support Vector Machines* (SVM ; séparatrices à vaste marge, en français), la frontière est tracée de sorte à maximiser la largeur de la marge qui sépare les différentes catégories d'individus (figure 58.3d). SVM présente aussi l'avantage d'identifier les individus qui sont à la marge et qui sont, en quelque sorte, les moins typiques de leur catégorie.

Augmentation de la puissance des méthodes d'analyse

Jusqu'ici nous avons implicitement considéré que la distance entre les gènes était le critère pertinent pour examiner leurs relations au sein du nuage. Il y a pourtant d'autres choix possibles. Par exemple, si les points du nuage avaient une masse, le critère pertinent serait le carré de la distance et non pas la distance linéaire, car l'attraction entre eux serait inversement proportionnelle au carré de leur distance. Dans un autre ordre d'idée, on peut imaginer que la probabilité pour que deux gènes appartiennent à la même famille fonctionnelle décroît très vite lorsque la distance entre les gènes augmente, la décroissance pouvant suivre une gaussienne ou toute autre loi de probabilité.

On parle de méthode à noyau dans tous les cas où la distance linéaire est remplacée par un critère non linéaire. Cette technique augmente la puissance des méthodes d'analyse. Elle est appliquée couramment à des méthodes comme SOM et SVM. Elle peut aussi être utilisée pour l'ACP et l'ACI, qui deviennent alors à des ACP et des ACI à noyau.

Exploitation de toute la richesse du transcriptome

Le plus souvent, les expériences de transcriptome sont sous-exploitées, car l'expérimentateur ne s'intéresse qu'à quelques gènes ou à un facteur donné, alors que les observations portent sur tous les gènes et l'ensemble des facteurs. Une exploration du nuage dans toutes les directions ouvre la voie à une exploitation beaucoup plus complète des observations. L'analyse en composantes principales et l'analyse en composantes indépendantes facilitent ce type d'approche.

Il est fréquent d'isoler ainsi des groupes de gènes dont le profil d'expression est propre à quelques patients ou quelques conditions expérimentales. La cause des changements de niveau d'expression est souvent inconnue, car elle ne coïncide pas avec un facteur clairement identifié dans l'expérience. Malgré tout, l'observation est importante ; elle peut déboucher sur l'identification de sous-types dans une maladie ou contribuer à la découverte de réseaux de gènes.

Il est rarement possible de monter une expérience de transcriptome d'une taille suffisante pour identifier avec certitude des sous-types dans une maladie ou un réseau de gènes. Cependant, on peut répondre à ces questions même si l'on ne connaît pas en détail les conditions expérimentales. C'est pourquoi la faiblesse de l'échantillon peut être compensée en exploitant les données accessibles sur le Web. Un prétraitement statistique corrige l'hétérogénéité des données.

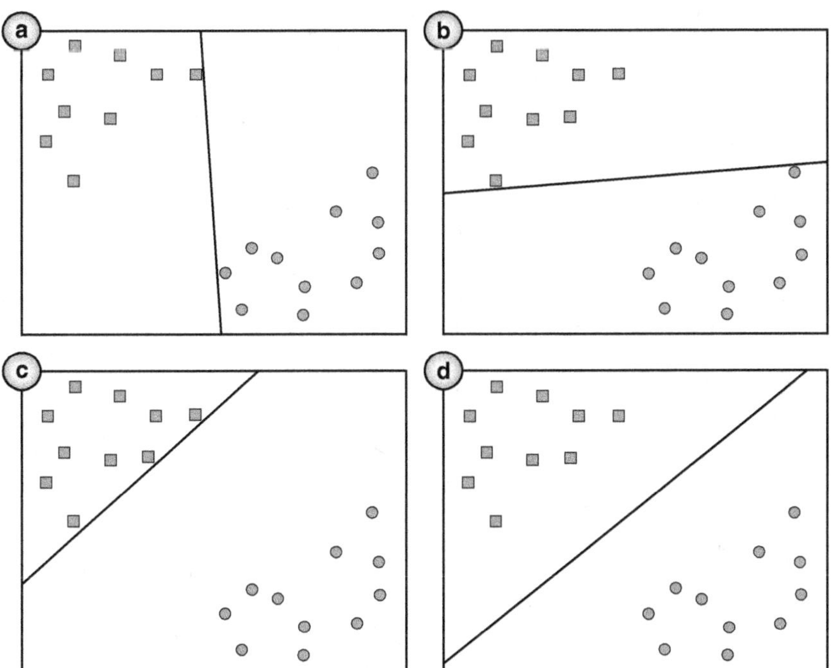

Figure 58.3. **Analyse discriminante.** Différents tracés possibles pour la frontière séparant les deux groupes de points. En **(d)**, le tracé maximise la largeur de la marge qui sépare les deux groupes.

Pour en savoir plus...

Littérature scientifique

Allison D. B., Cui X., Page G. P., Sabripour M., 2006. Microarray data analysis: from disarray to consolidation and consensus. *Nature Reviews Genetics*, 7 (1): 55–65.

Ashelford K. E., Weightman A. J., Fry J. C., 2002. PRIMROSE: a computer program for generating and estimating the phylogenetic range of 16S rRNA oligonucleotide probes and primers in conjunction with the RDP-II database. *Nucleic Acids Research*, 30 (15): 3481–3489.

Chavali S., Mahajan A., Tabassum R., Maiti S., Bharadwaj D., 2005. Oligonucleotide properties determination and primer designing: a critical examination of predictions. *Bioinformatics*, 21 (20): 3918–3925.

Chiappetta P., Roubaud M.-C., Torrésani B., 2004. Blind source separation and the analysis of microarray data. *Journal of Computational Biology*, 11 (6): 1090–1109.

Gadgil M., Lian W., Gadgil C., Kapur V., Hu W.-S., 2005. An analysis of the use of genomic DNA as a universal reference in two channel DNA microarrays. *BMC Genomics*, 6 (1): 66.

Guyon I., Weston J., Barnhill S., Vapnik V., 2002. Gene selection for cancer classification using support vector machines. *Machine Learning*, 46: 389–422.

Kane M. D., Jatkoe T. A., Stumpf C. R., Lu J., Thomas J. D., Madore S. J., 2000. Assessment of the sensitivity and specificity of oligonucleotide (50mer) microarrays. *Nucleic Acids Research*, 28 (22): 4552–4557.

Li W., Ying X. 2006. Mprobe 2.0: computer-aided probe design for oligonucleotide microarray. *Applied Bioinformatics*, 5 (3): 181–186.

Ludwig W., Strunk O., Westram R., Richter L., Meier H., Yadhukumar, Buchner A., Lai T., Steppi S., Jobb G., Förster W., Brettske I., Gerber S., Ginhart A. W., Gross O., Grumann S., Hermann S., Jost R., König A., Liss T., Lüßmann R., May M., Nonhoff B., Reichel B., Strehlow R., Stamatakis A., Stuckmann N., Vilbig A., Lenke M., Ludwig T., Bode A., Schleifer K.-H., 2004. ARB: a software environment for sequence data. *Nucleic Acids Research*, 32 (4): 1363–1371.

Lyng H., Badiee A., Svendsrud D. H., Hovig E., Myklebost O., Stokke T., 2004. Profound influence of microarray scanner characteristics on gene expression ratios: analysis and procedure for correction. *BMC Genomics*, 5: 10.

Mathews D. H., Sabina J., Zuker M., Turner D. H., 1999. Expanded sequence dependence of thermodynamic parameters improves prediction of RNA secondary structure. *Journal of Molecular Biology*, 288 (5): 911–940.

Quenouille M.-H., 1964. *Méthodes de calcul statistiques rapides*. Paris, Dunod, 86 p.

Reymond N., Charles H., Duret L., Calevro F., Beslon G., Fayard J.-M., 2004. ROSO: optimizing oligonucleotide probes for microarrays. *Bioinformatics*, 20 (2): 271–273.

Rimour S., Hill D., Militon C., Peyret P., 2005. GoArrays: highly dynamic and efficient microarray probe design. *Bioinformatics*, 21 (7): 1094–1103.

Riva A., Carpentier A.-S., Torrésani B., Hénaut A., 2005. Comments on selected fundamental aspects of microarray analysis. Computational *Biology and Chemistry*, 29 (5): 319–336.

Riva A., Carpentier A.-S., Torrésani B., Hénaut A., 2007. Statistical design and the analysis of gene expression determined by independent component analysis. *In* Morot-Gaudry J.-F., Lea P., Briat J.-F. (eds.), *Functional Plant Genomics*. Enfield, NH, USA, Science Publishers, 191–216.

Rouillard J.-M., Zuker M., Gulari E., 2003. OligoArray 2.0: design of oligonucleotide probes for DNA microarrays using a thermodynamic approach. *Nucleic Acids Research*, 31 (12): 3057–3062.

SantaLucia J. Jr, 1998. A unified view of polymer, dumbbell, and oligonucleotide DNA nearest-neighbor thermodynamics. *Proceedings of the National Academy of Sciences of the United States of America*, 95 (4): 1460–1465.

Somorjai R. L., Dolenko B., Baumgartner R., 2003. Class prediction and discovery using gene microarray and proteomics mass spectroscopy data: curses, caveats, cautions. *Bioinformatics*, 19 (12): 1484–1491.

Statnikov A., Aliferis C. F., Tsamardinos I., Hardin D., Levy S., 2005. A comprehensive evaluation of multicategory classification methods for microarray gene expression. *Bioinformatics*, 21 (5): 631–643.

Tamayo P., Slonim D., Mesirov J., Zhu Q., Kitareewan S., Dmitrovsky E., Lander E. S., Golub T. R., 1999. Interpreting patterns of gene expression with self-organizing maps: methods and application to hematopoietic differentiation. *Proceedings of the National Academy of Sciences of the United States of America*, 96 (6): 2907–2912.

Untergasser A., Nijveen H., Rao X., Bisseling T., Geurts R., Leunissen J. A. M., 2007. Primer3Plus, an enhanced web interface to Primer3. *Nucleic Acids Research*, 35: W71–W74.

Wang X., Seed B., 2003. Selection of oligonucleotide probes for protein coding sequences. *Bioinformatics*, 19 (7): 796–802.

Wernersson R., Nielsen H. B., 2005. OligoWiz 2.0—integrating sequence feature annotation into the design of microarray probes. *Nucleic Acids Research*, 33: W611–W615.

Williams J. F., 1989. Optimization strategies of the polymerase chain reaction. *Biotechniques*, 7 (7): 762–769.

Zuker M., 2003. Mfold web server for nucleic acid folding and hybridization prediction. *Nucleic Acids Research*, 31 (13): 3406–3415.

Ressources sur Internet

Toutes ces ressources ont été consultées avec succès le 27 septembre 2010.

ARB	http://www.arb-home.de/
Bioconductor	http://www.bioconductor.org Le site de Bioconductor contient un ensemble très complet d'outils statistiques adaptés à l'analyse du transcriptome.
BRB-ArrayTools	http://linus.nci.nih.gov/BRB-ArrayTools.html Logiciel à coupler avec un tableur comme Excel® pour l'analyse statistique des données

GÉNET	http://genet.univ-tours.fr//index.htm Le réseau GÉNET a pour but de fournir un support pour l'enseignement de la génétique en utilisant plus spécifiquement les ressources du multimédia. Parmi l'ensemble des modules de formation du réseau, dont le site est hébergé par à l'université de Tours, on trouvera des modules d'autoformation à l'analyse statistique des expériences sur le transcriptome
GEPAS	http://gepas.bioinfo.cipf.es/ Le site GEPAS offre une suite logicielle en ligne qui permet au biologiste d'analyser ses données sans rien installer sur sa propre machine
GoArrays	sebastien.rimour@iut.u-clermont1.fr Pour obtenir le logiciel GoArrays, contacter Sébastien Rimour à cette adresse email
MAGE-OM et ressources tierces associées	http://www.mged.org/Workgroups/MAGE/mage-om.html
Mfold	http://mfold.bioinfo.rpi.edu/ http://www.bioinfo.rpi.edu/applications/mfold/cgi-bin/rna-form1.cgi
OligoAnalyzer	http://eu.idtdna.com/analyzer/Applications/OligoAnalyzer/Default.aspx
OligoArray	http://berry.engin.umich.edu/oligoarray2/
OligoPicker	http://pga.mgh.harvard.edu/oligopicker/
OligoWiz	http://www.cbs.dtu.dk/services/OligoWiz2/
Primer3	http://primer3.sourceforge.net/
Primrose	http://www.bioinformatics-toolkit.org/Primrose/index.html
ROSO	http://pbil.univ-lyon1.fr/roso/Home.php
XLSTAT	http://www.xlstat.com/fr/home/ Logiciel à coupler avec un tableur comme Excel® pour l'analyse statistique des données

Coordonnées des auteurs

Sébastien AUBOURG
Institut national de la recherche agronomique
Unité de recherche en génomique végétale (URGV)
2 rue Gaston Crémieux
CP 5708
91057 Évry cedex – France
aubourg@evry.inra.fr

Jean-Christophe AUDE
CEA Saclay
Dynamics of Biological Networks Group
DSV/iBiTec-S/SBIGeM/LBI
91191 Gif-sur-Yvette cedex – France
jean-christophe.aude@cea.fr

Federica CALEVRO
Institut national des sciences appliquées
UMR203 Biologie fonctionnelle insectes et interactions (BF2I)
IFR41, Inra
Bâtiment Louis Pasteur
69621 Villeurbanne – France
federica.calevro@insa-lyon.fr

Anne-Sophie CARPENTIER
Centre national de la recherche scientifique – Université d'Évry
anne-sophie.carpentier@agriculture.gouv.fr

Hubert CHARLES
Institut national des sciences appliquées
UMR203 Biologie fonctionnelle insectes et interactions (BF2I)
IFR41, Inra
Bâtiment Louis Pasteur
69621 Villeurbanne – France
hubert.charles@insa-lyon.fr

Hélène CHIAPELLO
Institut national de la recherche agronomique
Unité Mathématique, informatique et génome
Domaine de Vilvert
78352 Jouy-en-Josas cedex – France
helene.chiapello@jouy.inra.fr

Jean-Francois GIBRAT
Institut national de la recherche agronomique
Unité Mathématique, informatique et génome
Domaine de Vilvert
78352 Jouy-en-Josas cedex – France
jean-francois.gibrat@jouy.inra.fr

Alain HÉNAUT
Centre national de la recherche scientifique – Université d'Évry
alainhenaut@yahoo.fr

Alexandra Louis

École normale supérieure
Dynamique et organisation des génomes (Dyogen)
IBENS UMR 8197
46 rue d'Ulm
75230 Paris cedex 5 – France
alouis@biologie.ens.fr

Valentin Loux

Institut national de la recherche agronomique
Unité Mathématique, informatique et génome
Domaine de Vilvert
78352 Jouy-en-Josas cedex – France
valentin.loux@jouy.inra.fr

Sophie Pasek

Université Pierre et Marie Curie
UMR 7138 « SAE » CNRS, UPMC, MNHN, ENS, IRD
Case 05
7 quai Saint-Bernard
75252 Paris cedex 5 – France
sophie.pasek@snv.jussieu.fr

Olivier Plantard

École nationale vétérinaire, agroalimentaire
et de l'alimentation, Nantes-Atlantique, Atlanpole
UMR 1300 Inra/Oniris BioEpAR
La Chantrerie
BP 40706
44307 Nantes cedex 3 – France
olivier.plantard@oniris-nantes.fr

Jean-Loup Risler

Centre national de la recherche scientifique – Université d'Évry
jlrisler@club-internet.fr

Alessandra Riva

Centre national de la recherche scientifique – Université d'Évry
guckiriva@yahoo.fr

Denis Tagu

Institut national de la recherche agronomique
UMR 1099 BiO3P Inra – Agrocampus Rennes –
Université de Rennes 1
BP 35327
35653 Le Rheu cedex – France
denis.tagu@rennes.inra.fr

Fredj Tekaia

Institut Pasteur
Unité de génétique moléculaire des levures
URA 2171 CNRS et UFR927 université Pierre et Marie Curie
25 rue du Docteur Roux
75724 Paris cedex 15 – France
tekaia@pasteur.fr

Bruno Torrésani

Université de Provence
LATP, CMI
39 rue Joliot-Curie
13453 Marseille cedex 13 – France
bruno.torresani@cmi.univ-mrs.fr

Édition, infographie et mise en page
Christophe Picaud • Éditorial et Prépresse
6 rue des Ajoncs • 56220 Peillac

Imprimé pour vous par Books on Demand